国家出版基金项目
NATIONAL PUBLICATION FOUNDATION

"十三五"国家重点出版物出版规划项目

海 洋 生 态 文 明 建 设 丛 书

宁波东部海域海洋牧场
适宜性调查与评价

焦海峰　　王一农　　费岳军　等著

海洋出版社

2017年·北京

图书在版编目（CIP）数据

宁波东部海域海洋牧场适宜性调查与评价 / 焦海峰
等著. — 北京：海洋出版社, 2017.11
　ISBN 978-7-5027-9990-8

　Ⅰ. ①宁… Ⅱ. ①焦… Ⅲ. ①海洋农牧场－研究－中
国 Ⅳ. ①S953.2

　中国版本图书馆CIP数据核字(2017)第307505号

策划编辑：苏　勤
责任编辑：王　溪
责任印制：赵麟苏

海洋出版社 出版发行
http://www.oceanpress.com.cn
北京市海淀区大慧寺路 8 号　　邮编：100081
北京画中画印刷有限公司印刷　　新华书店北京发行所经销
2017年12月第1版　　2017年12月第1次印刷
开本：889mm×1194mm　　1／16　　印张：14.5
字数：334千字　　定价：118.00元
发行部：010-62132549　　邮购部：010-68038093　　总编室：010-62114335
海洋版图书印、装错误可随时退换

《宁波东部海域海洋牧场适宜性调查与评价》
作者名单

（按姓氏笔画排序）

王一农　王　莉　尤仲杰　史西志　华敏敏　刘又毓

刘　迅　李雨潼　李金铎　杨耀芳　何　京　何琴燕

林志华　周巳颖　郑　丹　施慧雄　姜亚洲　费岳军

骆其君　秦铭俐　黄　琳　蒋栩栩　焦海峰　蔡琳婷

前　言
FOREWORD

海洋是人类赖以生存的重要基础。我国海域辽阔，海洋生物资源丰富、品种繁多，但是由于环境的恶化以及人类开发利用活动的增强，导致海域内的渔业资源种类和数量急剧下降，部分海域甚至呈现枯竭之势。为养护海洋生物资源，改善海洋生态环境，沿海各国和地区采取了众多有益的措施，其中建设海洋牧场是较为有效的途径之一。海洋牧场的主要目标是通过人为干预，逐步改善或改造海洋局部环境条件，为海洋生物的生长发育提供良好场所，或在海域中投放人工培育的幼体以提高产出能力。海洋牧场的概念由日本和美国最先提出并付诸实施。进入 21 世纪，我国沿海地区也陆续构建了各种类型的海洋牧场，这对提高某些经济品种的渔获量，维护海洋生态系统的稳定，实现可持续的生态渔业发挥着积极的作用。

宁波位于我国东南沿海，地处长江三角洲东南翼，市辖海域面积和滩涂面积广阔，海岸线绵长，岛屿众多，海底地形复杂。据 2006 年调查资料，全市海域总面积为 8232.92 km²，包括了内海 4475.94 km² 和领海 2142.23 km²。大陆海岸线总长约 796.284 km，其中人工岸线长 627.985 km，基岩岸线长约 159.801 km，河口岸线和砂砾质岸线分别为 4.933 km 和 3.565 km。滩涂总面积为 146 万亩（9.73×10^4 hm²）。海岛（面积在 500 m² 以上）总数为 516 个，其中无居民海岛 503 个，有居民海岛 13 个。海岛陆域总面积为 255.99 km²，岸线长 758.6 km，其中无居民海岛陆域总面积为 53.06 km²，岸线长 503.8 km。

宁波近岸浅海面积大，海底平坦，坡度小，是多种经济鱼虾贝类的索饵、产卵和栖息场所。海域自然条件的多样性使得宁波近岸海域在渔业上具有多功能开发利用的潜力，尤其是近岸海域发展增殖渔业在环境、资源上都有独特的优势。国务院于 2011 年 2 月正式批复《浙江海洋经济发展示范区规划》，浙江海洋经济发展示范区建设上升为国家战略，而宁波作为海洋经济发展的核心区，迎来了建设海洋经济强市的关键机遇期，而生态环境保护与渔业资源高效利用是当前亟须解决的重要问题之一。为此宁波市发展与改革委员会、市海洋与渔业局联合颁布了《宁波市"十三五"现代渔业发展规划（2016）》和《宁波市海洋牧场建设规划（2016—2020）》等一系列促进渔业健康发展的文件，创导生态渔业和增殖渔业，改变单纯靠捕捞和养殖的渔业发展模式，由"捞海"向"耕海""养海"转变。当前，海洋与渔业面临着重要的转型需求，而人工鱼礁和底播增殖是海洋牧场建设的主要方式，在离岸一定距离的海域发展人工鱼礁或底播增殖或者利用海区自然生产力培育经济贝藻类，可替代部分沿岸海水养殖设施。充分利用海域空间，是当前大力提倡的新型渔业生产模式，能够促进海洋产业的协调发展。

在公益性行业（农业）科研专项（项目号：201303047）和宁波市海洋与渔业局专项经费的共同资助下，我们历时三年多的时间完成了宁波市近岸海域（以象山县东部海域为主）海洋生态环境和资源状况调查，表层沉积物质量现状调查，人工鱼礁与贝类底播增殖的适宜性和可行性研究以及贝类底播增殖放流和效果评价等工作。在总结前期资料的基础上，凝练形成了该项技术成果，这些技术成果可以为政府部门制定科学的增殖规划提供基础资料，以便充分挖掘增殖海域的生态效益和经济效益，避免因海洋开发对海洋环境和生态系统造成较大破坏，对创新海域生态系统管理模式具有重要的意义。

本书汇集了驻甬5家科研单位和大专院校的研究成果，在写作过程中得到了宁波大学、宁波市海洋环境监测中心、浙江万里学院、象山县海洋技术研究所等调查或评价单位的大力支持。其中第一章由焦海峰、杨耀芳、黄琳、郑丹、秦铭俐、施慧雄等共同撰写；第二章由黄琳、何琴燕、华敏敏等共同撰写；第三章由杨耀芳、费岳军、李金铎、周巳颖、蒋栩栩等共同撰写；第四章由王一农、骆其君、史西至、王莉、刘迅、蔡林婷等共同撰写；第五章由刘又毓、黄琳、焦海峰、郑丹等共同撰写；第六章由刘又毓、黄琳、焦海峰、林志华、施慧雄、何京等共同撰写。全书由焦海峰汇总统稿。

受编写时间及编者水平的限制，书中难免出现不足和错误，敬请批评指正。本书为海洋环境保护、资源增殖养护提供了科学依据，适合于高等院校、海洋与水产部门、环境保护部门等人士参考。

作 者

2017年6月

目　次

第一章 概 述

宁波市海岸线绵长，岛屿众多，海底地形复杂，外侧为舟山群岛海域，舟山海域外侧为东海。东海西靠大陆，东临太平洋，北接黄海，南通南海，呈东南弧状突出的扇面形。宁波海域在构造上属于东海陆架的一部分，基本特征为沿岸入海河流泥沙堆积台地的前沿斜坡区，地形坡度较大。

第一节　宁波东部海域基本特征

一、地质地貌

宁波市的地质构造主要受燕山运动的影响，主体构造为北东向和东西向两个构造体系，处于闽浙隆起带的东北端的"华南褶皱系"的四级构造单元"丽水—宁波隆起"和"温州—临海坳陷"东北部。宁波市的山地和盘谷的分布、海岸线的轮廓、沿海岛屿的分布以及深水水道与口门的走向，都显示出该两组构造方向的特征。全新世海侵以后形成了现在的港湾和岛屿，由于燕山晚期火山作用十分强烈，岩浆活动频繁，海岛广泛分布着中生代火山岩及相关的入侵岩，露出地层中有上侏罗统、下白垩统、上白垩统和新近系地质岩。

（一）海域地质地貌特征

宁波东部海域构造和地形特征：属华夏褶皱系，象山以东诸海湾为开敞型的基岩港湾淤泥质海岸，岸线曲折。基岩岬角深入海中，发育了基岩海岸和砂砾质海岸，基岩岬角之间发育了较大的海湾，为淤泥质海岸。

三门湾海域地质构造和地形特征：属华夏褶皱系，X型断裂发育，地形破碎，多海湾，湾内舌状地形发育。

三门湾海岸主要有基岩海岸、淤泥质海岸和人工海岸。湾内岛屿罗列，减弱了一部分动力作用，又有一定的细颗粒物质来源，因此淤泥质海岸发育，拥有大量广阔的舌状潮滩，包括粉砂—淤泥滩和淤泥滩，基岩岬角之间也发育相对较小的潮滩，有丰富的滩涂资源，舌状潮滩之间有港汊间布，自然状态下水深良好、稳定。水下地貌主要有湾口水下平原和潮汐通道，前者是湾内最典型的水下地貌特征。冲刷槽是潮汐通道的一种，水深因潮流冲刷而明显大于附近海域，形成三门湾的主要航道，这些潮汐通道部分向内分叉，形成次级支汊深入大陆，水深变浅，并与舌状滩涂相间排布。

（二）地貌分类及特征

按照地貌成因主导因素，采取分析组合方法，依据分布规律，先宏观后微观，先群体后个体，浙江省近海划分为二级、三级、四级地貌，对比发现，宁波市近海分别属于3个二级地貌，3个三级地貌。三级地貌分别为：宁波北部，杭州湾南岸的海区为粉砂–淤泥质潮滩（CL1），渔山列岛海域为倾斜的陆架堆积平原（SH9b），其余海域大部分属于水下堆积岸坡（CL11）。

二、海洋气象

宁波海域位于亚热带纬度，太阳辐射条件较好，又东临太平洋，受大气和海洋环流的明显影响，四季分明，冬夏季风交替明显，气温适中，雨量充沛，属于北亚热带湿润型季风气候。

（一）气温

受海洋影响，宁波海域冬无严寒，夏无酷暑。年平均气温在 15 ~ 18℃ 之间，年平均气温最高 7 月，气温为 26 ~ 28℃，最低 1 月，气温为 4 ~ 7℃。

（二）日照

多年平均日照 1 900 ～ 2 100 h，分布趋势为由北向南减少。北部和三江平原最多，在 2 000 h 以上，西部山区最少，在 1 700 h 以下。日照时间最多 8 月，平均 245.9 h；最少 2 月，106.5 h。年平均日照百分率，北部为 48%，南部为 43%。

太阳辐射量为东北部高，西部低，全市为 109.5 kcal/cm² [①]，北部为 111.2 kcal/cm²。各月分配上，12 月、1 月最少，分别为 5.8 kcal/cm² 和 5.9 kcal/cm²；夏季 7 月、8 月，分别为 14.2 kcal/cm² 和 14.1 kcal/cm²。

（三）降水

多年平均年降水量 1426.6 mm。雨量分布呈沿海向内陆递增，南部多于北部，西北多于东部，山区多于平原，平原多于沿海。西部山区与东南丘陵地区多在 1 500 mm 以上。5 月、6 月和 8 月、9 月是梅雨期和台风季节，雨量分别占全年总雨量的 25% 和 26%；12 月至翌年 1 月为少雨期，月平均降水量在 60 mm 以下。

（四）风

宁波海域开阔，全年风力较大，风力资源丰富。由于位于亚热带季风区，风速风向的季节变化非常明显，冬季受蒙古冷高压控制，盛行干燥寒冷的偏北与西北风，夏季受太平洋副热带高压影响，盛行湿热的偏南和东南风；春秋两季为冬夏交替期，风向不稳定，春多偏南风，秋多偏北风。年平均风速 2.9 ～ 5.5 m/s，7—9 月是热带气旋与台风期，最大风速出现在台风期。

三、近海资源

（一）岸线

宁波市大陆岸线总长约 796.284 km，其中人工岸线，长 627.985 km，约占宁波市大陆海岸线总长的 79%；其次是基岩岸线，长约 159.801 km，所占比例约为 20%；河口岸线和砂砾质岸线占比较小，分别为 4.933 km 和 3.565 km，分别占比 0.62% 和 0.45%，见图 1.1。

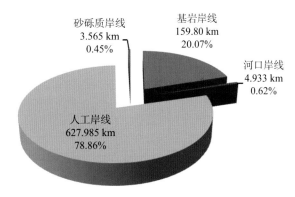

图1.1　宁波市大陆海岸线的类型、长度及比例

宁波市基岩海岸主要分布在北仑半岛东部海岸、强蛟半岛、西沪港口门两侧、象山县北部和东部海岸、岳井洋湾顶等地。砂砾质岸线主要分布在象山县东部海岸，长约 3.57 km，都

① 1 cal ≈ 4.186 J。

是基岩岬角之间发育的沙滩。代表性砂砾质海岸线有涂茨镇长流村的砾石海滩、松兰山风景区的沙滩等。象山县石浦镇皇城沙滩是浙江省大陆沿岸最长的砂质海岸，但是其岸线已经被景区开发改造为人工岸线。

象山县大陆海岸线总长 337.953 km，居宁波市沿海各县区之首，占宁波市大陆海岸线的42.44%；宁海县和北仑区大陆海岸线长度分别是 175.411 km 和 100.668 km，分列二、三位，占全市比例为 22.03% 和 12.64%；慈溪市海岸线总长 74.066 km，占 9.30%；奉化市海岸线总长 52.771 km，占 6.63%；鄞州区和镇海区的海岸线长度分别是 29.606 km 和 25.809 km，是宁波市大陆海岸线最短的两个县、区，占全市海岸线的比例为 3.72% 和 3.24%。从各县区基岩岸线来看，象山县的基岩岸线长度占全县海岸线总长的 80.61%，为沿海各县、区之首；其他县、区均低于全市平均比例（20.07%）。宁海县、北仑区、奉化市、鄞州区所占比例分别为：8.09%、6.66%、4.53%、0.11%；慈溪市、镇海区两地没有基岩岸线。砂砾质岸线仅在象山县有分布，只占宁波市海岸线总长的 0.45%。河口岸线主要分布在宁海县，占到全市河口岸线总长的 73.69%，其他各县区分布差异不大。

（二）无居民海岛

宁波市海岛主要分布在东部海域，以北—南向排列展开。北起镇海区城关镇七里峙，南至象山县石浦镇南渔山。根据 2006 年统计数据，宁波市现有海岛（面积 ≥ 500 m²）总数为516 个，其中无居民海岛 503 个，有居民海岛 13 个。海岛陆域总面积为 255.99 km²，岸线长758.6 km。其中无居民海岛陆域总面积为 53.06 km²，岸线长 503.8 km。

宁波市无居民海岛以自然林地和荒草地、裸石砾地为主，岛屿滩涂面积 23.21 km²，以泥涂为主，只有少量的砂砾质滩。无居民海岛一般土地贫瘠，其中土地资源主要集中在面积大于 1 km² 的大岛，如象山港内的缸爿山、悬山、白石山，象山东部的东屿山、道人山、大平岗、旦门山、檀头山岛以及南韭山岛等。滩涂资源集中在港湾岛屿和近岸大岛。海岛土地结构组合多样，主要由丘陵坡地、平地和滩涂组成，分别占到 58.5%、11.9%、30.4%，陆域水面几乎为零。

表1.1 2006年宁波市无居民海岛统计

所属区域	岛屿数量		岛屿面积	
	数量（个）	占总数（%）	面积（km²）	占总数（%）
镇海区	1	0.199	0.03	0.056
北仑区	27	5.368	1.33	2.507
鄞州区	4	0.795	0.05	0.094
奉化市	18	3.579	7.51	14.154
宁海县	45*	8.946	5.05	9.518
象山县	408	81.113	39.09	73.671
合　计	503	100	53.06	100

* 数据引用《浙江省海岛志》《宁波市海岛资源综合调查研究报告》和《象山县海域地名简志》。

表1.2 宁波市无居民海岛面积分类

面积分类（km²）	海岛个数（个）						合计面积（km²）					
	镇海	北仑	鄞州	象山	奉化	宁海	镇海	北仑	鄞州	象山	奉化	宁海
≥1	—	—	—	7	2	2	—	—	—	21.77	5.27	2.56
0.1～1	—	5	—	37	4	8	—	0.96	—	13.35	1.93	1.89
0.01～0.1	1	11	3	115	6	21	0.03	0.33	0.047	3.43	0.28	0.54
0.001～0.01	—	11	1	195	5	10	—	0.04	0.003	0.51	0.02	0.057
≤0.001	—	—	—	54	1	4	—	—	—	0.03	0.0005	0.003
合 计	1	27	4	408	18	45	0.03	1.33	0.05	39.09	7.51	5.05

（三）滩涂

1. 泥沙来源

岸滩淤积形成滩涂需要大量的泥沙。据宁波市水利局资料表明：宁波市沿海泥沙的主要来源有三类：第一类长江入海泥沙的扩散，是宁波市岸滩淤积的主要泥沙来源。长江年平均输沙总量 $4.86×10^8$ t，约有 20%～30% 的泥沙沿海岸线扩散南下，在潮流作用下一部分在宁波市近岸淤积形成滩涂。第二类沿海入海河流的输沙，如钱塘江年平均输沙总量 $659×10^4$ t，曹娥江 $129×10^4$ t、甬江 $36×10^4$ t。第三类为内陆架的供沙，宁波市内陆架底质有泥质粉沙和粉砂质泥组成，在波浪、潮流作用下，将内陆架物质搬运到附近岸滩。

表1.3 宁波滩涂的泥沙来源

序号	泥沙来源		年均数量
1	长江入海泥沙的扩散		$9720×10^4$ t～$14580×10^4$ t
2	沿海入海河流的输沙	钱塘江	$659×10^4$ t
		曹娥江	$129×10^4$ t
		甬 江	$36×10^4$ t
3	内陆架的供沙		不 详

由于夏季台湾暖流强盛，高温、高盐、高透明度海水逼岸，流向偏北，含沙量低值区明显扩大，近海区含沙量普遍低下。冬季江浙沿海岸流强盛，使含沙量普遍提高，而且高值区范围也很大。浙江省海岸带资源综合调查时曾对杭州湾南、北岸做了一年表层含沙量的同步观测，进一步证实了泥沙的上述沉积规律。

2. 滩涂资源分布

宁波市的滩涂资源较为广阔，据 1980—1985 年进行的海岸带和滩涂资源综合调查显示，浙江省滩涂资源为 432.9 万亩[①]，其中宁波 145 万亩，约占全省滩涂资源的 33.5%。为进一步掌握滩涂资源的现状，1998—1999 年由浙江省围垦局组织沿海各有关部门开展的滩涂围垦总体规划调查，根据《浙江省滩涂围垦总体规划》，目前浙江省拥有滩涂资源面积 390.61 万亩，

_____
① 1 亩 = 0.0667公顷。

其中宁波146万亩，约占全省滩涂资源的37.5%。

表1.4　宁波滩涂资源调查资源分布情况（1998—1999年）

县 （市、区）	理论基准面至 海岸线滩涂资源		平均海平面至 海岸线滩涂资源		岛屿 数量	岛屿 面积	岛涂 面积	
	（km²）	（万亩）	（km²）	（万亩）	（个）	（km²）	（km²）	（万亩）
余姚市	56.67	8.50	4.62	0.693	–	–	–	–
慈溪市	416.70	62.51	140.5	21.075	–	–	–	–
镇海区	22.44	3.37	6.23	0.935	5	0.179	0.013	0.00
北仑区	34.72	5.21	5.6	0.84	35	60.935	16.840	2.53
鄞州区	13.15	1.97	12.2	1.83	4	0.031	0.115	0.02
奉化市	36.77	5.52	11.47	1.720 5	22	7.517	6.674	1.00
象山县	205.06	30.76	59.22	8.883	419	182.394	51.639	7.75
宁海县	189.98	28.49	67.5	10.125	42	3.01	1.834	0.28
合　计	975.49	146.33	307.34	46.101 5	527	254.066	77.115	11.58

（四）航道锚泊地

1. 航道

宁波港口沿海航道，主要有北航道、南航道、佛渡水道、金塘水道、穿山航道、牛鼻山水道、石浦港出入口航道、石浦港内航道、象山港航道、甬江航道（兼内河航道）等。

1）北航道

从长江口至镇海口经大戢洋、小戢洋西侧、唐脑山西侧、鱼腥脑岛和大鹏山西侧，抵达镇海口外七里锚地，长约143 km，水深12 m，宽3 000 m，可通航2.5万吨级以下船舶。

2）南航道

亦名虾峙门航道，介于桃花岛与虾峙岛之间，经虾峙门、峙头洋、螺头水道，至金塘水道，全长约30 km，宽度700～5 500 m，可分别到达北仑、镇海、金塘、大榭、穿山等港区。2008年11月26日始，整治后的航道水深均在22 m以上，30万吨级以下船舶，可自由进出港口。

3）佛渡水道

南端有佛渡岛，故名。介于东南侧上溜网重岛、东白莲山、西白莲山、六横岛与西北侧穿山半岛、梅山岛之间，东北与螺头水道相连，西南边经双屿门、青龙门、汀子门，东侧经清滋门、虾峙门、条帚门等航门通外海，长14 km，宽8 400 m，中部水深10～20 m，可通行15万吨级船舶，20万吨级船舶可候潮进港。

4）金塘水道

北倚金塘山，故名。位于金塘岛与南侧大陆之间，东与螺头水道、册子水道相连，西通杭州湾和甬江口，南侧岸线建有北仑港区和大榭港区，经金塘水道可达金塘港区，长9.3 km，宽2 500 m，水深超过20 m。规划通航大于30万吨级船舶。

5）穿山水道

穿山港区水域，西起大榭岛北渡村灯塔与孤星岛连线，东至内神马110高地的南北连线，东西长7km。出海航道主要是西口、东口航道，另有北口航道。

西口航道：北接金塘水道，水深7～33m，宽278～370m。宁波港口南航道（大榭岛西北侧）外沿协和码头东侧进出，至大榭跨海大桥以北，长2km，宽450m，水深12m，通航能力为3万吨级船舶，大于等于3万吨级船舶应候潮进出。

东口航道：介于内神马山、外神马岛与大榭岛之间，水深14～48m，宽185～370m。

北口航道：介于穿鼻岛、外神马岛与大榭岛之间，水深7～20m，宽185～370m。

6）牛鼻山水道

北与象山港出入口航道相连。南至石浦（包括檀头山岛北侧、蚕山西侧以及南韭山列岛西侧航道），南北长37km，东西宽11～16km，水深8m，通航能力为1万吨级船舶。

7）石浦港出入口航道

铜瓦门航道：在石浦港最北端，介于大陆点灯山岗与东门岛之间，是主要航道之一。东西向，航道长约500m，宽度一般200m，入口处附近最窄，仅150m。水深10～42m，口外有900m长之浅段，水深4～5m。门内600m处一适淹礁，碍船只进出。涨潮前2h可出入3000吨级船舶。

东门航道：在东门岛与对面山岛之间，东西向，长2km，最宽处1500m，最窄处150m。水深4～56m。水道最窄处水下0.5m有暗礁，地势险恶，"其状若门，下有横石如闸"，为危险航区，仅当地船只进出。

下湾门航道：是石浦港主出入口，介于对面山岛与南田岛间。西北东南走向，长4.3km，宽250～500m，东南口附近，最窄处180m。水深25～50m，口外最浅处水深6～7m，可通航5000吨级船舶。水道西北口有汰网屿、毛蚶山两岛，分乌龟门、中门、边门三水道，皆可通航。

林门航道：介于南田岛与高塘岛之间，石浦港南大门，口外南田湾，水道曲折作S形，南北向，水道长3.3km，最宽处250m，南口最窄处30m。水深5～33m，南口外大片海域，水深2m，200吨级船只半潮时可慢速通过。

三门航道：位于高塘岛与坦塘岛间，石浦港西门，东西向。港中庵山、狗山、万金山三岛，分水道为北、中、南三门，故名，亦称三门口。北门介于庵山与坦塘间，多礁石沙滩，不宜航行。中门介于庵山与万金山之间，水深7～46m，宽200～400m，为石浦港与三门湾间主要航道。南门介于万金山与高塘岛之间，水深7～37m，宽200～400m，亦可通航。

8）石浦港内航道

东起大毛屿北，西至三门山东端，长12km，水深6～10m，宽1800m，通航能力为8000吨级船舶，整治后可通航3万吨级船舶。

9）象山港航道

分进出口航道和港内航道。进出口航道，亦名外干门航道，位于象山港口门，长5.4km，水深7.8～10m，通航能力为1万吨级船舶，整治后可通航5万吨级船舶。

港内航道,自象山浦口至宁海强蛟头码头,长29 km,水深13 m,通航能力为3万吨级船舶,整治后可通航5万吨级船舶。

10）甬江航道

兼内河航道,自镇海口至宁波市区三江口,长23 km,水深4～7 m,宽408 m,通航能力为3 000～5 000吨级船舶。其中招宝山至甬江口,长3.6 km,水深最浅7 m,可通航万吨级船舶,2万吨级船舶需候潮进港。

2.锚泊地

1991年以来,随着宁波港口的发展和港区的扩大,锚地从原来的7个增加到20个,其中沿海锚地17个,甬江锚地3个。

第二节　调查区域与方法

重点对宁波市象山县东部海域的乱礁洋（29°29′30″—29°36′N,122°0′—122°5′E）、韭山列岛西侧海域（29°22′30″—29°29′N,122°5′—122°10′E）和檀头山岛附近海域（29°21′51″—29°10′48N,122°00′33″—122°10′59″E）进行调查。

一、调查区域与站位

详细调查站位和调查区域见表1.5、图1.2和图1.3。

表1.5　调查站位及调查内容

站号	纬度（N）	经度（E）	项目
1	29°35′56″	122°00′52″	表层底质样和柱状样、水文气象、水质、沉积物
2	29°35′56″	122°2′20″	表层底质样和柱状样
3	29°35′56″	122°3′22″	表层底质样和柱状样、水文气象、水质、沉积物
4	29°34′20″	122°0′22″	表层底质样和柱状样
5	29°34′00″	122°1′40″	表层底质样和柱状样、水文气象、水质、沉积物
6	29°34′20″	122°4′26″	表层底质样和柱状样
7	29°32′56″	122°0′22″	表层底质样和柱状样、水文气象、水质、沉积物
8	29°32′56″	122°2′20″	表层底质样和柱状样、水文气象、水质、沉积物
9	29°32′56″	122°4′35″	表层底质样和柱状样、水文气象、水质、沉积物
10	29°31′23″	122°0′22″	表层底质样和柱状样
11	29°31′23″	122°2′20″	表层底质样和柱状样、水文气象、水质、沉积物
12	29°31′23″	122°4′35″	表层底质样和柱状样
13	29°29′56″	122°0′22″	表层底质样和柱状样、水文气象、水质、沉积物

续表1.5

站号	纬度（N）	经度（E）	项目
14	29°29′56″	122°2′20″	表层底质样和柱状样
15	29°29′56″	122°4′35″	表层底质样和柱状样、水文气象、水质、沉积物
16	29°28′45″	122°5′25″	表层底质样和柱状样、水文气象、水质、沉积物
17	29°28′45″	122°7′35″	表层底质样和柱状样
18	29°28′30″	122°9′57″	表层底质样和柱状样、水文气象、水质、沉积物
19	29°27′19″	122°5′25″	表层底质样和柱状样
20	29°27′19″	122°7′35″	表层底质样和柱状样、水文气象、水质、沉积物
21	29°27′19″	122°10′06″	表层底质样和柱状样
22	29°25′15″	122°5′25″	表层底质样和柱状样、水文气象、水质、沉积物
23	29°25′43″	122°7′35″	表层底质样和柱状样
24	29°25′43″	122°9′56″	表层底质样和柱状样、水文气象、水质、沉积物
25	29°24′15″	122°5′25″	表层底质样和柱状样、水文气象、水质、沉积物
26	29°24′15″	122°7′35″	表层底质样和柱状样、水文气象、水质、沉积物
27	29°24′15″	122°9′41″	表层底质样和柱状样
28	29°22′36″	122°5′25″	表层底质样和柱状样、水文气象、水质、沉积物
29	29°22′36″	122°7′35″	表层底质样和柱状样
30	29°22′36″	122°9′41″	表层底质样和柱状样、水文气象、水质、沉积物
31	29°35′14″	122°01′09″	潮流、含沙量、悬移质
32	29°35′12″	122°03′29″	潮流、含沙量、悬移质
33	29°30′36″	122°01′05″	潮流、含沙量、悬移质
34	29°30′40″	122°03′54″	潮流、含沙量、悬移质
35	29°28′01″	122°06′14″	潮流、含沙量、悬移质
36	29°27′59″	122°08′50″	潮流、含沙量、悬移质
37	29°23′24″	122°06′14″	潮流、含沙量、悬移质
38	29°23′24″	122°08′57″	潮流、含沙量、悬移质
39	29°28′27″	122°11′36″	表层底质样和柱状样、水文气象、水质、沉积物
40	29°26′49″	122°11′13″	表层底质样和柱状样、水文气象、水质、沉积物
41	29°26′49″	122°12′56″	表层底质样和柱状样、水文气象、水质、沉积物
42	29°25′31″	122°12′31″	表层底质样和柱状样、水文气象、水质、沉积物
43	29°24′11″	122°12′04″	表层底质样和柱状样、水文气象、水质、沉积物

续表1.5

站号	纬度（N）	经度（E）	项目
44	29°22′16″	122°12′06″	表层底质样和柱状样、水文气象、水质、沉积物
45	29°27′29″	122°12′02″	潮流、含沙量、悬移质
46	29°23′58″	122°11′40″	潮流、含沙量、悬移质
47	29°21′51″	122°00′33″	表层底质样和柱状样、水文气象、水质、沉积物
48	29°21′12″	122°03′09″	表层底质样、水文气象、水质、沉积物
49	29°19′53″	122°00′08″	表层底质样和柱状样、水文气象、水质、沉积物
50	29°18′54″	122°03′10″	表层底质样、水文气象、水质、沉积物
51	29°18′14″	121°59′43″	表层底质样、水文气象、水质、沉积物
52	29°16′57″	122°03′12″	表层底质样和柱状样、水文气象、水质、沉积物
53	29°16′17″	122°01′01″	表层底质样、水文气象、水质、沉积物
54	29°14′39″	122°00′37″	表层底质样和柱状样、水文气象、水质、沉积物
55	29°14′21″	122°03′12″	表层底质样和柱状样、水文气象、水质、沉积物
56	29°12′02″	122°01′03″	表层底质样、水文气象、水质、沉积物
57	29°10′24″	122°00′26″	表层底质样和柱状样、水文气象、水质、沉积物
58	29°10′25″	122°04′20″	表层底质样、水文气象、水质、沉积物
59	29°20′35″	122°09′37″	表层底质样、水文气象、水质、沉积物
60	29°20′35″	122°12′12″	表层底质样和柱状样、水文气象、水质、沉积物
61	29°17′38″	122°09′12″	表层底质样、水文气象、水质、沉积物
62	29°17′39″	122°12′14″	表层底质样和柱状样、水文气象、水质、沉积物
63	29°14′02″	122°07′31″	表层底质样和柱状样、水文气象、水质、沉积物
64	29°14′04″	122°10′58″	表层底质样、水文气象、水质、沉积物
65	29°10′47″	122°07′58″	表层底质样和柱状样、水文气象、水质、沉积物
66	29°10′48″	122°10′59″	表层底质样、水文气象、水质、沉积物
67	29°19′53.0″	122°01′48.8″	潮流、含沙量、悬移质
68	29°19′17.3″	122°10′26.0″	潮流、含沙量、悬移质
69	29°13′39.7″	122°02′17.4″	潮流、含沙量、悬移质
70	29°14′42.9″	122°09′10.5″	潮流、含沙量、悬移质
象山爵溪潮位站	29°30′30.3″	121°57′42.0″	潮位
石浦潮位站	29°13′01″	121°58′01″	潮位

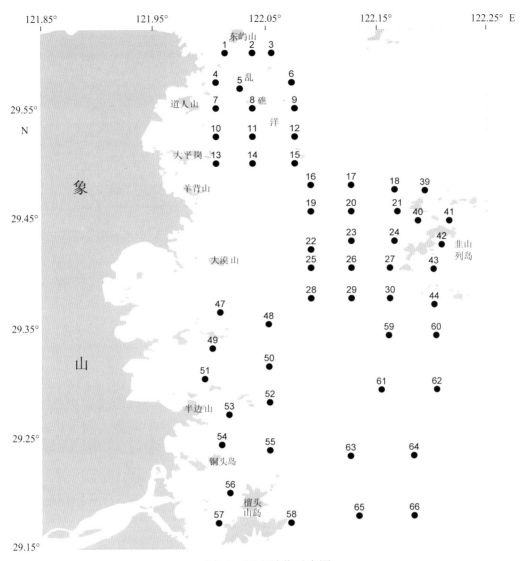

图1.2　调查站位示意图

二、调查时间与内容

（一）调查时间

2011年12月、2012年4月、2012年6月、2012年9月、2012年10月、2013年1月、2013年4月、2013年7月和2013年11月分别在上述海域进行调查。水文泥沙、沉积物和底质类型于冬季调查一次，水文气象、水质分别于夏季和冬季进行两次调查，生物生态进行春季、夏季、秋季和冬季四季调查。

（二）海洋环境与生态现状调查

1. 海水化学

包括溶解氧、pH、悬浮物、硝酸盐、亚硝酸盐、铵盐、活性磷酸盐、活性硅酸盐、油类、重金属（铜、铅、锌、铬、镉、汞、砷）等。

采样层次：油类、重金属（铜、铅、锌、铬、镉、汞、砷）采样层次为表层，其余指标采样层次为表层和底层。

2. 沉积化学

包括总有机碳，油类，总氮，总磷等，重金属（铜，铅，锌，铬，镉，汞，砷等），硫化物。采样层次：表层样。

3. 海洋生物与生态

叶绿素 a、浮游植物、浮游动物、底栖生物拖网和大型藻类。叶绿素：采水样 0.5 ~ 2 L，带回实验室抽滤，用丙酮萃取后，以分光光度法测定。浮游植物、浮游动物和小型底栖生物的调查均按照《海洋调查规范》（GB/T12763—2007）执行，监测方法按《海洋监测规范》（GB17378—2007）执行。根据底质现状情况，在海域内利用拖网进行大型底层生物调查，用底拖网进行调查（网口长度 1.5 m，网衣长度 20 m），渔获物带回实验室鉴定、分析。

（三）海洋水文与底质类型调查

1. 海洋水文气象

简易天气现象、水温、水色、透明度、盐度、流速流向、悬沙。

潮位观测站位引用石浦海洋站资料，观测时间：为期 15 d，涵盖整个水文泥沙观测期间。

潮流观测使用仪器为 SLC9-2 型直读式海流计。监测频率：在大潮时段进行。观测层次：采用分层观测，当水深大于等于 3 m 时为六点法，即表层、0.2H、0.4H、0.6H、0.8H 和底层（H 为测站相对水深）；当水深小于 3 m 时为三点法，即 0.2H、0.6H 和底层。流速、流向每小时测一次，涨落急、涨落憩时加测。若遇流速、流向异常，应及时加测，以核实实测数据。观测方法及要求：大潮观测。各垂线点观测的第一个记录在正点前测完，最后一个记录在正点后测，以保证每个全潮（两涨两落）的正点记录。水深小于等于 10 m 时，正点、半点前 5 min 开始测；水深大于 10 m 时，正点、半点前 10 min 开始测。测流要避开过往船只所引起的涡流。

测流期间同时测量水深，使用仪器有绞车、计数器和铅鱼。观测方法及要求：用钢丝绳测深，每小时一次，第一个记录正点前 15 min 开始观测，其余观测时间同测流。单位 m 取小数点后一位。

2. 含沙量

使用仪器：横式采水器或颠倒采水器、抽滤装置、万分之一电子天平。方法及要求：用横式采水器或颠倒采水器采水 500 mL，采水时间及层次与测流相同。抽滤时用蒸馏水洗盐 3 次，水样用 0.45 μm 微孔滤膜抽滤后烘干测定。量积误差不超过千分之五，称量用万分之一电子天平。

3. 底质类型

表层沉积物类型、粒径及承载力分析。柱状样：柱状样采样深度为 2.0 m，采样层次取表层、0.5 m、1.0 m、1.5 m 和 2 m，每层进行沉积物类型、粒径及承载力分析，承载力分析可视地质情况适当减少层次和站数。

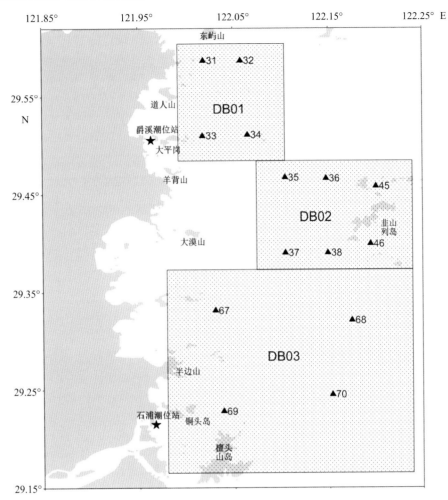

图1.3　水文调查站位

（四）底播增殖与海洋牧场适宜性评价

针对海洋牧场增养殖设施拟建区进行调查，对调查资料进行分析，并收集区域相关资料（海洋功能区划、航道、锚地、渔场以及区域台风和风暴潮等），分析拟选区海洋牧场构筑设施建设或者底播增殖的适宜性和可行性。

三、数据处理

（一）基础数据处理

基础数据处理在 Excel 和 Spss19.0 中完成，多样性数据处理及统计均在 PRIMER 6.0 软件中进行。图件绘制是 EXCEL、SURFER11.0 等软件。

（二）分析因子

1. 种类更替

运用种类更替率（杜飞雁等，2013）计算檀头山岛周围种类更替情况，根据物种优势度指数（陈亚瞿，1995）筛选优势种，具体计算公式如下：

$$\text{种类更替率 }(R)：R(\%)=[(a+b-2c)/(a+b-c)]\times 100$$

式中，a 与 b 分别为相邻两个季节的种类数；c 为相邻两个季节的共同种类数。

2. 均匀度

采用 Pielou 均匀度指数 J 计算，计算公式：$J = H'/\ln S$

式中，H' 为群落实测的物种多样性指数；S 为物种总数。

3. 多样性指数

物种多样性指数采用 Shannon-Wiener 多样性指数计算，计算公式：

$$H' = -\sum P_i \ln P_i$$

式中，H' 为种类多样性指数；P_i 为群落第 i 种的数量占样本总数量之比值。

4. 丰富度指数（d）

$$d = (S-1) / \log_2 N$$

式中，d 为丰富度指数；S 为总的种类数；N 为所有生物总个体数。

5. 种类优势度（Y）

$$Y = n_i / N \cdot f_i$$

式中，n_i 为第 i 种生物的个体数；N 为为全部样品的总个体数；F_i 为第 i 种生物在各样品中出现的频率。

6. 相似性指数（Sc）

$$Sc = 2c / (A + B) \times 100\%$$

式中，A 为群落 A 中的物种数；B 为群落 B 中的物种数；c 为群落 A、B 中共有的物种数。

7. 相对重要性指数（IRI）

$$IRI = (N + W) \times F \times 10^4$$

式中，N 为某一株的个数占总株的百分比；W 为某一种的质量占总质量的百分比；F 为某一种出现的站次数占调查总站次数的百分比。本文以 IRI 作为评判某海藻种是否为优势种的标准。规定 $IRI > 10\%$ 为优势种，$1\% \sim 10\%$ 为主要种。

8. 其他生态学指数

丰度经 $\ln (X+1)$ 转换，计算多维尺度分析（Multidimensional Scaling，MDS）、聚类分析（Group-average link），不同月份、不同断面间的群落格局显著性差异经相似性分析（ANOSIM），浮游生物种类对各月份、各断面群落的贡献大小用相似性百分比（SIMPER）分析，统计学概率（P）计算基于 999 次随机排列。

ABC 曲线，即丰度 / 生物量比较曲线 (Abundance-Biomass Comparison) 可以对污染或干扰造成的大型底栖动物群落变化做出灵敏的反应。本文应用 PRIMER 6.0 软件分析大型底栖动物群落受到扰动或污染的状况。

第二章　水文动力特征

潮汐和潮流是海洋中的典型现象，呈现周期性的波动，这种波动能对海洋中的生物或者人工构件产生直接地冲刷效应；而海流受到海底人工构件的阻挡后能产生上升流，却可以提升海域的生产力水平。本章主要对宁波东部海域水动力特征展开调查，掌握了目标海域的水流状况，并分析了水体中悬浮泥沙的分布规律，为后续海洋牧场的构建奠定基础。

第一节　潮　汐

一、潮位与历时

潮汐是海洋中的一种典型现象，是在天体引潮力作用下形成的周期性波动现象。潮位是指受潮汐现象影响，周期性涨落的水位。根据象山石浦海洋站同步潮位资料（2011 年、2012年 12 月 11—25 日），石浦站最大潮差 5.50 m，最小潮差 1.58 m，平均潮差 3.37 m；平均落潮流历时长于涨潮流历时，平均涨潮历时为 6 h 4 min，平均落潮历时为 6 h 22 min。

象山爵溪海洋站同步潮位资料（2011 年 12 月 11—25 日），爵溪站最大潮差 4.28 m，最小潮差 1.85 m，平均潮差 2.88 m；平均涨潮流历时长于落潮流历时，平均涨潮历时为5 h 54 min，平均落潮历时为 6 h 30 min。

表2.1　石浦、爵溪潮位站潮汐特征

站位	潮位（cm）		平均潮位（cm）		平均历时	
	最高	最低	高潮位	低潮位	涨潮	落潮
石浦站	260	-245	190	-151	6 h 4 min	6 h 22 min
爵溪站	236	-214	164	-124	5 h 54 min	6 h 30 min

注：基于85高程。

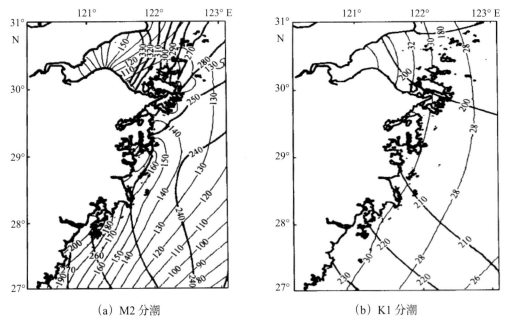

(a) M2 分潮　　　　　　　　　　　　　　　(b) K1 分潮

图2.1　潮位同潮时线和等振幅线（陈倩等，2003）

二、潮　波

研究海域的潮振动主要由太平洋前进波引起的协振动形成。由图 2.1 可知，研究海域的半日潮波运动是以 M2 分潮为主的东海前进波系统，西北太平洋的半日潮波以东南—西北向进入宁波东部外海；全日潮波运动以 K1 分潮为主，自东南—西北向进入宁波东部外海。同潮时线的旋转方向为逆时针方向，M2 分潮流在宁波东部外海处存在一个圆流点（陈倩等，2003）。M2 分潮在研究海域的振幅基本在 140 cm 以上。潮波进入韭山列岛西南侧海域至檀头山岛东北侧海域后，由于受地形和底摩擦等因素的影响，潮波发生变形，波形、波速和浅水分潮等均发生变化。

利用象山爵溪潮位站和石浦潮位站 2011 年 12 月和石浦潮位站 2012 年 12 月逐时潮位资料计算主要的 11 个潮汐调和常数。海区潮汐以 M2 分潮为主，其中 2011 年 12 月象山爵溪站 M2 分潮振幅为 142.5 cm，石浦海洋站 M2 分潮振幅为 170.3 cm；2012 年 12 月石浦海洋站 M2 分潮振幅为 144.7 cm；2013 年石浦海洋站 M2 分潮振幅为 133.2 cm。M2、S2、K1、O1 四大分潮振幅和迟角角度实测计算值与其他研究人员的结果一致（陈倩等，2003；万振文等，1998；李培良等，2005；孙文心等，2001 和王凯等，1999）。

表2.2　测区潮位站的潮汐调和常数

潮位站 分潮	爵溪站		石浦站	
	振幅 h (cm)	迟角 g (°)	振幅 h (cm)	迟角 g (°)
M2	142.5	253	170.3	247
S2	26.7	98	28.9	88
N2	20.6	269	20.4	259
K2	7.3	85	7.9	75
K1	19.4	136	22.8	125
O1	53.3	184	57.5	185
P1	17.6	140	19.0	130
Q1	20.9	30	20.7	28
M4	7.9	96	5.1	98
MS4	0.9	215	1.3	254
M6	1.1	224	1.1	24

三、潮汐性质

（一）潮汐类型

潮汐类型的判定通常用 $A=(H_{K1}+H_{O1})/H_{M2}$ 和 $B=H_{M4}/H_{M2}$ 来判定。A 为主要全日潮振幅和主要半日潮振幅的比值；B 为主要浅海分潮太阴四分之一日分潮振幅与主要半日潮振幅的比值。当 $0 < A \leqslant 0.5$ 时，为正规半日潮；当 $0.5 < A \leqslant 2$ 时，为不正规半日潮；当 $2 < A \leqslant 4$ 时，为不正规日潮；当 $A > 4$ 时，为正规日潮。当 $B < 0.01$ 时，可以不考虑浅海分潮的影响；当 $B=0.04$ 时，则落潮与涨潮时间约差 30 分；当 $B=0.08$ 时，则相差可达 1 h。

根据上表的潮汐调和参数计算，2011 年 12 月爵溪站 A 值 = 0.51 > 0.5，B 值 = 0.055 > 0.04，浅海分潮振幅和（$H_{M4}+H_{MS4}+H_{M6}$）约为 9.9 cm。石浦站 2011 年 11 月、2012 年 12 月和 2013 年 8 月，A 值分别为 0.47、0.45 和 0.34，均小于 0.5；B 值分别为 0.030、0.017 和 0.018，

均小于 0.04；浅海分潮振幅和分别为 7.5 cm，7.0 cm，5.3 cm。

根据判别式可知，石浦站附近海域属于正规半日潮，潮汐浅海作用较弱；爵溪站附近海域属于不规则半日潮，潮汐浅海作用比较明显。

表2.3 潮位特征值

站位	爵溪	石浦
$(H_{K1}+H_{O1})/H_{M2}$	0.51	0.47
H_{M4}/H_{M2}	0.055	0.030
$H_{M4}+H_{MS4}+H_{M6}$	9.9	7.5
H_{S2}/H_{M2}	0.19	0.17
$G_{M2}-(g_{k1}+g_{o2})$	−67	−63

（二）潮差

最大可能潮差按照 $2\times(1.29H_{M2}+1.23H_{S2}+H_{K1}+H_{O1})$ 或 $2\times(1.29H_{M2}+H_{S2}+1.68H_{K1}+1.46H_{O1})$ 计算，结果见表2.4。研究海域的潮差有以下规律：潮差从东向西、从北到南逐渐增大；离岸线越近潮差越大；港湾内潮差相比开阔海域要大，且越靠近湾顶潮差越大。

表2.4 潮差统计

单位：cm

站位	爵溪	石浦
最大潮差	428	490
最小潮差	185	226
平均潮差	288	340
最大可能潮差	578.7	671.1

第二节 潮 流

一、潮流分析

（一）潮流的时间空间及流向分布特征

潮流的时间变化分布特征主要反映在涨、落潮流的变化特征上。潮流的空间变化分布特征主要反映在潮流的平面及垂向的变化特征上。研究海域以半日潮流为主，观测期间实测最大流速发生在 45 号测站涨潮时，流速为 137 cm/s；3 h 平均最大流速发生在 67 号测站落潮时，流速为 139 cm/s；垂向 3 h 平均最大流速发生在 67 号测站落潮时，流速为 94 cm/s。4 个季节中，夏季平均流速最大，冬季最小，最大流速出现在夏季大潮落潮时。总体来说，宁波东部海域流速较大，冬季涨潮流平均流速大于落潮流平均流速，夏季则反之；越靠近大陆岸线的海域流速越大，离岸越远的海域流速越小。

从垂向上看，最大流速一般出现在表层或 0.2H 层，流速值随深度增加而减小。冬季流速切变最小，夏季流速切变最大。冬季风应力较为强劲，使得垂向的混合搅动作用更加明显，垂向的流速切变因此较小。春秋两季垂向流速呈现出过渡性季节的特点，流速大小和垂向切变均介于夏冬两季之间。

从区块上看，DB01海域涨潮流流速稍大于DB02海域；落潮流流速则差别不大。DB03海域涨潮流流速大于落潮流流速，与其他两个海域区块相比，涨落潮流速略小。

各测站受地形变化影响，涨、落潮流强流向各不相同。涨、落潮流强流向有83°～176°之间的夹角。涨潮流方向多为N—NE向，落潮流方向多为S—SW向。

表2.5 各测站涨落潮流速特征值

单位：cm/s

海域	测站	涨落潮	垂向平均最大流速（3h）	平均最大流速（3h）	实测最大流速	潮流方向
DB01	31	涨潮	80	94	126	ES
		落潮	63	82	94	WN
	32	涨潮	55	65	102	ES
		落潮	50	68	73	WN
	33	涨潮	62	73	90	N
		落潮	56	64	76	S
	34	涨潮	64	81	100	ES
		落潮	62	76	87	WN
DB02	35	涨潮	61	77	86	EN
		落潮	58	66	76	WS
	36	涨潮	67	91	97	EN
		落潮	69	80	88	WS
	37	涨潮	60	70	82	N
		落潮	62	72	77	S
	38	涨潮	68	90	106	ES
		落潮	60	81	93	WN
	45	涨潮	79	113	137	WN
		落潮	61	82	89	ES
	46	涨潮	50	75	81	WS
		落潮	65	88	98	EN
DB03	67	涨潮	60	72	88	N
		落潮	60	67	83	S
	68	涨潮	74	89	97	WN
		落潮	69	70	87	ES
	69	涨潮	57	69	77	WS
		落潮	71	92	113	EN
	70	涨潮	71	81	86	WN
		落潮	69	80	89	ES

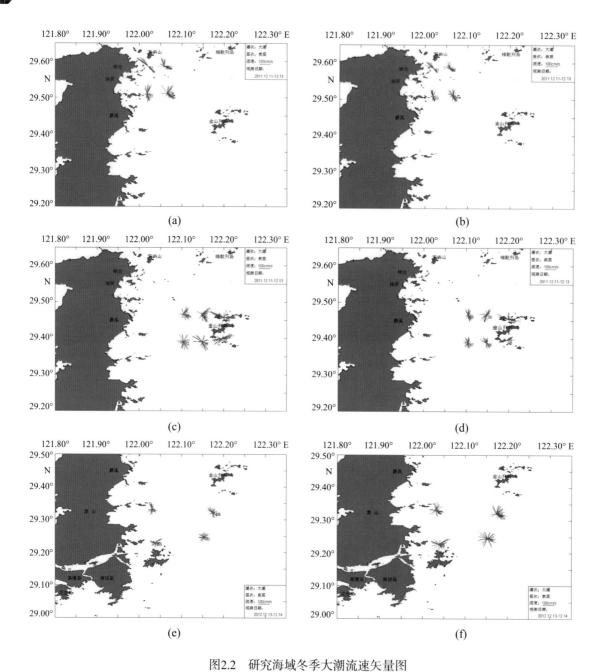

图2.2 研究海域冬季大潮流速矢量图

(a) DB01表层；(b) DB01底层；(c) DB02表层；(d) DB02底层；(e) DB03表层；(f) DB03底层

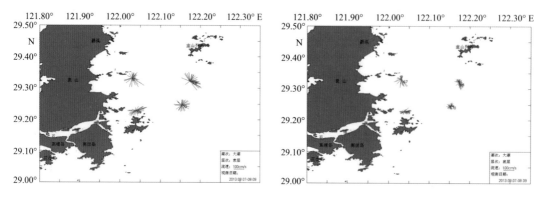

图2.3 DB03海域夏季大潮表（左）、底（右）层流速矢量图

（二）潮流历时特征

DB01 海域具有涨潮流历时长于落潮流历时的特征。测站 32、33、34 涨潮流历时均长于落潮流历时；测站 31 则反之。DB02 海域具有涨潮流历时长于落潮流历时的特征。测站 35 号、36 号、37 号、38 号、46 号涨潮流历时均长于落潮流历时；测站 45 则反之。DB03 海域具有落潮流历时长于涨潮流历时的特征。测站 67 号、68 号、69 号在 2012 年冬季的观测中，落潮流历时均长于涨潮流历时；测站 70 号则反之。

表2.6 各测站大潮垂线平均的涨、落潮流历时的统计

海域	测站	大潮			
		涨潮		落潮	
		时间（h）	潮位（m）	时间（h）	潮位（m）
DB01	31	5	36	6	44
	32	6	7	5	51
	33	6	12	5	47
	34	6	26	5	49
DB02	35	6	1	5	53
	36	6	40	5	47
	37	6	54	5	55
	38	6	19	5	42
	45	6	8	6	24
	46	6	55	5	9
DB03	67	6	2	6	32
	68	5	58	6	23
	69	5	2	7	5
	70	6	21	5	37

（三）潮流分布特征

为了对整个研究海域的所有流况进行定量分析，对各个测站的垂向平均流速的出现频次和出现频率进行统计，统计结果见表 2.6。

DB01 海域：小于 51 cm/s（1 kn）的流速出现频率在 28.0%～40.0% 之间；52～102 cm/s（1～2 kn）的流速出现频率最高，在 56.0%～72.0% 之间；103～153 cm/s（2～3 kn）的流速出现频率在 0～16.0% 之间；大于 153 cm/s（3 kn）的流速没有出现。

DB02 海域：小于 51 cm/s（1 kn）的流速出现频率在 24.0%～40.0% 之间；52～102 cm/s（1～2 kn）的流速出现频率最高，在 60.0%～76.0% 之间；103～153 cm/s（2～3 kn）的流速出现频率在 0～8.0% 之间；大于 153 cm/s（3 kn）的流速没有出现。

DB03 海域：小于 51 cm/s（1 kn）的流速出现频率在 4.0%～28.0% 之间；52～102 cm/s（1～2 kn）的流速出现频率最高，在 64.0%～100.0% 之间；103～153 cm/s（2～3 kn）的

流速出现频率在 0 ~ 20.0% 之间；大于 153 cm/s（3 kn）的流速没有出现。

研究海域各个测站之间的流速差异不大，流速以 52 ~ 102 cm/s 为主，小于 51 cm/s 次之，大于 153 cm/s 的流速没有出现，103 ~ 152 cm/s 之间的流速偶有出现。DB03 区相较于其他两个区域，流速要稍大；DB01 区和 DB02 区之间，流速差异不大。

表2.7　各站垂线平均流速出现频次、频率的统计

海域	测站	流速项目	≤51cm/s	52~102cm/s	103~152cm/s	≥153cm/s
DB01	31	出现频次	7	14	4	0
		出现频率	28.0%	56.0%	16.0%	0
	32	出现频次	10	15	0	0
		出现频率	40.0%	60.0%	0	0
	33	出现频次	7	18	0	0
		出现频率	28.0%	72.0%	0	0
	34	出现频次	7	18	0	0
		出现频率	28.0%	72.0%	0	0
DB02	35	出现频次	7	18	0	0
		出现频率	28.0%	72.0%	0	0
	36	出现频次	6	19	0	0
		出现频率	24.0%	76.0%	0	0
	37	出现频次	7	18	0	0
		出现频率	28.0%	72.0%	0	0
	38	出现频次	8	16	1	0
		出现频率	32.0%	64.0%	4.0%	0
	45	出现频次	6	17	2	0
		出现频率	24.0%	68.0%	8.0%	0
	46	出现频次	10	15	0	0
		出现频率	40.0%	60.0%	0	0
DB03	67	出现频次	6	19	0	0
		出现频率	24.0%	76.0%	0	0
	68	出现频次	1	24	0	0
		出现频率	4.0%	96.0%	0	0
	69	出现频次	5	18	2	0
		出现频率	20.0%	72.0%	8.0%	0
	70	出现频次	0	25	0	0
		出现频率	0	100.0%	0	0

（四）潮流与潮位的关系

从潮汐分析中可知，东海潮波到达韭山列岛、东屿山以南、三门湾及檀头山岛东北侧附近海域时，仍然保持前进波特性。通常当潮波为前进波时，潮流涨、落急流速通常出现在高、低潮位附近。而当潮波进入近岸或港湾时，由于受到底摩擦和岛屿地形的反射作用，产生驻波振动，使得潮流涨、落急流速不是出现在最高（最低）潮位附近，而是在中潮位附近；潮流涨、落憩流速出现在最高（最低）潮位附近，这一现象的潮波通常称之为协振潮。从大范围来看，研究海域处于东海潮波推进过程中的一个点，整体上保持着前进波的特性。但从局部地形分析，研究海域岸线与地形比较复杂，有可能会产生驻波，但相对区域面积较小，影响程度与潮位的高低密切相关。

从图2.4可以看出，测站各层次涨、落急流速多出现在中潮位附近，涨、落憩流速发生在高、低潮附近。宁波东部海域大潮期间高潮前4h多为涨潮流，高潮后4h多为落潮流。因此，研究海域潮流变化主要受协振波所控制。

二、潮流的调和

按照《海洋调查规范》（GB12763—2007）中潮流观测的准调和分析方法，依据各个测站的实测潮流资料进行分析计算，分析出各个测站的潮流调和常数、潮流椭圆要素、余流矢量，最终推算出各个测站各层次"潮流的可能最大流矢"以及"可能最大流矢"。

（一）潮流类型

潮流类型以主要全日分潮流与半日分潮流椭圆长轴的比值 $F = (W_{O1}+W_{K1})/W_{M2}$ 来判别。有时，为了考察测区浅海分潮流的大小与作用，往往又将主要浅海分潮流 M4 椭圆长半轴 W_{M4} 与 W_{M2} 之比 G 作为判据，进行分析。

经对研究海区各个测站潮流资料的调和分析计算，得到各站各层的 F 值和 G 值和（表2.8）。按《海港水文规范》（JTS145-2—2013）规定，确定港区的潮流类型。

由实测资料表明，各测站各层的 F 比值在 0.04～0.48 之间，所有测站 F 值均小于 0.5，说明这研究海域半日潮流占绝对优势，潮流流向和流速具有明显的半日周期变化，属于规则半日潮流。各测站 G 的值基本在 0.02～0.35 范围内，G 值大于 0.04 的站位层次比较多，亦说明本水域受浅海分潮的影响比较显著。因此，研究海域的潮流性质应属于不规则半日浅海潮流。

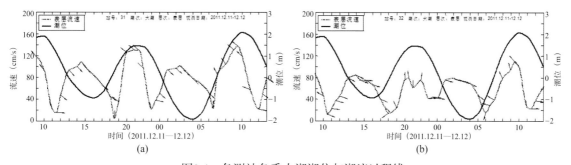

图2.4　各测站冬季大潮潮位与潮流过程线

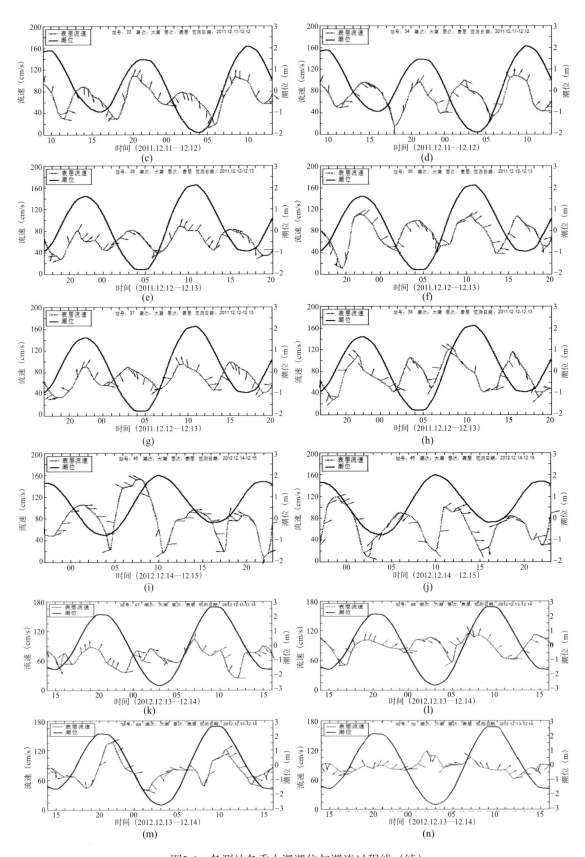

图2.4　各测站冬季大潮潮位与潮流过程线（续）

(a)31测站；(b)32测站；(c)33测站；(d)34测站；(e)35测站；(f)36测站；(g)37测站；(h)38测站；(i)45测站；(j)46测站；

(k)67测站；(l)68测站；(m)69测站；(n)70测站

表2.8 测区各站各层次上潮流性质判据计算结果统计

站号	表层		0.2H		0.4H		0.6H		0.8H		底层		垂向平均	
	F	G	F	G	F	G	F	G	F	G	F	G	F	G
31	0.10	0.20	0.11	0.18	0.12	0.14	0.13	0.12	0.07	0.10	0.11	0.14	0.10	0.14
32	0.25	0.26	0.22	0.20	0.15	0.18	0.11	0.17	0.12	0.17	0.14	0.12	0.15	0.18
33	0.06	0.08	0.10	0.05	0.07	0.06	0.04	0.04	0.03	0.04	0.04	0.03	0.06	0.05
34	0.19	0.26	0.17	0.19	0.11	0.11	0.09	0.06	0.09	0.07	0.12	0.07	0.12	0.11
35	0.16	0.34	0.13	0.26	0.13	0.21	0.13	0.19	0.12	0.14	0.12	0.07	0.12	0.20
36	0.07	0.35	0.06	0.21	0.07	0.16	0.07	0.11	0.07	0.13	0.09	0.13	0.05	0.16
37	0.11	0.12	0.12	0.06	0.11	0.05	0.12	0.05	0.11	0.05	0.14	0.06	0.11	0.05
38	0.13	0.13	0.11	0.10	0.12	0.09	0.08	0.12	0.09	0.14	0.16	0.17	0.11	0.11
45	0.37	0.12	0.37	0.08	0.36	0.08	0.40	0.08	0.40	0.10	0.35	0.12	0.36	0.09
46	0.26	0.09	0.24	0.11	0.22	0.07	0.18	0.07	0.18	0.08	0.19	0.09	0.20	0.08
67	0.15	0.25	0.09	0.25	0.08	0.17	0.05	0.13	0.07	0.12	0.09	0.11	0.07	0.17
68	0.10	0.24	0.12	0.14	0.13	0.12	0.11	0.11	0.14	0.10	0.14	0.08	0.12	0.12
69	0.13	0.24	0.18	0.12	0.15	0.12	0.13	0.17	0.14	0.18	0.19	0.18	0.14	0.19
70	0.26	0.12	0.26	0.08	0.29	0.08	0.28	0.08	0.30	0.09	0.28	0.09	0.28	0.09

（二）潮流的运动方式

研究海区以半日潮流为主，故以 M2 分潮流的椭圆率 K 值来判别潮流的运动形式，$|K|$ 值小，说明往复流形式显著；反之，说明旋转流特征强烈。当 K 值为正时，潮流呈逆时针向旋转；K 值为负时，呈顺时针向旋转。经计算得到各站 M2 分潮流椭圆率 K 值，其中 31 和 45 测站的潮流性质为往复流；其余测站的 $|K|$ 值均较大且 K 值均为负，潮流性质表现为顺时针向的旋转流。因此，整个研究海域是以顺时针向的旋转流为主，并带有一定往复流性质的混合流态。

（三）余流

余流是指剔除了周期性变化的潮流之后的一种相对稳定的流动。受分析方法和计算资料序列的限制，表 2.9 列出的余流值仍可能包含部分尚未被分离的潮流成分，但其结果仍可表征某些统计性的规律。

表2.9 各测站大潮余流统计

单位：cm/s；°

站号	表层		0.2H		0.4H		0.6H		0.8H		底层		垂向平均	
	流速	流向	流速	流向	流速	流向	流速	流向	流速	流向	流速	流向	流速	流向
31	7.6	131	3.0	138	1.5	203	3.5	191	3.1	226	4.8	248	2.5	183
32	25.2	72	22.4	65	18.1	59	13.4	51	10.8	56	8.8	57	16.2	61
33	15.3	75	10.8	66	7.5	51	7.7	50	5.2	34	4.7	39	8.4	58
34	36.0	86	27.5	76	16.5	76	10.8	83	9.5	86	7.3	93	17.2	81
35	29.3	76	25.3	70	20.5	73	15.7	74	14.0	82	13.6	87	19.4	75
36	25.0	105	22.0	90	11.4	83	5.8	75	4.5	80	2.9	111	13.2	92
37	11.2	138	4.7	117	2.0	191	2.5	248	3.6	263	2.1	254	2.0	180

续表2.9

站号	表层		0.2H		0.4H		0.6H		0.8H		底层		垂向平均	
	流速	流向	流速	流向	流速	流向	流速	流向	流速	流向	流速	流向	流速	流向
38	3.9	265	9.5	323	11.6	330	11.3	312	9.6	317	8.7	328	9.5	320
45	17.4	30	21.1	16	15.6	14	15.7	14	15.6	13	18.2	11	16.2	18
46	9.8	124	9.5	104	8.9	333	9.5	331	10.1	328	8.0	323	5.2	339
67	28.3	60	24.1	60	18.1	56	13.7	45	8.7	42	8.2	28	16.3	53
68	41.6	68	23.8	61	13.0	54	9.3	42	6.8	32	6.1	41	15.1	56
69	29.1	56	26.0	57	19.8	46	17.9	34	14.1	34	11.0	46	19.3	46
70	5.2	10	6.2	354	7.5	349	8.8	338	9.3	343	10.0	345	7.7	346

DB01海域（冬季）：表层平均余流21.25 cm/s；最大余流出现在34测站的表层，值为36.0 cm/s，流向为86°；4个测站的余流方向与涨潮流方向一致。DB02海域（冬季）：表层平均余流16.11 cm/s；最大余流出现在35测站的表层，值为29.3 cm/s，流向为76°；除38测站外，其余测站的余流方向与涨潮流方向一致。DB03海域（冬季）：表层平均余流26.05 cm/s；最大余流出现在68测站的表层，值为41.6 cm/s，流向为68°；测区67、68、69三个测站余流的方向，基本与落潮流方向基本一致，78测站余流的方向，基本与涨潮流方向基本一致。DB03海域（夏季）：表层平均余流25.43 cm/s；最大余流出现在68测站的表层，值为44.0 cm/s，流向为65°；4个测站余流的方向，基本与落潮流方向基本一致。

研究海域南侧余流大于北侧余流，近海大于外洋。冬季和夏季余流大小相差不多。垂向看，表、中、底余流流向基本一致，但存在顺时针方向偏转且偏转角度不大。流速大小沿深度减少，表层流速最大，底层流速最小。

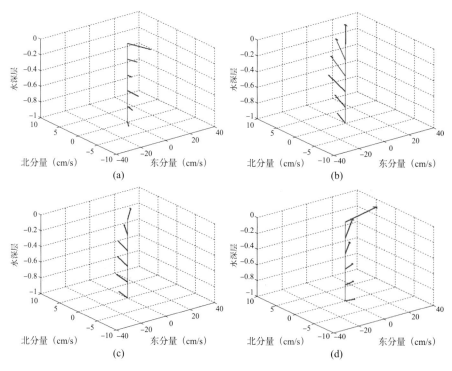

图2.5 DB01海域冬季测站垂向余流

(a) 31测站；(b) 32测站；(c) 33测站；(d) 34测站

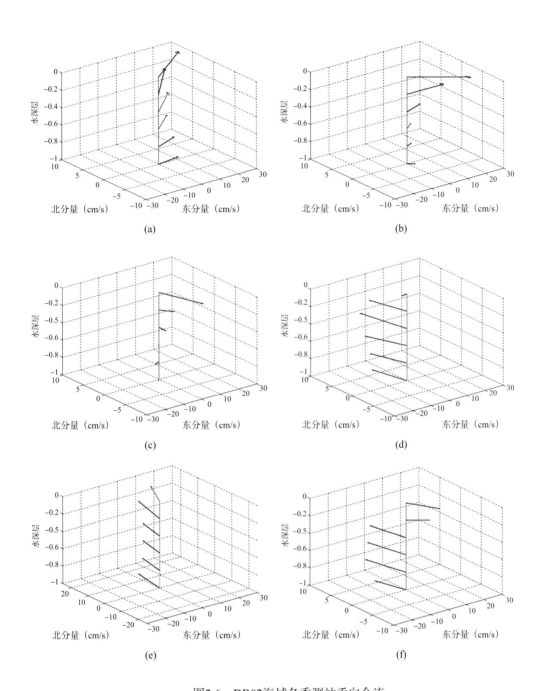

图2.6 DB02海域冬季测站垂向余流

（a）35测站；（b）36测站；（c）37测站；（d）38测站；（e）45测站；（f）46测站

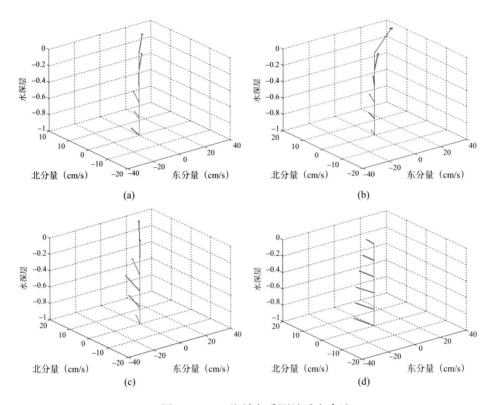

图2.7　DB03海域冬季测站垂向余流

（a）67测站；　（b）68测站；　（c）69测站；　（d）70测站

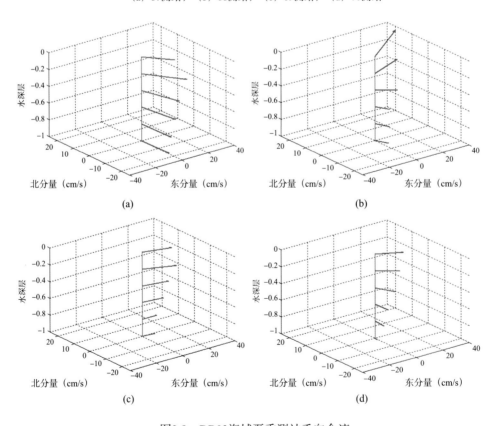

图2.8　DB03海域夏季测站垂向余流

（a）67测站；　（b）68测站；　（c）69测站；　（d）70测站

（四）潮流可能最大流速

潮流可能最大流速按《海港水文规范》（JTS145-2—2013）计算：对规则半日潮流海区按式（2-1）计算；对规则全日潮流海区按式（2-2）计算；对不规则半日潮流海区和不规则全日潮流海区采用式（2-1）和式（2-2）中的大值。

$$\vec{V}_{\max} = 1.295\vec{V}_{M2} + 1.245\vec{V}_{S2} + \vec{V}_{K1} + \vec{V}_{O1} + \vec{V}_{M4} + \vec{V}_{SM4} \tag{2-1}$$

$$\vec{V}_{\max} = \vec{V}_{M2} + \vec{V}_{S2} + 1.600\vec{V}_{K1} + 1.450\vec{V}_{O1} \tag{2-2}$$

式中，$\vec{V}_{M2}$、$\vec{V}_{S2}$、$\vec{V}_{K1}$、$\vec{V}_{O1}$、$\vec{V}_{M4}$、$\vec{V}_{MS4}$分别为各分潮流的椭圆长半轴矢量。

如前文所述，本海区为不规则半日浅海潮流，因此潮流可能最大流速采用式（2-1）和式（2-2）中的大值。潮流可能最大流速计算结果如表2.9所示。

DB01海域：31测站的潮流可能最大流速最大，垂向平均值为182 cm/s，对应流向为318°；32测站的潮流可能最大流速最小，垂向平均值为126 cm/s，对应流向为322°；本海域4个测站的潮流可能最大流速方向在315～329°之间，与涨潮流方向一致。DB02海域：36测站的潮流可能最大流速最大，垂向平均值为137 cm/s，对应流向为23°；46测站的潮流可能最大流速最小，垂向平均值为96 cm/s，对应流向为252°；本海域35～38测站的潮流可能最大流速方向与涨潮流方向一致，45～46测站的潮流可能最大流速方向与落潮流方向一致。这可能与测站45、46所处在位置的地理地形条件有关。DB03海域：冬夏两季季该海域均为76测站的潮流可能最大流速最大，垂向平均值分别为122 cm/s和168 cm/s，对应流向分别为145°和146°；两季潮流可能最大流速最小的测站分别为75测站和78测站，垂向平均值分别为91 cm/s和90 cm/s，对应流向分别为155°和199°，与落潮流方向一致。

第三节 含沙量和粒度分析

一、含沙量特征

（一）最大、最小含沙量及平均含沙量

DB01海域：最大含沙量为0.701 kg/m³，最小含沙量为0.360 g/m³，最大含沙量出现在33测站落潮底层，最小含沙量出现在32、34测站涨潮表层。垂向平均含沙量最大值为0.517 kg/m³，最小值为0.497 kg/m³，分别出现在32测站落潮和37测站落潮。本次调查平均含沙量为0.505 kg/m³。

DB02海域：最大含沙量为0.702 kg/m³，最小含沙量为0.240 g/m³，最大含沙量出现在38测站涨潮底层，最小含沙量出现在45测站落潮表层。垂向平均含沙量最大值为0.598 kg/m³，最小值为0.328 kg/m³，分别出现在38测站涨潮和45测站落潮。本次调查平均含沙量为0.472 kg/m³。

DB03海域（冬季）：最大含沙量为0.728 kg/m³，最小含沙量为0.214 g/m³，最大含沙量出现在75测站落潮底层，最小含沙量出现在78测站涨潮表层。垂向平均含沙量最大值为

0.526 kg/m³，最小值为 0.273 kg/m³，分别出现在 75 测站落潮和 78 测站落潮。本次调查平均含沙量为 0.416 kg/m³。

DB03 海域（夏季）：最大含沙量为 0.577 kg/m³，最小含沙量为 0.026 g/m³，最大含沙量出现在 77 测站涨潮底层，最小含沙量出现在 76 测站落潮表层。垂向平均含沙量最大值为 0.447 kg/m³，最小值为 0.045 kg/m³，分别出现在 77 测站涨潮和 76 测站落潮。本次调查平均含沙量为 0.266 kg/m³。

观测数据表明，研究海域总体含沙量较低，其中 DB01 海域和 DB02 海域含沙量相差不大，均在 0.500 8 kg/m³ 左右，DB03 海域含沙量相对较小，且涨落潮含沙量相当。从季节上看，冬季平均含沙量较夏季大，可能与冬季风应力大，搅拌作用明显有关。

（二）含沙量的垂向分布

含沙量的垂向变化明显，随着水深的增加，含沙量逐渐升高（图 2.9）。最高含沙量出现在底层，最低含沙量出现在表层。如 31 测站表、底层平均含沙量分别为 0.425 kg/m³ 和 0.583 kg/m³；35 测站表、底层平均含沙量分别为 0.404 kg/m³ 和 0.579 kg/m³。38 测站表、底层平均含沙量分别为 0.410 kg/m³ 和 0.581 kg/m³。

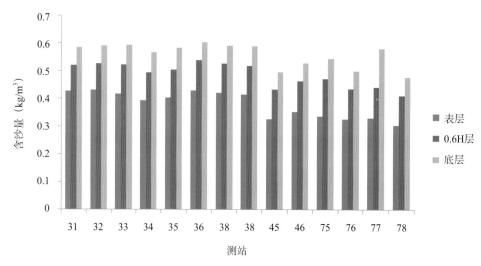

图2.9　冬季大潮涨潮期间各层平均含沙量

二、悬沙运移

各测站单宽潮量、单宽输沙率和单宽输沙量的数值和方向分别列于表 2.9。由表可知：冬季 DB01、DB02、DB03 三个海域涨潮潮量、输沙率均略占优势，夏季 DB03 海域落潮潮量、输沙率占优势。涨、落潮输沙率绝对值都很小，说明输沙量不大。DB01、DB02 和 DB03 海域冬季水沙随潮流往复进出，总体上为涨潮流方向，即由东南向西北运移，悬沙单宽输移量级可达 10^4 kg/d。DB03 海域夏季水沙输运为落潮流方向，由西向东运移，量级也达 10^4 kg/d。

三、悬移质粒度分析

悬移质的粒度分析结果表明，悬沙的中值粒径在 6.59 ～ 12.37 μm（7.25 ～ 6.434 ϕ）

之间，平均粒径在 8.06 ～ 21.24 μm（6.95 ～ 5.56 φ）之间（表2.10），按照《海洋调查规范》（GB/T12763—2007）分类为粉砂。

悬沙中值粒径的空间分布特征：33 测站 D_{50} 平均值最大，68 测站 D_{50} 平均值最小。各个测站的 D_{50} 平均值在 8.66 ～ 10.36 μm 之间，可见各测站悬沙中值粒径比较相近，空间分布较均匀。

表2.10 各测站潮流可能最大流速统计

单位：cm/s；°

测站	要素	表层	0.2H	0.4H	0.6H	0.8H	底层	垂直平均
31	流速	214	208	193	182	157	134	182
	流向	316	315	318	319	321	320	318
32	流速	141	136	136	131	114	89	126
	流向	317	318	322	329	332	326	322
33	流速	154	146	141	128	114	105	131
	流向	359	354	348	348	351	350	351
34	流速	138	146	146	137	120	112	134
	流向	349	339	335	336	342	344	339
35	流速	102	111	114	112	107	95	108
	流向	12	6	3	3	360	358	3
36	流速	136	149	151	138	129	110	137
	流向	33	20	21	22	24	26	23
37	流速	137	134	130	118	105	87	120
	流向	355	352	351	353	349	348	352
38	流速	154	159	149	137	125	114	141
	流向	317	333	331	329	332	334	331
45	流速	131	123	118	110	101	87	111
	流向	289	286	281	282	285	286	284
46	流速	108	106	96	97	87	77	96
	流向	250	251	255	253	253	253	252
67	流速	90	90	95	97	92	83	91
	流向	157	152	153	155	157	162	155
68	流速	136	136	131	119	108	94	122
	流向	144	138	143	146	148	150	145
69	流速	124	122	109	97	73	77	102
	流向	72	73	69	66	65	66	68
70	流速	116	111	106	94	85	68	97
	流向	181	173	167	168	173	188	173

表2.11　各测站垂线单宽潮量、输沙率及输沙量

站号	涨——落		
	净潮量（m³/s）	净输沙量（kg/s）	净输沙量（kg/d）
31	3.8	2.0	38 448.9
32	1.3	0.6	21 878.6
33	1.5	0.8	40 275.8
34	1.2	0.5	35 056.7
35	1.5	0.7	33 806.5
36	1.2	0.8	63 011.9
37	0.8	0.4	39 941.5
38	1.8	1.0	62 061.4
45	2.2	1.0	28 508.7
46	1.1	0.6	61 247.9
67	0.5	0.2	5 416.1
68	1.2	0.5	12 197.2
69	−0.8	−0.3	−44 777.1
70	1.5	0.7	46 791.7

表2.12　调查海域各测站悬沙粒度特征值

单位：μm

站位	D_{50}			D_{MZ}		
	最大值	最小值	平均值	最大值	最小值	平均值
31	9.54	8.92	9.20	12.48	11.73	12.11
32	10.39	9.16	9.71	16.56	10.63	13.22
33	10.94	9.78	10.36	17.83	12.99	16.10
34	10.13	9.01	9.38	14.33	11.76	12.67
35	10.71	8.27	9.37	15.74	11.70	12.77
36	11.43	6.59	9.00	16.36	8.06	12.46
37	11.00	8.41	9.15	18.08	12.46	15.53
38	10.39	7.65	8.66	18.07	11.71	13.74
45	10.51	8.08	8.97	15.53	11.27	13.50
46	10.02	8.54	9.01	13.55	11.88	12.29
67	10.23	9.18	9.55	13.70	12.12	12.73
68	9.15	7.54	8.31	12.61	10.27	11.19
69	12.37	8.51	9.76	21.24	11.81	14.63
70	9.71	7.84	8.39	12.54	10.71	11.38

第三章　海洋环境特征

　　目前对宁波海域水质和沉积物环境的调查和研究大多集中在杭州湾、象山港、三门湾内，虽然每年在宁波近岸海域进行趋势性监测，但在象山东部近岸海域的布点相对稀疏，无法全面掌握其水质、沉积物、海洋生物等的分布规律及质量现状。本章于2011—2013年对宁波东部海域调查的水质、沉积物、海洋生物等海洋环境资料进行分析，描述其海洋环境分布特征、变化规律以及污染情况，从而为该海域海洋牧场适应性分析提供基础资料，并为底播增殖研究和海洋牧场建设提供依据。

第一节 海水水环境状况

一、水质分布特征

水质现状分析采用 2011 年 12 月、2012 年 8 月、2012 年 12 月和 2013 年 8 月 4 个航次对宁波东部海域进行的调查资料（表 3.1）。本节结合水质调查结果，对宁波东部海域各项水质指标的浓度和分布特征进行分析，以了解调查海域的水质现状。

表3.1 水质监测指标

调查项目	层次	2011年12月			2012年8月			2012年12月			2013年8月		
		最小值	最大值	平均值	最小值	最大值	平均值	最小值	最大值	平均值	最小值	最大值	平均值
水温（℃）	表	14.0	14.6	14.3	29.0	30.4	29.4	14.6	15.3	15.1	28.0	28.9	28.5
	底	15.0	15.3	15.1	28.1	29.3	28.5	14.6	15.2	14.9	27.1	27.8	27.4
水色	表	18	19	19	17	21	19	18	21	20	18	19	18.3
透明度（m）	表	0.3	0.6	0.4	0.2	0.8	0.4	0.2	0.5	0.3	0.4	0.8	0.6
悬浮物（mg/L）	表	420.0	642.0	545.7	19.5	593.0	193.0	198.0	395.0	261.5	19.5	51.5	34.2
	底	558.0	717.0	660.9	78.5	712.0	334.7	351.0	486.0	416.6	22.5	76.0	52.3
pH	表	8.05	8.11	8.08	8.05	8.11	8.08	8.06	8.11	8.09	8.11	8.17	8.15
	底	8.06	8.09	8.07	8.06	8.09	8.07	8.07	8.12	8.10	8.13	8.19	8.16
盐度	表	23.37	24.01	23.65	23.37	24.01	23.65	25.03	26.22	25.67	32.11	32.53	32.35
	底	24.36	24.7	24.53	24.36	24.7	24.53	25.11	26.29	25.84	32.39	32.90	32.65
溶解氧（mg/L）	表	8.97	9.62	9.34	8.97	9.62	9.34	8.07	8.86	8.33	6.64	6.97	6.81
	底	8.94	9.67	9.22	8.94	9.67	9.22	8.13	8.80	8.43	6.70	6.98	6.79
活性磷酸盐（mg/L）	表	0.0214	0.0381	0.0292	0.0066	0.0149	0.0105	0.0254	0.0398	0.0316	0.0287	0.0488	0.0386
	底	0.0196	0.0363	0.0290	0.0060	0.0143	0.0108	0.0279	0.0376	0.0319	0.0299	0.0473	0.0389
无机氮（mg/L）	表	0.796	0.968	0.874	0.796	0.968	0.874	0.306	0.455	0.395	0.323	0.524	0.463
	底	0.783	0.988	0.903	0.783	0.988	0.903	0.318	0.468	0.398	0.350	0.506	0.456
石油类（mg/L）	表	0.015	0.020	0.018	0.015	0.020	0.018	0.011	0.042	0.025	0.021	0.026	0.024
硅酸盐（mg/L）	表	0.782	0.959	0.866	0.782	0.959	0.866	1.200	1.333	1.274	1.230	1.620	1.397
	底	0.745	0.938	0.841	0.745	0.938	0.841	1.160	1.342	1.286	1.180	1.720	1.393
铜（μg/L）	表	1.9	4.8	3.6	1.9	4.8	3.6	1.6	3.9	2.5	1.0	3.6	2.0
锌（μg/L）	表	22.0	26.6	24.6	22.0	26.6	24.6	19.7	24.7	22.3	13.9	20.9	17.4
铬（μg/L）	表	0.07	0.25	0.15	0.07	0.25	0.15	0.08	0.19	0.13	0.06	0.17	0.11
汞（μg/L）	表	0.012	0.027	0.019	0.012	0.027	0.019	0.008	0.022	0.013	0.017	0.035	0.027

续表3.1

调查项目	层次	2011年12月			2012年8月			2012年12月			2013年8月		
		最小值	最大值	平均值	最小值	最大值	平均值	最小值	最大值	平均值	最小值	最大值	平均值
镉 (μg/L)	表	0.09	0.24	0.14	0.09	0.24	0.14	0.13	0.29	0.20	0.05	0.21	0.12
铅 (μg/L)	表	0.4	1.37	0.76	0.4	1.37	0.76	0.61	1.48	0.95	0.32	1.90	0.67
砷 (μg/L)	表	1.3	2.9	2.1	1.3	2.9	2.1	0.9	2.1	1.4	1.0	1.5	1.2

（一）温度

冬季（2011年12月和2012年12月，下同），宁波东部海域水体中各站表层温度在14.0～15.3℃之间，平均温度为14.8℃，底层温度在14.6～15.3℃之间，平均温度为15.0℃；夏季（2012年8月和2013年8月，下同），各站表层水体中温度在28.0～30.4℃之间，平均温度为28.9℃，各站底层温度在27.1～29.3℃之间，平均温度为28.0℃。

从表层温度分布图（图3.1～图3.4）来看，冬季，表层温度呈现北略低于南部海域的趋势，底层相差不大，温度分布线分布相对比较均匀，夏季，表、底层海域水温均呈现北高南低的趋势，温度分布线相对密集，夏季温度均高于冬季。

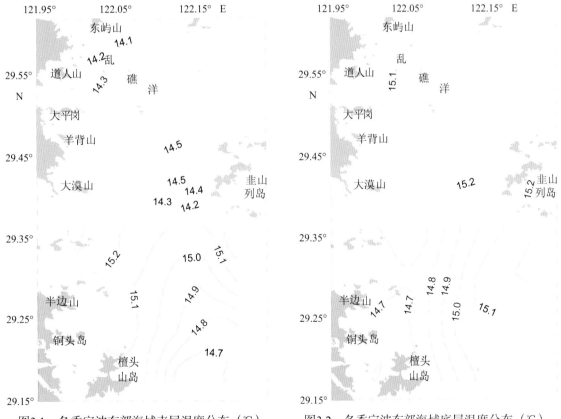

图3.1 冬季宁波东部海域表层温度分布（℃）
（—— 2011年12月；—— 2012年12月）

图3.2 冬季宁波东部海域底层温度分布（℃）
（—— 2011年12月；—— 2012年12月）

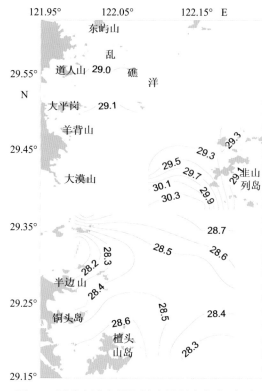

图3.3 夏季宁波东部海域表层温度分布（℃）
（—— 2012年8月；—— 2013年8月）

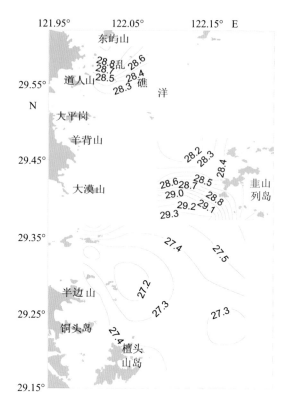

图3.4 夏季宁波东部海域底层温度分布（℃）
（—— 2012年8月；—— 2013年8月）

（二）水色

冬季，宁波东部海域水体中各站表层水色在18～21，平均水色为19。夏季，宁波东部海域水体中各站表层水色在17～21之间，平均水色为19。

从表层水色分布图来看（图3.5和图3.6），冬季，从北到南水色略有升高，檀头山岛附近的水色略高，夏季从北到南略有降低，乱礁洋附近的水色略高，但整体水色相对比较均匀，变化不是很大。

（三）透明度

冬季，宁波东部海域水体中各站表层透明度在0.2～0.6 m之间，平均透明度为0.3 m；夏季，宁波东部海域水体中各站表层透明度在0.2～0.8 m之间，平均透明度为0.5 m。

从表层透明度分布图来看（图3.7），冬季，檀头山岛北部海域透明度略低些，乱礁洋和韭山列岛东部海域水体表层透明度略高些；夏季（图3.8），檀头山岛东部与韭山列岛之间海域的透明度相对高些，其他区域相对低些。整体上来看，冬季透明度分布相对均匀，等值线相对稀疏，夏季透明度等值线相对密集，尤其在韭山列岛附近，且夏季的透明度略高于冬季。

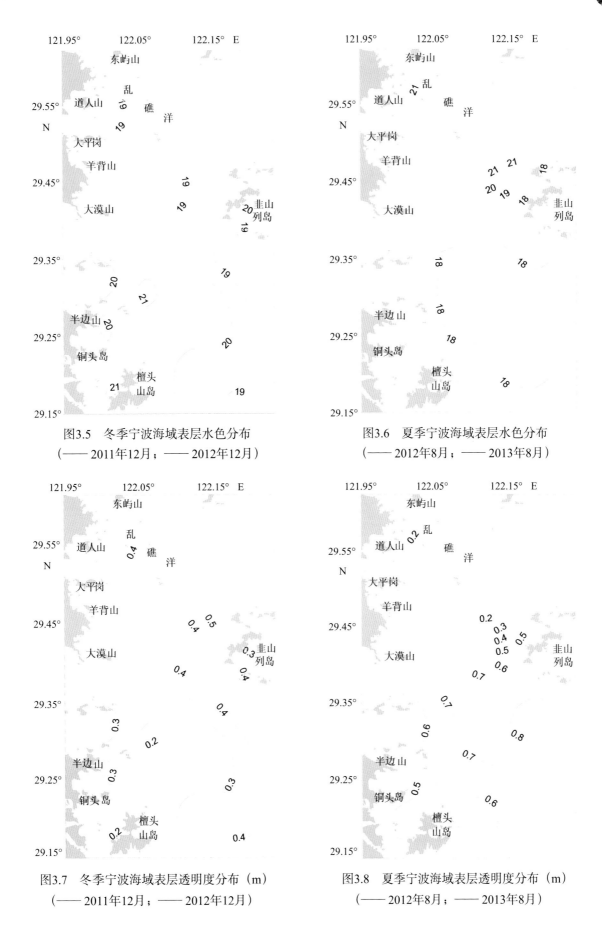

图3.5 冬季宁波海域表层水色分布
（—— 2011年12月；—— 2012年12月）

图3.6 夏季宁波海域表层水色分布
（—— 2012年8月；—— 2013年8月）

图3.7 冬季宁波海域表层透明度分布（m）
（—— 2011年12月；—— 2012年12月）

图3.8 夏季宁波海域表层透明度分布（m）
（—— 2012年8月；—— 2013年8月）

（四）悬浮物

冬季，宁波东部海域水体中各站表层悬浮物浓度在 198.0 ～ 642.0 mg/L 之间，平均悬浮物浓度为 377.3 mg/L，各站底层悬浮物浓度在 351.0 ～ 717.0 mg/L 之间，平均悬浮物浓度为 516.1 mg/L；夏季，宁波东部海域水体中各站表层悬浮物浓度在 19.5 ～ 593.0 mg/L 之间，平均悬浮物浓度为 120.8 mg/L，各站底层悬浮物浓度在 22.5 ～ 712.0 mg/L 之间，平均悬浮物浓度为 206.3 mg/L。

从悬浮物分布图来看（图 3.9 ～图 3.12），该海域悬浮物分布不均，总体上调查海域北部乱礁洋和韭山列岛西部区域的悬浮物要高于檀头山岛北侧海域，夏季北部乱礁洋和韭山列岛西部海域等值线密集，檀头山岛附近海域悬浮物呈现非常低的趋势。悬浮物会随潮汐发生显著变化，因此需要结合潮汐来分析其平面分布，这里就不展开分析。

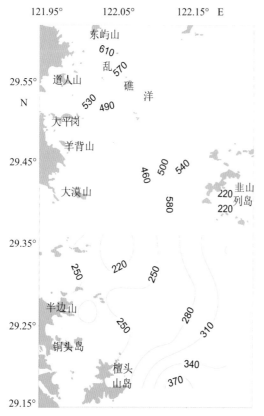

图3.9 冬季宁波海域表层悬浮物浓度分布（mg/L）
（—— 2011年12月；—— 2012年12月）

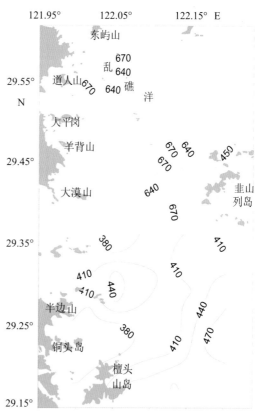

图3.10 冬季宁波海域底层悬浮物浓度分布（mg/L）
（—— 2011年12月；—— 2012年12月）

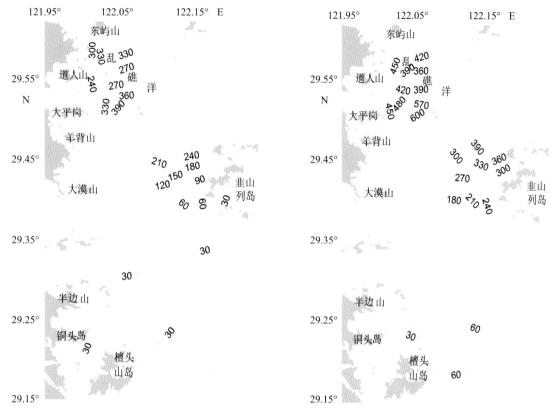

图3.11 夏季宁波海域表层悬浮物浓度分布（mg/L）　图3.12 夏季宁波海域底层悬浮物浓度分布（mg/L）
（—— 2012年8月；—— 2013年8月）　　　　　　（—— 2012年8月；—— 2013年8月）

（五）pH

冬季，宁波东部海域水体中各站表层 pH 值在 8.05 ~ 8.11 之间，平均为 8.08，各站底层 pH 值在 8.06 ~ 8.12 之间，平均为 8.09；夏季，宁波东部海域水体中各站表层 pH 值 8.06 ~ 8.17，平均为 8.11，各站底层 pH 值在 8.05 ~ 8.19 之间，平均为 8.11。

海水的 pH 值约为 8.1，其值变化很小，因此有利于海洋生物的生长；海水的弱碱性有利于海洋生物利用 $CaCO_3$ 组成介壳。从调查结果来看，本海域 pH 值在 8.05 ~ 8.19 之间，属于海水正常波动范围。而影响海水 pH 的因素，主要取决于二氧化碳的平衡。同时在温度、压力、盐度一定的情况下，海水的 pH 主要取决于 H_2CO_3 各种离解形式的比值。

从 pH 分布图来看（图 3.13 ~图 3.16），该海域 pH 冬季和夏季分布相对比较均匀，区域间未呈现明显变化趋势，表、底层变化不是很大，冬季 pH 略低于夏季，总体变化不大。

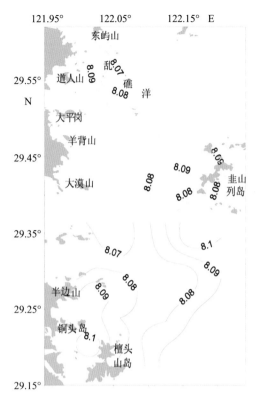

图3.13　冬季宁波海域表层pH分布
（—— 2011年12月；—— 2012年12月）

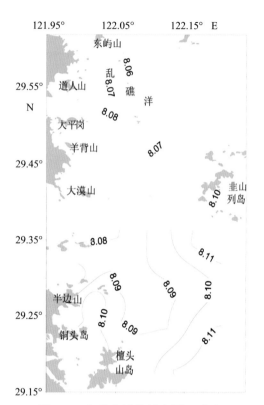

图3.14　冬季宁波海域底层pH分布
（—— 2011年12月；—— 2012年12月）

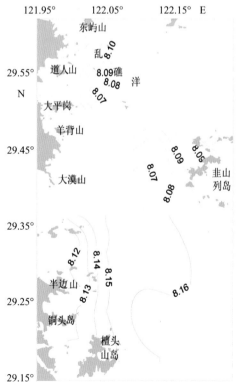

图3.15　夏季宁波海域表层pH分布
（—— 2012年8月；—— 2013年8月）

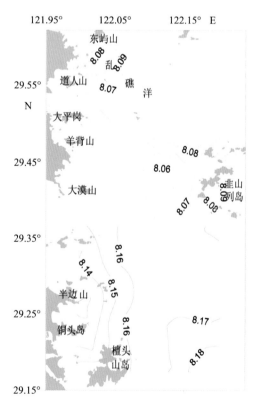

图3.16　夏季宁波海域底层pH分布
（—— 2012年8月；—— 2013年8月）

（六）盐度

冬季，宁波东部海域水体中各站表层盐度在 23.37 ~ 26.22 之间，平均为 24.84，各站底层盐度在 24.36 ~ 26.29 之间，平均为 25.32；夏季，宁波东部海域水体中各站表层盐度在 25.34 ~ 32.53 之间，平均为 29.31，底层盐度在 25.71 ~ 32.90 之间，平均为 29.63。

从盐度分布图来看（图3.17 ~ 图3.20），该海域冬季盐度北部乱礁洋海域略高于南部檀头山岛北部海域，底层略高于表层，等值线分布相对比较均匀，夏季分布则相反，北部乱礁洋海域略低于南部檀头山岛北部海域，且乱礁洋附近海域等值线密集，底层也略高于表层。夏季的盐度则高于冬季，这主要是冬季该海域主要受往南的长江冲淡水的影响，盐度低，而夏季长江冲淡水主要往东北，本海域受冲淡水影响较小，盐度略高。

（七）溶解氧

冬季，宁波东部海域水体中各站表层溶解氧浓度在 8.07 ~ 9.62 mg/L 之间，平均浓度为 8.74 mg/L，各站底层溶解氧浓度在 8.13 ~ 9.67 mg/L 之间，平均浓度为 8.74 mg/L；夏季，宁波东部海域水体中各站表层溶解氧浓度在 6.38 ~ 6.97 mg/L 之间，平均浓度为 6.67 mg/L，各站底层溶解氧浓度在 6.40 ~ 6.98 之间，平均浓度为 6.71 mg/L。

从溶解氧分布图来看（图3.21 ~ 图3.24），冬季乱礁洋区域的溶解氧高于南部檀头山岛海域，表层略高于底层，夏季乱礁洋区域的溶解氧略低于南部檀头山岛海域，表层略高于底层。溶解氧是海水中重要的生源要素参数，其分布、变化与温度、盐度、生物活动和环流运动等关系密切，对了解海区的生态环境状况具有重要意义。在自然情况下，空气中的含氧量变动不大，故水温是主要的因素，水温愈低，水中溶解氧的含量愈高，冬季水温低，溶解氧相对较高，夏季则相反。从浓度季节变化来看，冬季溶解氧明显高于夏季。

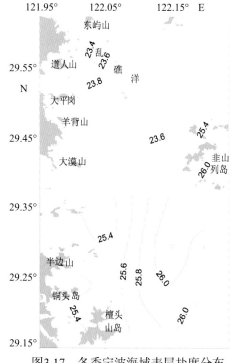

图3.17 冬季宁波海域表层盐度分布
（—— 2011年12月；—— 2012年12月）

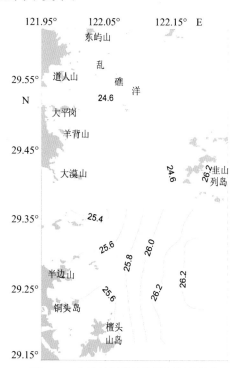

图3.18 冬季宁波海域底层盐度分布
（—— 2011年12月；—— 2012年12月）

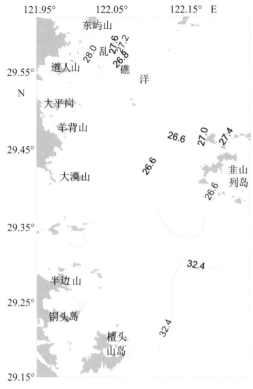

图3.19　夏季宁波海域表层盐度分布
（—— 2012年8月；—— 2013年8月）

图3.20　夏季宁波海域底层盐度分布
（—— 2012年8月；—— 2013年8月）

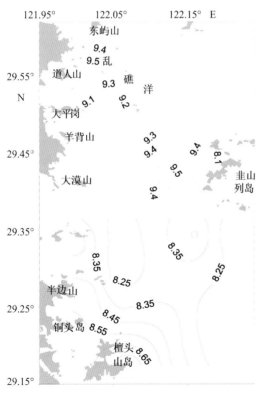

图3.21　冬季宁波海域表层溶解氧浓度分布（mg/L）
（—— 2011年12月；—— 2012年12月）

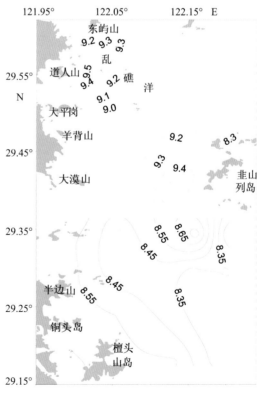

图3.22　冬季宁波海域底层溶解氧浓度分布（mg/L）
（—— 2011年12月；—— 2012年12月）

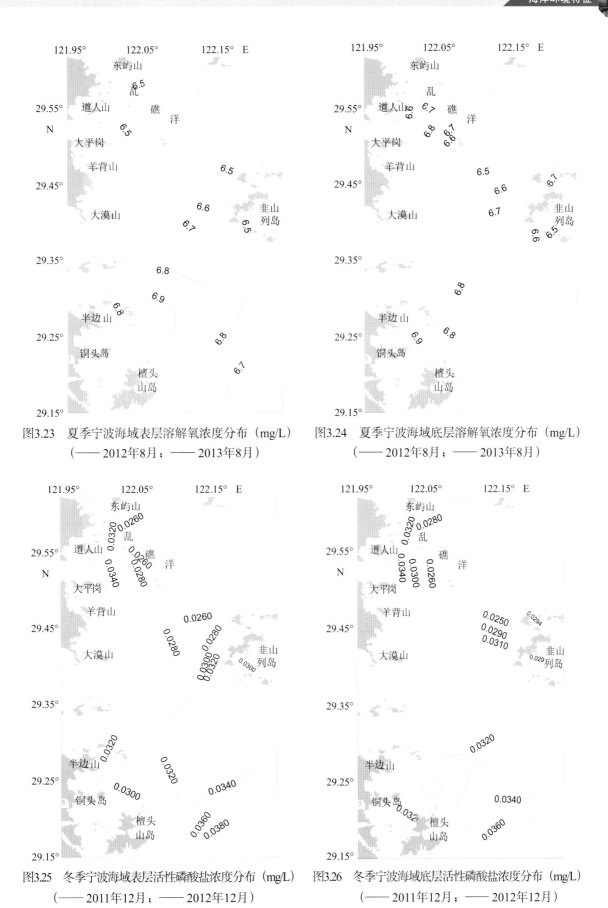

图3.23　夏季宁波海域表层溶解氧浓度分布（mg/L）
（——2012年8月；——2013年8月）

图3.24　夏季宁波海域底层溶解氧浓度分布（mg/L）
（——2012年8月；——2013年8月）

图3.25　冬季宁波海域表层活性磷酸盐浓度分布（mg/L）
（——2011年12月；——2012年12月）

图3.26　冬季宁波海域底层活性磷酸盐浓度分布（mg/L）
（——2011年12月；——2012年12月）

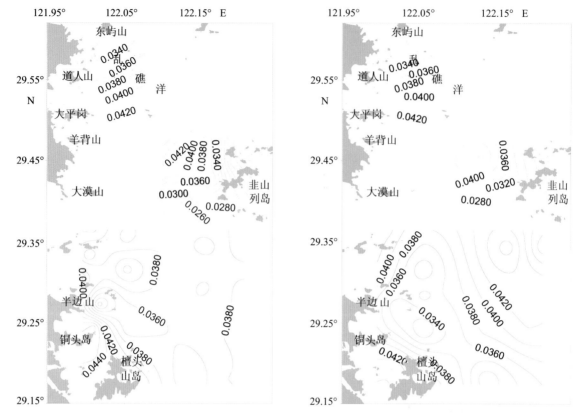

图3.27 夏季宁波海域表层活性磷酸盐浓度分布（mg/L） 图3.28 夏季宁波海域底层活性磷酸盐浓度分布（mg/L）
（—— 2012年8月；—— 2013年8月） （—— 2012年8月；—— 2013年8月）

（八）无机氮

冬季，宁波东部海域水体中各站表层无机氮浓度在 0.306～0.968 mg/L 之间，平均浓度为 0.591 mg/L，各站底层无机氮浓度在 0.318～0.988 mg/L 之间，平均浓度为 0.598 mg/L；夏季，宁波东部海域水体中各站表层无机氮浓度在 0.323～0.764 mg/L 之间，平均浓度为 0.524 mg/L，底层无机氮浓度在 0.350～0.749 mg/L 之间，平均浓度为 0.512 mg/L。

从无机氮浓度分布图来看（图 3.29～图 3.32），冬季和夏季乱礁洋海域和韭山列岛的无机氮浓度均高于南部檀头山岛海域，北部区域的无机氮浓度高出南部近 1 倍。

（九）硅酸盐

冬季，宁波东部海域水体中各站表层硅酸盐浓度在 0.78～1.33 mg/L 之间，平均浓度为 1.11 mg/L，各站底层硅酸盐浓度在 0.75～1.16 mg/L 之间，平均浓度为 0.86 mg/L；夏季，宁波东部海域水体中各站表层硅酸盐浓度在 1.07～2.03 mg/L 之间，平均浓度为 1.46 mg/L，各站底层硅酸盐浓度在 0.70～1.99 mg/L 之间，平均浓度为 1.44 mg/L。

从硅酸盐浓度分布图来看（图 3.33～图 3.36），冬季乱礁洋和韭山列岛海域表、底层硅酸盐均略低于南部，夏季表、底层硅酸盐分布相对比较均匀。

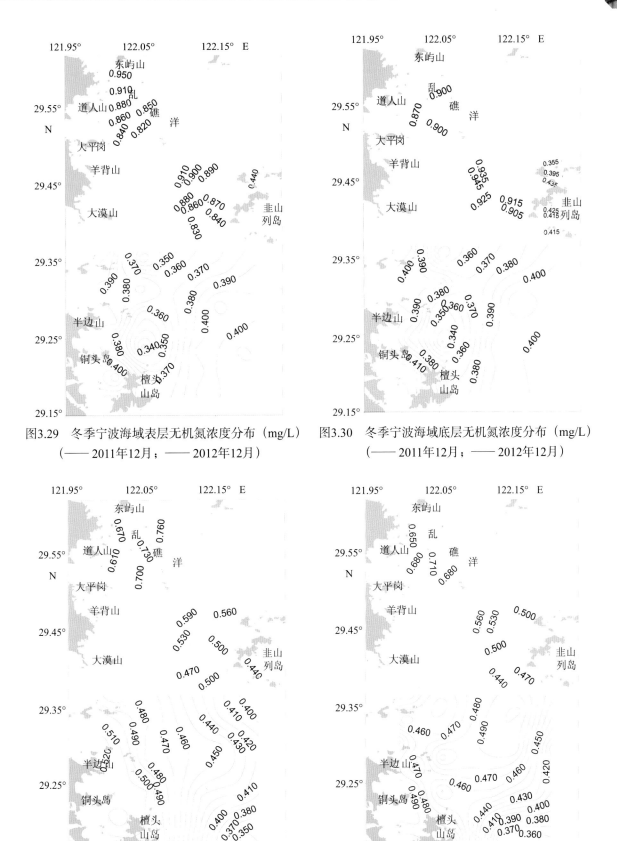

图3.29 冬季宁波海域表层无机氮浓度分布（mg/L）
（—— 2011年12月；—— 2012年12月）

图3.30 冬季宁波海域底层无机氮浓度分布（mg/L）
（—— 2011年12月；—— 2012年12月）

图3.31 夏季宁波海域表层无机氮浓度分布（mg/L）
（—— 2012年8月；—— 2013年8月）

图3.32 夏季宁波海域底层无机氮浓度分布（mg/L）
（—— 2012年8月；—— 2013年8月）

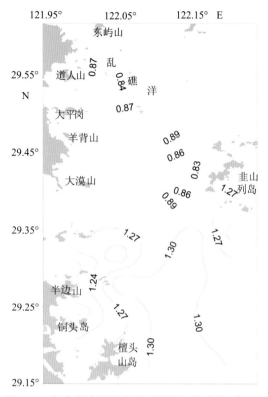

图3.33 冬季宁波海域表层硅酸盐浓度分布（mg/L）
（—— 2011年12月；—— 2012年12月）

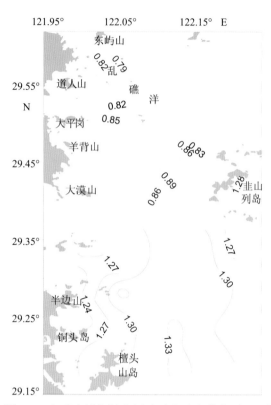

图3.34 冬季宁波海域底层硅酸盐浓度分布（mg/L）
（—— 2011年12月；—— 2012年12月）

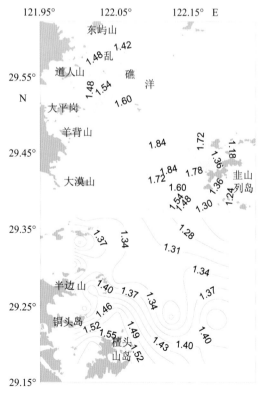

图3.35 夏季宁波海域表层硅酸盐浓度分布（mg/L）
（—— 2012年8月；—— 2013年8月）

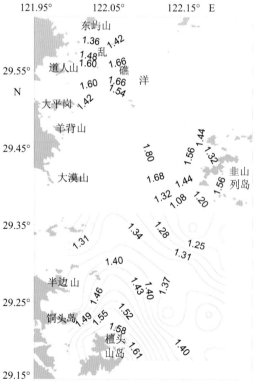

图3.36 夏季宁波海域底层硅酸盐浓度分布（mg/L）
（—— 2012年8月；—— 2013年8月）

（十）石油类

冬季，宁波东部海域水体中各站表层石油类浓度在 0.011 ~ 0.042 mg/L 之间，平均浓度为 0.022 mg/L；夏季，宁波东部海域水体中各站表层石油类浓度在 0.019 ~ 0.036 mg/L 之间，平均浓度为 0.025 mg/L。

从石油类浓度分布图来看（图3.37 ~ 图3.38），冬季表层檀头山岛北侧近岸海域，石油类略高，乱礁洋和韭山列岛西侧海域略低，底层北部略高于表层，南部底层略低于表层，底层的整体分布相对比较均匀。

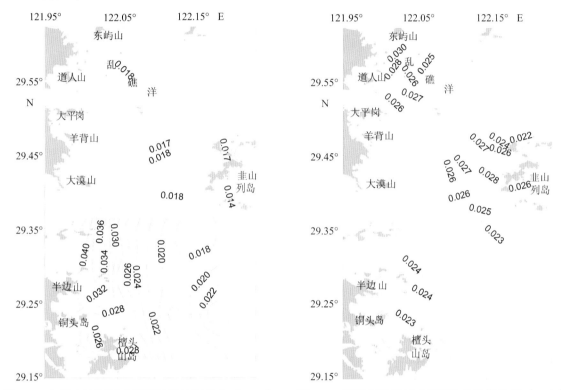

图3.37　冬季宁波海域表层石油类浓度分布（mg/L）
（——2011年12月；——2012年12月）

图3.38　夏季宁波海域表层石油类浓度分布（mg/L）
（——2012年8月；——2013年8月）

（十一）铜

冬季，宁波东部海域水体中各站表层铜浓度在 1.6 ~ 4.8 μg/L 之间，平均浓度为 3.0 μg/L；夏季，宁波东部海域水体中各站表层铜浓度在 1.0 ~ 3.6 μg/L 之间，平均浓度为 2.1 μg/L。

从铜的表层浓度分布图来看（图3.39 和图3.40），冬季韭山列岛西侧海域铜的含量略高于其他海域，夏季分布相对比较均匀，冬季该海域铜的含量略高于夏季。

（十二）锌

冬季，宁波东部海域水体中各站表层锌浓度在 19.7 ~ 26.6 μg/L 之间，平均浓度为 23.2 μg/L；夏季，宁波东部海域水体中各站表层锌浓度在 13.9 ~ 26.4 μg/L 之间，平均浓度为 20.4 μg/L。

从锌的表层浓度分布图来看（图3.41 和图3.42），冬季和夏季韭山列岛西侧海域和乱礁洋海域锌的含量略高于其他海域，冬季该海域锌浓度略高于夏季。

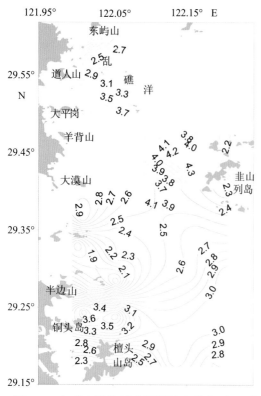

图3.39 冬季宁波海域表层铜浓度分布（μg/L）
（—— 2011年12月；—— 2012年12月）

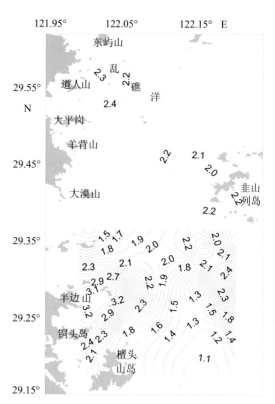

图3.40 夏季宁波海域表层铜浓度分布（μg/L）
（—— 2012年8月；—— 2013年8月）

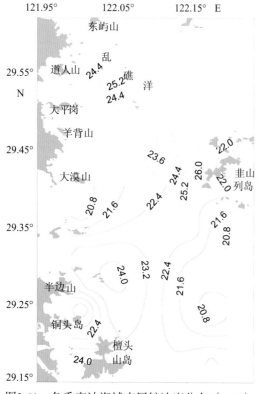

图3.41 冬季宁波海域表层锌浓度分布（μg/L）
（—— 2011年12月；—— 2012年12月）

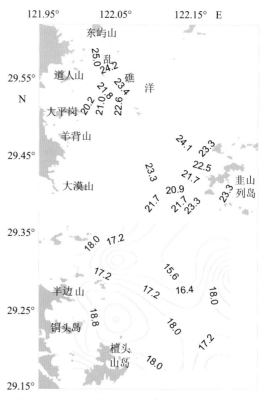

图3.42 夏季宁波海域表层锌浓度分布（μg/L）
（—— 2012年8月；—— 2013年8月）

（十三）铬

冬季，宁波东部海域水体中各站表层铬浓度在 0.07 ~ 0.25 μg/L 之间，平均浓度为 0.14 μg/L；夏季，宁波东部海域水体中各站表层铬浓度在 0.06 ~ 0.23 μg/L 之间，平均浓度为 0.13 μg/L。

从铬的表层浓度分布图来看（图 3.43 和图 3.44），冬季和夏季韭山列岛西侧海域和乱礁洋海域铬的浓度略高于其他海域，冬季略高于夏季，总体来看，冬季和夏季铬的分布相对比较均匀，总体变化不大。

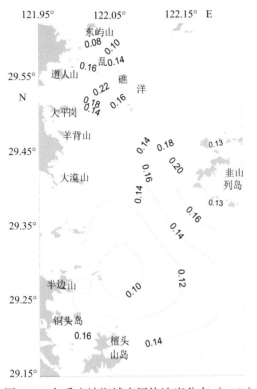

图3.43　冬季宁波海域表层铬浓度分布（μg/L）
（—— 2011年12月；—— 2012年12月）

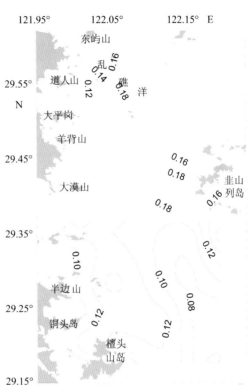

图3.44　夏季宁波海域表层铬浓度分布（μg/L）
（—— 2012年8月；—— 2013年8月）

（十四）汞

冬季，宁波东部海域水体中各站表层汞浓度在 0.008 ~ 0.027 μg/L 之间，平均浓度为 0.016 μg/L；夏季，宁波东部海域水体中各站表层汞浓度在 0.010 ~ 0.035 μg/L 之间，平均浓度为 0.022 μg/L。

从铬的表层浓度分布图来看（图 3.45 和图 3.46），冬季韭山列岛西侧海域和乱礁洋海域汞的浓度略高于其他海域，夏季则刚好相反，檀头山岛海域略高于其他海域。乱礁洋海域和韭山列岛西侧海域冬季汞的含量略高于夏季，而檀头山岛列岛海域冬季则略低于夏季。

（十五）镉

冬季，宁波东部海域水体中各站表层镉浓度在 0.09 ~ 0.29 μg/L 之间，平均浓度为 0.17 μg/L；夏季，宁波东部海域水体中各站表层镉浓度在 0.05 ~ 0.31 μg/L 之间，平均浓度为 0.18 μg/L。

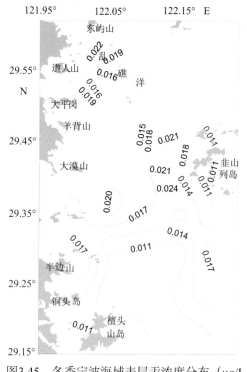

图3.45 冬季宁波海域表层汞浓度分布（μg/L）
（—— 2011年12月；—— 2012年12月）

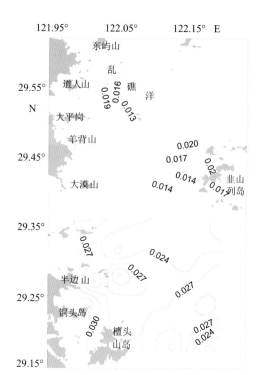

图3.46 夏季宁波海域表层汞浓度分布（μg/L）
（—— 2012年8月；—— 2013年8月）

从镉的表层浓度分布图来看（图3.47和图3.48），冬季乱礁洋海域和韭山列岛西侧海域镉浓度略高于檀头山岛海域，夏季则刚好相反。乱礁洋和韭山列岛西侧海域镉的含量冬季略高于夏季，而檀头山岛北侧海域冬季则略低于夏季。

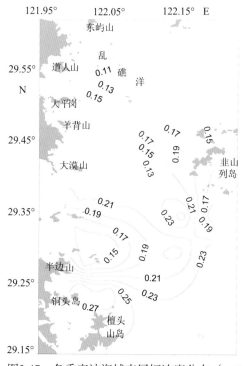

图3.47 冬季宁波海域表层镉浓度分布（μg/L）
（—— 2011年12月；—— 2012年12月）

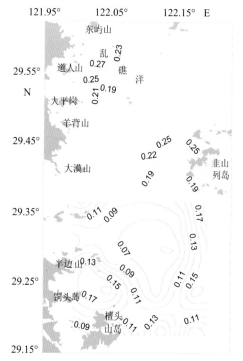

图3.48 夏季宁波海域表层镉浓度分布（μg/L）
（—— 2012年8月；—— 2013年8月）

（十六）铅

冬季，宁波东部海域水体中各站表层铅浓度在 0.40 ～ 1.48 μg/L 之间，平均浓度为 0.87 μg/L；夏季，宁波东部海域水体中各站表层铅浓度在 0.32 ～ 1.90 μg/L 之间，平均浓度为 0.67 μg/L。

从铅的表层浓度分布图来看（图 3.49 和图 3.50），冬季和夏季该海域铅的浓度分布相对比较均匀，在韭山列岛和檀头山岛之间的海域铅的浓度略高于其他海域。

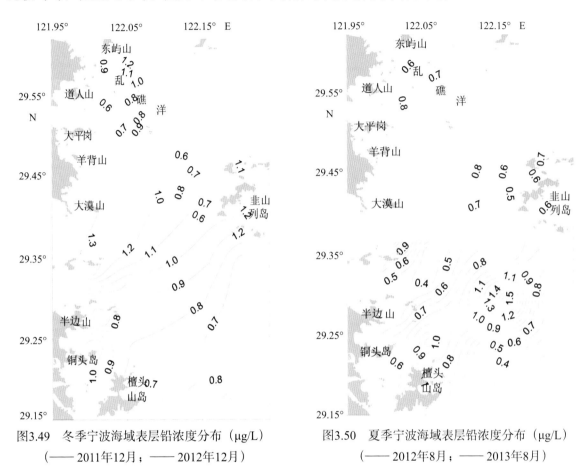

图3.49　冬季宁波海域表层铅浓度分布（μg/L）
（——2011年12月；——2012年12月）

图3.50　夏季宁波海域表层铅浓度分布（μg/L）
（——2012年8月；——2013年8月）

（十七）砷

冬季，宁波东部海域水体中各站表层砷浓度在 0.9 ～ 2.9 μg/L 之间，平均浓度为 1.7 μg/L；夏季，宁波东部海域水体中各站表层砷浓度在 0.9 ～ 2.0 μg/L 之间，平均浓度为 1.3 μg/L。

从浓度分布图来看（图 3.51），冬季，乱礁洋和韭山列岛东部海域水体表层砷的等值线相对檀头山岛北部海域密集，浓度也略高于檀头山岛北部海域；夏季（图 3.52），宁波东部海域水体中的表层砷浓度分布相对比较均匀。冬季的砷浓度略高于夏季，但从整体来看，砷浓度未呈现明显的变化规律，总体分布相对比较均匀，变化不大。

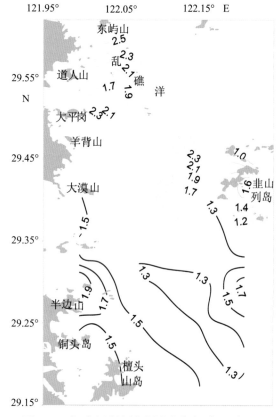

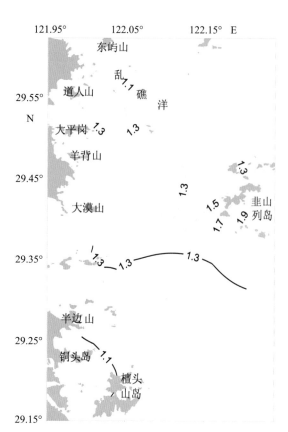

图3.51 冬季宁波海域表层砷分布（μg/L）
（—— 2011年12月；—— 2012年12月）

图3.52 夏季宁波海域表层砷的分布（μg/L）
（—— 2012年8月；—— 2013年8月）

二、质量状况

（一）评价方法

1. 单因子评价法

采用单项评价标准指数法进行海域水质现状评价，如果评价因子的标准指数大于1，则表示该因子超过了相应的水质评价标准。

评价方法如下：

（1）单因子标准指数（P_i）法，评价模式如下：

$$P_i = \frac{C_i}{C_{io}}$$

式中，P_i 为第 i 项因子的标准指数，即单因子标准指数；

C_i 为第 i 项因子的实测浓度；

C_{io} 为第 i 项因子的评价标准值。

（2）根据 DO 的特点，其评价模式分别为

$$P_{DO} = \frac{|DO_f - DO|}{DO_f - DO_S} \qquad DO \geqslant DO_S$$

$$P_{DO} = 10 - 9\frac{DO}{DO_S} \qquad DO < DO_S$$

$$DO_f = \frac{468}{(31.6 + T)}$$

式中，P_{DO} 为 DO 标准指数值；DO 为 DO 的实测值；

DO_f 为饱和 DO 浓度；DO_S 为 DO 的评价水质标准；

（3）根据 pH 的特点，其评价模式分别为：

其中，$pH_{sm} = \dfrac{pH_{su} + pH_{sd}}{2}$；$\qquad P_i = \dfrac{|pH - pH_{sm}|}{DS}$

$$DS = \frac{|pH_{su} - pH_{sd}|}{2}$$

式中，pH 为 pH 的实测值；

pH_{sm} 为海水 pH 评价标准的上限值；

pH_{sd} 为海水 pH 评价标准的下限值。

（4）评价标准

水质评价按《海水水质标准》（GB3097—1997）进行评价（表3.2）。

表3.2 海水水质标准

单位：除pH外，mg/L

序号	项目	一类	二类	三类	四类
1	pH	7.8~8.5		6.8~8.8	
2	溶解氧＞	6	5	4	3
3	石油类≤	0.05		0.30	0.50
4	无机氮≤	0.20	0.30	0.40	0.50
5	活性磷酸盐≤	0.015	0.030		0.045
6	汞≤	0.000 05	0.000 2		0.000 5
7	镉≤	0.001	0.005	0.010	
8	铅≤	0.001	0.005	0.010	0.050
9	铬≤	0.005	0.010	0.020	0.050
10	砷≤	0.020	0.030	0.050	
11	铜≤	0.005	0.010	0.050	
12	锌≤	0.020	0.050	0.10	0.50

2. N/P

郭卫东等（1998）根据中国近岸海域的富营养化普遍受营养盐限制的特征，提出了潜在性富营养化的概念，并在此基础上提出了一种新的富营养化分级标准及相应的评价模式，具有较高的应用和参考价值。其营养级的划分标准如表 3.3 所示。

表3.3 营养级的划分标准

级别	营养级	DIN(mg/L)	DIP(mg/L)	N/P
I	贫营养	<0.2	0.03	8~30
II	中度营养	0.2~0.3	0.03~0.05	8~30
III	富营养	>0.3	0.045	8~30
IVp	磷限制中度营养	0.2~0.3	–	>30
Vp	磷中等限制潜在性营养	>0.3	–	30~60
VIp	磷限制潜在性营养	>0.3	–	>60
IVn	氮限制中度营养	–	0.03~0.045	>8
Vn	氮中等限制潜在性营养	–	0.045	4~8
VIn	氮限制潜在性营养	–	0.045	<4

3. 模糊综合评价方法

1）模糊综合评价模型的建立

模糊综合评价模型的理论基础是模糊数学。模糊数学是一门新兴学科，由美国控制论专家查德于 1965 年建立，30 多年来，该学科的发展非常迅速（杨纶标等，2001）。

模糊综合评价模型（Fuzzy Comprehensive Evaluation）是一种功能强大的分析方法，近年来，该方法在科学研究中得到了广泛的应用。在水环境科学中，模糊概念、模糊数和模糊性问题是普遍存在的，因而模糊数学在这一领域有很大的应用前景。模糊综合评价法在水环境科学中的应用就是从水质评价开始，得到了广泛的推广，取得了很好的应用效果（刘新铭，2005）。

综合评判就是对受到多个因素制约的事物或对象做出一个总体的评价，由于从多方面对事物进行评价难免带有模糊性和主观性，采用模糊数学的方法进行综合评判将会使评价结果具有最大的客观性，从而取得比较理想的评判效果。这就是模糊综合评价模型的意义所在（张中昱，2006）。

模糊综合评价一般可归纳为以下几个步骤。

● 评价对象因素集的建立

因素是参与评价的评价指标。在环境质量评价中，因素集就是参与评价的 n 个环境因子的实际测定浓度组成的模糊子集，即 $C=\{c_1, c_2, c_3, \cdots, c_n\}$。

● 评价集的建立

评价集是与因素集中评价因子相应的评价标准集合。在环境质量评价中，评价集是各个污染因子相应的环境质量标准等级的集合，即 $U=\{u_1, u_2, u_3, \cdots, u_m\}$。

● 隶属度函数的建立

模糊集合是用隶属函数描述的，以隶属函数为基础建立了模糊集合论，因此隶属函数在模糊数学中占有极为重要的地位。隶属函数的确立方法是比较多的。根据不同的研究和处理对象，采取不同的方法。目前已经提出和应用的方法主要有主观评分法、模糊统计法、蕴含解析定义法，可变模型法，相对选择法，滤波函数法及二元对比排序法等（Li Z Y et al., 1994）。隶属函数大致有降半矩形分布、降半 Γ 型分布、降半正态分布、降半梯形分布、降半凹（凸）分布和降半哥西分布 6 种（Lee C S et al., 1996）。目前降半梯形分布是最常用的刻画隶属度的方法，并且能够很好地划分环境质量的分界线。因此，本文采用降半梯形分布来刻画隶属度：

$$r_{i1} = \begin{cases} 1 & C_i \leqslant U_{i1} \\ \dfrac{U_{i2} - C_i}{U_{i2} - C_i} & U_{i1} < C_i < U_{i2} \\ 0 & C_i \geqslant U_{i2} \end{cases} \tag{3-1}$$

$$r_{ij} = \begin{cases} 0 & C_i \leqslant U_{i,j-1}, C_i \geqslant U_{i,j+1} \\ \dfrac{C_i - U_{i,j-1}}{U_{i,j} - U_{i,j-1}} & U_{i,j-1} < C_i < U_{i,j}(1 < j < m) \\ \dfrac{U_{i,j+1} - C_i}{U_{i,j+1} - U_{i,j}} & U_{i,j} \leqslant C_i < U_{i,j+1} \end{cases} \tag{3-2}$$

$$r_{im} = \begin{cases} 1 & C_i \leqslant U_{i,m-1} \\ \dfrac{C_i - U_{i,m-1}}{U_{im} - U_{i,m-1}} & U_{i,m-1} < C_i < U_{im} \\ 0 & C_i \geqslant U_{im} \end{cases} \tag{3-3}$$

式中，r_{ij} 为因子 u_i 对 j 级水质的隶属度；C_i 为因子 u_i 的实测浓度值；U_{ij} 为因子 u_i 第 j 级水质标准；m 为 m 级评价标准。其中溶解氧的定义域与其他因子相反，构造隶属度还要做相应的变化。

● 权重集的建立

各环境因子的权重是指它们在决定水质等级时所起作用的量度。考虑到污染物超标越严重，权重越大的原则，本文采用计算超标比方法来确定权重。其计算公式如下：

$$W_i = \frac{C_i}{U_i} \tag{3-4}$$

对于 DO，则

$$W_{DO} = \frac{U_{DO}}{C_{DO}} \tag{3-5}$$

对 W_i 作归一化处理，得

$$W' = \frac{W_i}{\sum\limits_{i=1}^{n} W_i} \tag{3-6}$$

式中，C_i、U_i、W_i 和 W' 分别表示第 i 种污染物的实测浓度值、各级标准值的平均值、权重值和归一化后的权重值。

- 模糊综合评价

显然，单因素模糊评价仅仅反映一个因子对评价对象的影响，而未反映所有因子的综合影响，也就不能得出综合评价结果。模糊综合评价考虑所有因子的影响，将模糊权向量 W' 与单因素模糊评价矩阵 R 复合，得到各被评价对象的模糊综合评价向量 B，即

$$B = W' \cdot R \tag{3-7}$$

或写成以下形式，即：

$$\begin{bmatrix} b_1 \\ b_2 \\ b_3 \\ b_4 \end{bmatrix}^T = \begin{bmatrix} W'_1, W'_2, \cdots, W'_n \end{bmatrix} \cdot \begin{bmatrix} r_{11} & r_{12} & r_{13} & r_{14} \\ r_{21} & r_{22} & r_{23} & r_{24} \\ \vdots & \vdots & \vdots & \vdots \\ r_{n1} & r_{n2} & r_{n3} & r_{n4} \end{bmatrix} \tag{3-8}$$

式中，b 为评价指标，它是综合考虑所有因子的影响时，评价对象对评价集中某一等级的隶属程度。矩阵的复合运算模型有几种，这里采用广义模糊算子 $(\cdot, V)$ 进行运算。

2）评价指标

根据近年来的象山港海洋环境质量公报中所提出的主要污染物以及本课题所收集监测资料的完整性，选择出如下 12 种环境要素作为此水质现状的评价指标，它们分别是：溶解氧（DO）、化学耗氧量（COD$_{Mn}$）、油类（Oil）、活性磷酸盐（PO$_4$-P）、无机氮（DIN）、汞（Hg）、铅（Pb）、铜（Cu）、镉（Cd）、锌（Zn）、铬（Cr）和砷（As）。

3）评价标准

文中评价标准采用国家《海水水质标准》（GB3097—1997），其中主要环境要素的海水水质分级标准如表 3.2 所示。

（二）评价结果

1. 单因子评价结果

采用单因子评价方法，获得的评价结果见表 3.4。

通过评价可知调查区域的 pH、石油类、重金属的铜、铬、汞、镉和砷均符合一类《海水水质标准》，重金属的铅和锌基本超一类但符合二类《海水水质标准》，超标最为严重的是活性磷酸盐和无机氮，活性磷酸盐基本符合三类、四类《海水水质标准》，无机氮基本符合四类《海水水质标准》和超四类《海水水质标准》状态。从季节上来看，夏季的超标情况要比冬季严重。

表3.4　海水水质各评价指标评价结果

监测指标	层次	2011年12月	2012年8月	2012年12月	2013年8月
pH	表	100%符合一类	100%符合一类	100%符合一类	100%符合一类
	底	100%符合一类	100%符合一类	100%符合一类	100%符合一类
溶解氧	表	100%符合一类	100%符合一类	100%符合一类	100%符合一类
	底	100%符合一类	100%符合一类	100%符合一类	100%符合一类
活性磷酸盐	表	61%符合三类，39%符合四类	42%符合三类，54%符合四类，6%超四类	11%符合二类，15%符合三类，74%四类	5%符合二类，85%符合四类，10%超四类
	底	50%符合三类，50%符合四类	42%符合三类，54%符合四类，6%超四类	8%符合二类，23%符合三类，69%符合四类	10%符合二类，70%符合四类，20%超四类
无机氮	表	100%超四类	4%符合三类，25%符合四类，71%超四类	57%符合三类，43%符合四类	5%符合二类，80%符合四类，15%超四类
	底	100%超四类	4%符合三类，29%符合四类，67%超四类	46%符合三类，54%符合四类	10%符合二类，70%符合四类，20%超四类
石油类	表	100%符合一类	100%符合一类	100%符合一类	100%符合一类
铜	表	100%符合一类	100%符合一类	100%符合一类	100%符合一类
锌	表	100%符合二类	15%符合一类，85%符合二类	15%符合一类，85%符合二类	90%符合一类，10%符合二类
铬	表	100%符合一类	100%符合一类	100%符合一类	100%符合一类
汞	表	100%符合一类	100%符合一类	100%符合一类	100%符合一类
镉	表	100%符合一类	100%符合一类	100%符合一类	100%符合一类
铅	表	78%符合一类，22%符合二类	100%符合一类	31%符合一类，69%符合二类	85%符合一类，15%符合二类
砷	表	100%符合一类	100%符合一类	100%符合一类	100%符合一类

2. N/P评价结果

按照郭卫东的富营养级别划分可知，冬季 N/P 比值在 9.9 ~ 46.9 之间，平均为 22.1，夏季 N/P 比值在 7.6 ~ 34.6 之间，平均为 34.6，夏季的 N/P 比值要高于冬季。营养级别来看，冬季，2011 年 12 月，40% 的监测值为富营养，60% 的监测值为磷限制中度营养，2012 年 12 月，均为富营养化状态，夏季，2012 年 8 月，均为富营养，2013 年 8 月，7% 的监测值为磷限制中度营养，2% 的监测值为氮中等限制潜在性营养，91% 的监测值为富营养。从整体来看，宁波东部海域海洋牧场适宜性调查区域主要处于磷限制中度营养和富营养化状态中。

表3.5 N/P比值以及海域水体营养级

调查项目	层次	2011年12月			2012年8月			2012年12月			2013年8月		
		最小值	最大值	平均值	最小值	最大值	平均值	最小值	最大值	平均值	最小值	最大值	平均值
N/P比值	表	22.3	41.4	30.9	10.4	26.9	18.1	9.9	15.6	12.6	7.6	34.6	17.4
	底	21.6	46.9	32.5	10.8	23.9	17.6	10.1	16.6	12.5	7.7	34.4	17.5
营养级		40%为富营养，60%为磷限制中度营养			均为富营养			均为富营养			7%为磷限制中度营养，2%为氮中等限制潜在性营养，91%为富营养		

3. 模糊综合评价结果

通过建立模糊综合评价模型、评价对象因素集、评价集、隶属度函数和权重集，最后计算得到模糊综合评价隶属度，对站点进行综合评价。

根据评价结果（表3.6和表3.7），冬季，1～15号站位乱礁洋海域和16～30号韭山列岛西侧海域隶属度劣四类海水水质最高，综合评价结果均为劣四类海水水质，韭山列岛侧海域39～44号站位水质相对好些，为三类海水水质，檀头山岛北侧海域47～66号站位的水质综合评价结果最好，基本为二类和三类海水水质；夏季，1～15号站位乱礁洋海域和16～30号韭山列岛西侧海域隶属度劣四类海水水质最高，综合评价结果基本为劣四类海水水质，韭山列岛侧海域39～44号站位水质相对好些，基本为劣四类和四类海水，其中，韭山列岛南侧的43号站位，为二类海水水质，檀头山岛北侧海域47～66号站位，近岸的51站位、53～56站位水质相对比较差，为劣四类海水水质，靠近韭山列岛的60号站位相对比较好为二类海水水质，其他的基本为三类和四类海水水质。

从季节上来看，冬季和夏季的乱礁洋海域和韭山列岛西侧海域的大部分站位虽然同属于劣四类海水水质，但从隶属度指数来看，冬季劣四类海水水质的隶属度指数均为0.5以上，而夏季则基本在0.5以下，且部分站位为三类海水水质，乱礁洋海域和韭山列岛西侧海域夏季略好于冬季，但整体的水质状况不容乐观，主要的超标因子是无机氮和活性磷酸盐。檀头山岛北侧海域，冬季综合评价结果也好于夏季，冬季基本为二三类海水水质，而夏季基本为劣四类和四类海水水质。整体上来看，宁波东部海域海洋牧场适宜性调查海域冬季的海水水质综合评价质量好于夏季。

表3.6 冬季宁波海域海水水质模糊综合评价隶属度及综合评价结果

站号	模糊综合评价隶属度					评价结果	站号	模糊综合评价隶属度					评价结果
1	0.0954	0.2409	0.2409	0.2409	0.5394	劣四类	43	0.178	0.3235	0.3466	0.0267	0	三类
3	0.1870	0.1870	0.1870	0	0.5878	劣四类	44	0.1758	0.3136	0.3699	0.1	0	三类
5	0.1678	0.1678	0.1678	0	0.5955	劣四类	47	0.1565	0.3181	0.3398	0.1933	0	三类
7	0.1011	0.2544	0.2544	0.2544	0.5384	劣四类	48	0.1802	0.3299	0.3299	0.0067	0	二类

续表3.6

站号	模糊综合评价隶属度					评价结果	站号	模糊综合评价隶属度					评价结果
8	0.1068	0.2154	0.2154	0	0.5595	劣四类	49	0.1615	0.3071	0.3498	0.0067	0	三类
9	0.1983	0.1983	0.1983	0	0.5572	劣四类	50	0.1646	0.335	0.3428	0.2333	0	三类
11	0.1156	0.2289	0.2289	0	0.5366	劣四类	51	0.1623	0.3198	0.3372	0.1133	0	三类
13	0.1032	0.2629	0.2629	0.2629	0.5022	劣四类	52	0.1804	0.3435	0.3435	0.0867	0	二类
15	0.2067	0.2067	0.2067		0.552	劣四类	53	0.1588	0.3293	0.3346	0.1933	0	三类
16	0.1835	0.1835	0.1835	0	0.5939	劣四类	54	0.1662	0.3101	0.3333	0	0	三类
18	0.1899	0.1899	0.1899	0	0.574	劣四类	55	0.1768	0.3403	0.3403	0.0667	0	二类
20	0.1919	0.1919	0.1919	0	0.5679	劣四类	56	0.1614	0.293	0.3877	0.3877	0	三类
22	0.0999	0.231	0.231	0.1933	0.5538	劣四类	57	0.1616	0.3218	0.3525	0.0867	0	三类
24	0.103	0.2288	0.2288	0.1467	0.5402	劣四类	58	0.2866	0.3	0.3578	0	0	三类
25	0.1101	0.2313	0.2313	0.0667	0.5264	劣四类	59	0.1666	0.3408	0.3408	0.1733	0	二类
26	0.1967	0.1967	0.1967	0	0.5544	劣四类	60	0.1707	0.3465	0.3465	0.2333	0	二类
28	0.177	0.177	0.177	0	0.5825	劣四类	61	0.1655	0.3386	0.3585	0.2133	0	二类
30	0.1028	0.2664	0.2664	0.2664	0.5083	劣四类	62	0.1634	0.3311	0.3419	0.2133	0	三类
39	0.1674	0.3016	0.3951	0.3951	0	三类	63	0.166	0.3399	0.3542	0.1933	0	三类
40	0.1688	0.2943	0.3902	0.3902	0	三类	64	0.1659	0.3429	0.3429	0.28	0	二类
41	0.1737	0.3037	0.3653	0	0	三类	65	0.1544	0.3645	0.3645	0.3645	0	三类
42	0.1698	0.2976	0.3944	0.3944	0	三类	66	0.1571	0.3467	0.3467	0.3808	0	二类

表3.7 夏季宁波海域海水水质模糊综合评价隶属度及评价结果

站号	模糊综合评价隶属度					评价结果	站号	模糊综合评价隶属度					评价结果
1	0.1631	0.2637	0.2637	0.2637	0.4428	劣四类	43	0.2255	0.307	0.307	0	0	二类
3	0.155	0.2489	0.2489	0.2333	0.4764	劣四类	44	0.1939	0.2586	0.2586	0	0.4121	劣四类
5	0.1553	0.2548	0.2548	0.2533	0.4606	劣四类	47	0.1691	0.2867	0.3000	0.3471	0	四类
7	0.1802	0.3101	0.3101	0.3686	0	四类	48	0.1807	0.3162	0.3162	0.3795	0	四类
8	0.1581	0.285	0.285	0.285	0.4382	劣四类	49	0.1766	0.3074	0.3074	0.2933	0.3907	二类
9	0.1464	0.2842	0.2842	0.2842	0.47	劣四类	50	0.1685	0.1267	0.2	0.3701	0	四类
11	0.1532	0.2933	0.2933	0.2985	0.4355	劣四类	51	0.1573	0.0274	0	0	0.3671	劣四类
13	0.1496	0.1333	0.1333	0.3059	0.425	劣四类	52	0.1685	0.3227	0.3227	0.3579	0	四类
15	0.1468	0.1933	0.1933	0.3041	0.4327	劣四类	53	0.1843	0.2640	0.2640	0	0.4101	劣四类
16	0.1541	0.2707	0.2707	0.2707	0.4454	劣四类	54	0.1504	0.0238	0	0	0.3783	劣四类
18	0.1668	0.2819	0.2819	0.2819	0.4213	劣四类	55	0.1711	0.3064	0.3064	0.3064	0.3827	劣四类
20	0.1651	0.0343	0.14	0.3311	0.3711	劣四类	56	0.1590	0.0226	0	0	0.3670	劣四类
22	0.1636	0.2533	0.2533	0.3396	0.3751	劣四类	57	0.1671	0.1867	0.1867	0.3608	0	四类
24	0.1755	0.3146	0.3146	0.3146	0.3897	劣四类	58	0.1695	0.2467	0.2467	0.3648	0	四类
25	0.1961	0.272	0.3636	0.32	0	三类	59	0.1865	0.3568	0.3568	0.3568	0	四类
26	0.2533	0.2603	0.35	0.396	0	四类	60	0.1966	0.3383	0.3383	0.2733	0	二类

续表3.7

站号	模糊综合评价隶属度					评价结果	站号	模糊综合评价隶属度					评价结果
28	0.2424	0.2424	0.2424	0	0.4259	劣四类	61	0.1804	0.3259	0.3609	0.3609	0	四类
30	0.2333	0.2565	0.2565	0	0.4165	劣四类	62	0.178	0.3482	0.3482	0.3482	0	四类
39	0.2152	0.2088	0.2088	0.4281	0	四类	63	0.1858	0.3409	0.3471	0.3409	0	四类
40	0.2188	0.2188	0.2188	0	0.4365	劣四类	64	0.1848	0.3529	0.3529	0.3529	0	四类
41	0.2072	0.1916	0.1916	0	0.4421	劣四类	65	0.1925	0.3316	0.3334	0.2733	0	三类
42	0.2353	0.2353	0.3761	0.27	0	三类	66	0.1875	0.3985	0.3359	0.2598	0	二类

第二节 沉积物状况

一、分布特征

沉积物现状分析采用冬季 2011 年 12 月、2012 年 12 月两个航次的调查资料，调查和分析内容包括硫化物、有机碳、锌、汞、铜、铬、镉、铅、砷、石油类、总氮、总磷等十几个项目（表 3.8）。本小节将结合沉积物调查结果，对宁波东部海域各项沉积物指标的浓度和分布特征进行分析，以了解该海域的沉积物各污染物指标的现状。

表3.8 沉积物监测指标

调查项目		层次	2011年12月			2012年12月		
			最小值	最大值	平均值	最小值	最大值	平均值
硫化物	$\times 10^{-6}$	表	1.9	5.7	3.8	1.4	98.3	16.4
有机碳	$\times 10^{-2}$	表	0.44	0.50	0.48	0.23	0.65	0.41
锌	$\times 10^{-6}$	表	50.7	98.0	81.7	66.7	84.8	78.5
汞	$\times 10^{-6}$	表	0.035	0.051	0.042	0.041	0.051	0.046
铜	$\times 10^{-6}$	表	22.4	40.1	32.1	21.3	35.5	26.6
铬	$\times 10^{-6}$	表	26.8	51.3	40.3	29.9	60.4	44.7
镉	$\times 10^{-6}$	表	0.14	0.24	0.18	0.12	0.25	0.16
铅	$\times 10^{-6}$	表	19.0	44.6	30.2	15.3	32.0	21.7
砷	$\times 10^{-6}$	表	3.62	5.39	4.22	3.97	7.89	4.58
石油类	$\times 10^{-6}$	表	12.9	25.4	16.3	9.0	178.4	48.9
总氮	$\times 10^{-6}$	表	402.3	604.5	461.1	391.9	571.2	454.6
总磷	$\times 10^{-6}$	表	321.5	425.0	359.1	331.5	473.3	395.0
含水率	%	表	46.7	54.8	51.3	32.8	51.8	45.8

（一）硫化物

冬季调查海域沉积物中硫化物含量在 $1.4 \times 10^{-6} \sim 98.3 \times 10^{-6}$ 之间，平均为 11.3×10^{-6}。从表层沉积物硫化物分布图来看（图 3.53），韭山列岛西侧海域的硫化物含量相对高些，其他海域略低。

（二）有机碳

冬季调查海域沉积物中有机碳含量在 0.23% ~ 0.65% 之间，平均为 0.44%。从表层沉积物硫化分布图来看（图 3.54），乱礁洋海域有机碳分布相对比较均匀，总体变化不大。韮山列岛和檀头山岛之间，有机碳等值线分布相对密集，但整体变化不大。

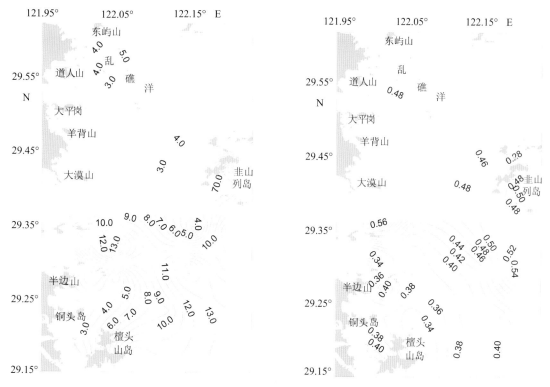

图3.53　冬季宁波海域沉积物硫化物分布（×10⁻⁶）
（──2011年12月；──2012年12月）

图3.54　冬季宁波海域沉积物有机碳分布（×10⁻²）
（──2011年12月；──2012年12月）

（三）锌

冬季调查海域沉积物中锌含量在 $50.7 \times 10^{-6} \sim 98.0 \times 10^{-6}$ 之间，平均为 79.8×10^{-6}。从表层沉积物锌含量分布图来看（图 3.55），近岸略低，韮山列岛海域略高，整体分布比较均匀，总体变化不大。

（四）汞

冬季调查海域沉积物中汞含量在 $0.035 \times 10^{-6} \sim 0.051 \times 10^{-6}$ 之间，平均为 0.044×10^{-6}。从表层沉积物汞含量分布图来看（图 3.56），汞含量整体分布比较均匀，总体变化不大。

（五）铜

冬季调查海域沉积物中铜含量在 $21.3 \times 10^{-6} \sim 40.1 \times 10^{-6}$ 之间，平均为 28.8×10^{-6}。从表层沉积物铜含量分布图来看（图 3.57），靠近檀头山岛海域和韮山列岛及东侧海域铜含量略低些，其他海域高些。

（六）铬

冬季调查海域沉积物中铬含量在 $26.8 \times 10^{-6} \sim 60.4 \times 10^{-6}$ 之间，平均为 42.9×10^{-6}。从表层沉积物铬含量分布图来看（图 3.58），乱礁洋和韮山列岛铬的等值线相对密集，变化相对比较大，檀头山岛海域分布相对比较均匀。

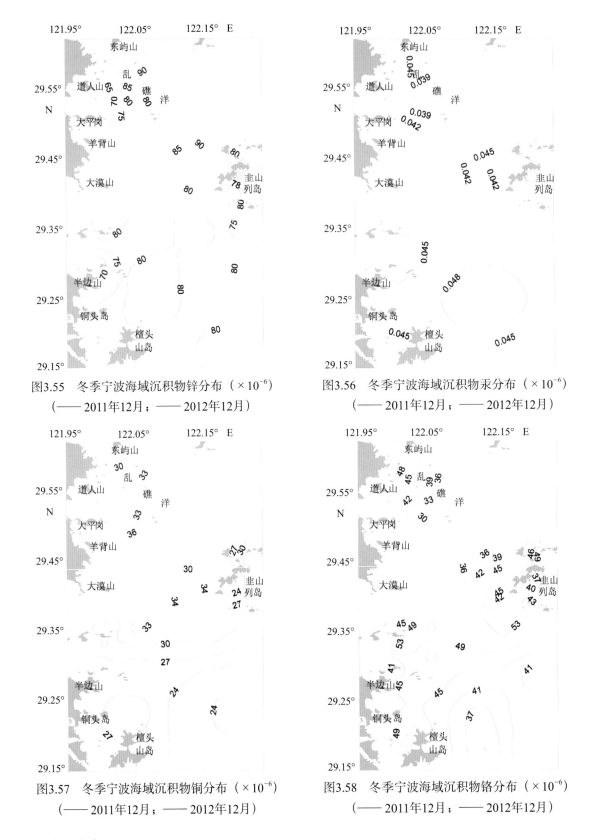

图3.55 冬季宁波海域沉积物锌分布（×10⁻⁶）
（—— 2011年12月；—— 2012年12月）

图3.56 冬季宁波海域沉积物汞分布（×10⁻⁶）
（—— 2011年12月；—— 2012年12月）

图3.57 冬季宁波海域沉积物铜分布（×10⁻⁶）
（—— 2011年12月；—— 2012年12月）

图3.58 冬季宁波海域沉积物铬分布（×10⁻⁶）
（—— 2011年12月；—— 2012年12月）

（七）镉

冬季调查海域沉积物中镉含量在 $0.12×10^{-6}$ ~ $0.25×10^{-6}$ 之间，平均为 $0.17×10^{-6}$。从表层沉积物镉含量分布图来看（图3.59），镉含量等值线分布也比较均匀，总体含量变化不大。

（八）铅

冬季调查海域沉积物中铅含量在 $15.3 \times 10^{-6} \sim 44.6 \times 10^{-6}$ 之间，平均为 25.2×10^{-6}。从表层沉积物铅含量分布图来看（图 3.60），檀头山岛靠南部海域铅含量略低于其他海域，韭山列岛和乱礁洋附近海域的铅等值线相对密集。

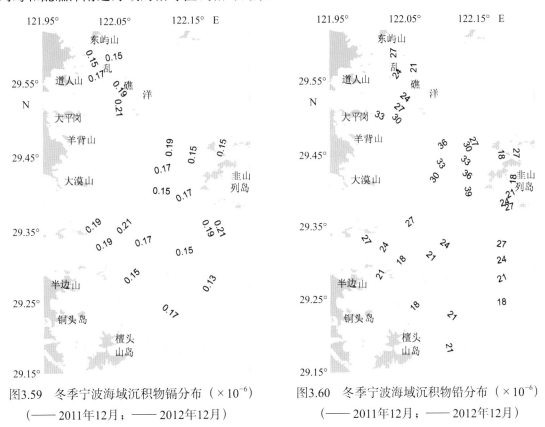

图3.59　冬季宁波海域沉积物镉分布（$\times 10^{-6}$）
（——2011年12月；——2012年12月）

图3.60　冬季宁波海域沉积物铅分布（$\times 10^{-6}$）
（——2011年12月；——2012年12月）

（九）砷

冬季调查海域沉积物中砷含量在 $3.62 \times 10^{-6} \sim 7.89 \times 10^{-6}$ 之间，平均为 4.43×10^{-6}。从表层沉积物砷含量分布图来看（图 3.61），檀头山岛和韭山列岛之间的海域砷含量相对比较高些，且等值线密集，其他区域分布相对比较均匀，总体变化不大。

（十）石油类

冬季调查海域沉积物中石油类含量在 $9.0 \times 10^{-6} \sim 178.4 \times 10^{-6}$ 之间，平均为 35.5×10^{-6}。从表层沉积物石油类含量分布图来看（图 3.62），韭山列岛海域的石油类含量相对比较高，且等值线密集，乱礁洋海域的石油类含量最低，且分布相对比较均匀，檀头山岛北侧海域次之。

（十一）总氮

冬季调查海域沉积物中总氮含量在 $391.9 \times 10^{-6} \sim 604.5 \times 10^{-6}$ 之间，平均为 457.2×10^{-6}。从表层沉积物总氮含量分布图来看（图 3.63），韭山列岛西侧海域的总氮含量略微高些且等值线密集，其他海域相对分布比较均匀。

（十二）总磷

冬季调查海域沉积物中总磷含量在 $321.5 \times 10^{-6} \sim 473.3 \times 10^{-6}$ 之间，平均为 380.3×10^{-6}。

从表层沉积物总磷含量分布图来看（图3.64），韭山列岛和檀头山岛附近海域总磷等值线密集，乱礁洋海域相对均匀些，但3个调查区域总体含量变化范围比较一致。

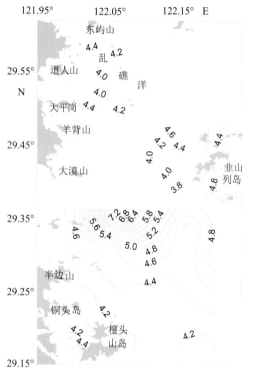

图3.61　冬季宁波海域沉积物砷分布（×10⁻⁶）
（—— 2011年12月；—— 2012年12月）

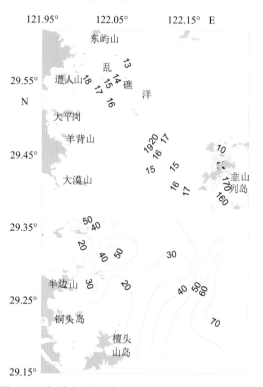

图3.62　冬季宁波海域沉积物石油类分布（×10⁻⁶）
（—— 2011年12月；—— 2012年12月）

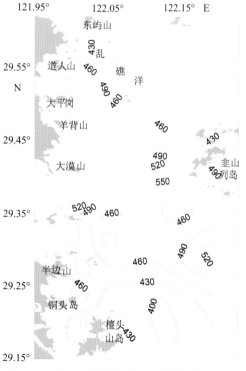

图3.63　冬季宁波海域沉积物总氮分布（×10⁻⁶）
（—— 2011年12月；—— 2012年12月）

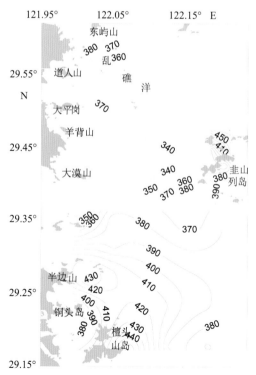

图3.64　冬季宁波海域沉积物总磷分布（×10⁻⁶）
（—— 2011年12月；—— 2012年12月）

二、质量状况

（一）评价方法

1. 单因子评价法

采用单项评价标准指数法进行海域沉积物现状评价，如果评价因子的标准指数大于1，则表示该因子超过了相应的沉积物评价标准。

评价方法如下：

（1）单因子标准指数（P_i）法，评价模式如下：

$$P_i = \frac{C_i}{C_{io}}$$

式中：P_i 为第 i 项因子的标准指数，即单因子标准指数；

  C_i 为第 i 项因子的实测浓度；

  C_{io} 为第 i 项因子的评价标准值。

（2）调查海域沉积物按《海洋沉积物质量》（GB18668—2002）进行评价（表3.9）。

表3.9　海洋沉积物质量标准

序号	项目	第一类	第二类	第三类
1	有机碳（$\times 10^{-2}$）	2.0	3.0	4.0
2	石油类（$\times 10^{-6}$）	500.0	1000.0	1500.0
3	硫化物（$\times 10^{-6}$）	300.0	500.0	600.0
4	汞（$\times 10^{-6}$）	0.20	0.50	1.00
5	砷（$\times 10^{-6}$）	20.0	65.0	93.0
6	锌（$\times 10^{-6}$）	150.0	350.0	600.0
7	铜（$\times 10^{-6}$）	35.0	100.0	200.0
8	镉（$\times 10^{-6}$）	0.50	1.50	5.00
9	铬（$\times 10^{-6}$）	80.0	150.0	270.0
10	铅（$\times 10^{-6}$）	60.0	130.0	250.0

2. 潜在生态风险指数法

潜在生态风险指数法是瑞典学者 Hakanson 1980 年提出的。单一金属污染系数 C_f^i，多金属污染度 C_d，不同金属生物毒性响应因子 T_r^i，单一金属潜在生态风险因子 E_r^i，多金属潜在生态风险指数 RI，其关系如下。

$$C_f^i = C_D^i / C_R^i; \quad C_d = \sum_{i=1}^{m} C_f^i; \quad E_r^i = T_r^i \times C_f^i; \quad RI = \sum_{i=1}^{m} E_r^i$$

式中，C_D^i 代表样品实测浓度，C_R^i 代表沉积物背景参考值。因子 T_r^i：反映了金属在水相、沉积物固相和生物相之间的响应关系。

E_r^i 是描述某重金属的生态危害污染程度，可分为 5 个等级，而 RI 是描述某采样点多种重金属潜在生态危害程度的综合值，可分为 4 个等级（表 3.10）。

表3.10　C_f^i，C_d，E_r^i 和 RI 值相对应的污染程度以及潜在生态风险程度

C_f^i范围	单因子污染物污染程度	C_d范围	总体污染程度	E_r^i范围	单因子污染物生态程度	RI范围	总潜在生态风险程度
$C_f^i < 1$	低度	$C_d < 8$	低度	$E_r^i < 40$	低	$RI < 150$	低度
$1 \leq C_f^i < 3$	中度	$8 \leq C_d < 16$	中度	$40 \leq E_r^i < 80$	中	$150 \leq RI < 300$	中度
$3 \leq C_f^i < 6$	重度	$16 \leq C_d < 32$	重度	$80 \leq E_r^i < 160$	较重	$300 \leq RI < 600$	重度
$C_f^i \geq 6$	严重	$C_d \geq 32$	严重	$160 \leq E_r^i < 320$	重	$RI \geq 600$	严重
				$E_r^i \geq 320$	严重		

潜在生态风险评价基于元素丰度和释放能力的原则，评价假设了如下的前提条件（张丽旭等，2007）：①潜在生态风险指数与沉积物重金属污染程度正相关，这可以通过富集系数来体现；②所选重金属种类能足以代表受污染区域的污染状况，受污染的重金属种类越多，RI 值应越大；③得出的重金属毒性系数能够说明不同重金属具有不同的毒性效应，毒性强的重金属。

对应上述的条件，对潜在生态风险评价指数做如下的改进。

1）背景值的选择

对于 T_r^i 的选择，是潜在生态风险指数法评价的关键所在。大多数人以 Hakanson 提出的全球工业化之前沉积物中重金属最大值作为参比，何云峰等（2002）将 20 年前的运河沉积物作为评价背景值，邴海健等选取研究对象岩心最底部 10 cm 元素浓度均值作为其背景值，陈富荣等（2009）选取当地土壤背景值作为评价背景值，Dauvalter 等（2008）将 14 世纪前工业时代 36 ～ 37 cm 深度沉淀物中的重金属浓度作为评价背景值。笔者列出了工业化前地球化学最高背景值、1983 年 65 计划杭州段河床以下的地层背景值、中国大陆沉积物背景值和中国土壤背景见表 3.11，可以看出后 3 项的数据都比较接近，但是与工业化前地球化学最高背景值相比，数据稍微偏低点，为了更好地反映评价海域的状况，取其平均值进行计算。

表3.11　沉积物中重金属元素的背景值

单位：mg/kg

背景值	铬	汞	砷	锌	镉	铅	铜
工业化前地球化学最高背景值（李杰等，2008）	90	0.25	15	175	1	70	50
1983年65计划杭州段河床以下的地层背景值（何云峰等，2002）	74	0.25	11	86	0.2	26	25
中国大陆沉积物背景值（张淑娜等，2008）	70	0.03	8.5	66	0.1	25	20
中国土壤背景（程祥圣等，2006）	61	0.065	11.2	74.2	0.097	26	22.6
平均值	74	0.15	11.4	100.3	0.35	37	29

2）毒性系数的确定

重金属毒性系数应代表重金属通过转运途径对人体和水生生态系统造成危害大小的信息，同时选用毒性系数有不确定性（范文宏等，2008），它的选取与金属元素丰度与释放效应有关（徐争启等，2008）。依据 Hakanson 的基本理论，有不少研究者对毒性系数做了研究。徐争启等（2008）和陈静生等（1989）对毒性因子进行验算；何云峰等（2002）根据刘文新的研究和运河（杭州段）金属污染的特征，设定了 7 种重金属生物毒性响应因子的数值顺序：镉 (30)= 汞 (30) ＞砷 (10) ＞铜 (5)= 铅 (5) ＞铬 (2) ＞锌 (1)。这些都是国内较早在这方面的研究，此后的研究都基于此，数值与此差别不大。目前的评价大多引用 Hakanson 或者何云峰的结果。本部分结合何云峰、Hakanson 和宁波海域的特点，对毒性系数做了适当的调整，确定各个重金属毒性系数：汞 (40) ＞镉 (25) ＞砷 (10) ＞铜 (5) = 铅 (5) ＞铬 (2) ＞锌 (1)。

3）金属评价的分级标准

依据 Hakanson 的基本理论，其分级评价对象的包括多氯联苯、锌、铅、镉、铬、汞、砷和铜等 8 种。现在大多数人引用时，不论评价的指标有几项，都直接引用 Hakanson 分级，而每个海域的情况有所不同，因此，分级标准应该根据评价指标的项数进行适当的调整。刘成等（2002）在同 Hakfinson 多次探讨后认为，如果所测沉积物中的污染物少于 Hakanson 提出的 8 种时，应根据所测污染物的种类及其数量确定相应的 C_d 和 RI 值范围进行分析。因此，笔者在何云峰（2002）、刘文新（1999）、吴祥庆（2010）等研究基础上结合宁波海域的污染特点，将 Hakanson 指标分级体系做如下调整：C_f^i 范围和 E_r^i 范围不变；$C_d < 7$，低度；$7 \leqslant C_d < 14$，中度；$14 \leqslant C_d < 28$，重度；$C_d \geqslant 28$，严重；$RI < 120$，低度；$120 \leqslant RI < 240$，中度；$240 \leqslant RI < 480$，重度；$RI \geqslant 480$，严重。

表3.12 调整后的 C_f^i，C_d，E_r^i 和 RI 值相对应的污染程度以及潜在生态风险程度

C_f^i范围	单因子污染物污染程度	C_d范围	总体污染程度	E_r^i范围	单因子污染物生态程度	RI范围	总潜在生态风险程度
$C_f^i < 1$	低度	$C_d < 7$	低度	$E_r^i < 40$	低	$RI < 120$	低度
$1 \leqslant C_f^i < 3$	中度	$7 \leqslant C_d < 14$	中度	$40 \leqslant E_r^i < 80$	中	$120 \leqslant RI < 240$	中度
$3 \leqslant C_f^i < 6$	重度	$14 \leqslant C_d < 28$	重度	$80 \leqslant E_r^i < 160$	较重	$240 \leqslant RI < 480$	重度
$C_f^i \geqslant 6$	严重	$C_d \geqslant 28$	严重	$160 \leqslant E_r^i < 320$	重	$RI \geqslant 480$	严重
				$E_r^i \geqslant 320$	严重		

（二）评价结果

1. 单因子评价结果

采用单因子评价法对调查海域的沉积物进行评价，标准采用《海洋沉积物质量》（GB18668—2002）。

根据评价结果（表 3.13），冬季调查海域的沉积物中硫化物、有机碳、锌、汞、铬和镉均符合一类《海洋沉积物质量》，铜则在 2011 年航次中有 25% 超一类《海洋沉积物质量》

标准但符合二类，其他均符合一类《海洋沉积物质量》标准。

表3.13　沉积物各评价指标评价结果

监测指标	层次	2011年12月	2012年12月
硫化物	表	100%符合一类	100%符合一类
有机碳	表	100%符合一类	100%符合一类
锌	表	100%符合一类	100%符合一类
汞	表	100%符合一类	100%符合一类
铜	表	75%符合一类，25%符合二类	100%符合一类
铬	表	100%符合一类	100%符合一类
镉	表	100%符合一类	100%符合一类

2. 潜在生态风险指数法评价结果

采用优化过的潜在生态风险指数法对调查海域沉积物的重金属的潜在生态风险进行评价。根据 C_f^i 值（表3.14和表3.15）冬季沉积物中重金属锌、汞、铬、镉和砷均为低度污染，2011年12月航次，铜40%的监测值属于低度污染、60%的监测值属于中度污染；而2012年12月航次，铜85%的监测值属于低度污染、15%的监测值属于中度污染。铅在2011年12月航次有20%为中度污染，其他为轻度污染。根据 C_d 值，冬季调查海域的沉积物重金属总体污染程度为低度污染；根据 E_r^i 值，重金属均为低度生态危害污染；根据 RI 值，冬季调查海域的沉积物的重金属为低度潜在生态风险，总体状态良好。

表3.14　重金属的污染指数、潜在生态风险系数和潜在生态风险指数（C_f^i、C_d、E_r^i、RI）及评价结果

监测时间		C_f^i							C_d
		锌	汞	铜	铬	镉	铅	砷	
2011年12月	最小值	0.5	0.2	0.8	0.4	0.4	0.5	0.3	3.8
	最大值	0.9	0.3	1.4	0.7	0.7	1.2	0.5	5.1
	平均值	0.7	0.3	1.1	0.5	0.5	0.8	0.4	4.4
评价结果		低度污染	低度污染	40%低度污染 60%中度污染	低度污染	低度污染	80%低度污染 20%中度污染	低度污染	总体为低度污染
2012年12月	最小值	0.6	0.3	0.7	0.4	0.3	0.4	0.3	3.6
	最大值	0.8	0.3	1.2	0.8	0.7	0.9	0.7	4.7
	平均值	0.7	0.3	0.9	0.6	0.5	0.6	0.4	3.9
评价结果		低度污染	低度污染	85%低度污染 15%中度污染	低度污染	低度污染	低度污染	低度污染	总体为低度污染

表3.15　重金属的污染指数、潜在生态风险系数和潜在生态风险指数（C_f^i、C_d、E_r^i、RI）及评价结果

监测时间		E_r^i							RI
		锌	汞	铜	铬	镉	铅	砷	
2011年12月	最小值	0.5	9.3	3.9	0.7	10.0	2.6	3.2	34.8
	最大值	0.9	13.6	6.9	1.4	17.1	6.0	4.7	47.3
	平均值	0.7	11.1	5.5	1.1	12.6	4.1	3.7	38.9
评价结果		低生态危害污染							低度潜在生态风险
2012年12月	最小值	0.6	10.9	3.7	0.8	8.6	2.1	3.5	32.2
	最大值	0.8	13.6	6.1	1.6	17.9	4.3	6.9	48.4
	平均值	0.7	12.3	4.6	1.2	11.6	2.9	4.0	37.4
评价结果		低生态危害污染							低度潜在生态风险

第三节　底质类型和承载力分析

一、底质类型

（一）表层沉积物类型

乱礁洋和韭山列岛西侧海域 1 ～ 30 号站位表层底质类型均为粉砂质黏土。

韭山列岛监测海域和檀头山岛北侧海域 15 个站的表层底质类型都为黏土质粉砂。

（二）柱状样沉积物类型

乱礁洋至韭山列岛西侧海域采样的 1 ～ 30 号站位，表层和 0.5 m 层底质类型为粉砂质黏土，1.0 m 层为黏土质粉砂，1.5 m 层底质类型为粉砂和黏土质粉砂，2.0 m 层除了 21 和 22 号站位底质类型为黏土质粉砂，其他站位都为粉砂。表层至 0.5 m 层为粉砂质黏土层，0.5 m 层至 1.5 m 层可能为黏土质粉砂、黏土质粉砂层及粉砂层，1.5 m 层至 2.0 m 层为粉砂层。可见，乱礁洋至韭山列岛西侧海域垂直底质类型是从粉砂质黏土 – 黏土质粉砂 – 粉砂类型变化。

韭山列岛和南田岛的南侧监测海域 39 ～ 44 号共 6 个站位的表层、0.5 m 层、1.0 m 层、1.5 m 层和 2.0 m 层底质类型都为黏土质粉砂。

檀头山岛北侧海域 10 个站位柱状样，除了 62、63 和 65 号站位的 2.0 m 层为粉砂，62、63 和 65 号站位的表层、0.5 m、1.0 m 和 1.5 m 层以及 47、49、52、54、55、50 和 62 号站位的表层、0.5 m 层、1.0 m、1.5 m 层和 2.0 m 层都为黏土质粉砂。由此可知，所采 10 个柱状样所在区域，47、49、52、54、55、50 和 62 号站位表层至 2.0 m 层沉积物都为黏土质粉砂类型，而 62、63 和 65 号站位表层至 1.5 m 都为黏土质粉砂，1.5 ～ 2.0 m 层则为粉砂类型。

二、中值粒径

乱礁洋至韭山列岛西侧监测海域底质表层和柱状样粒径的中值粒径为 5.20 ～ 7.41 ϕ，平

均为 6.40ϕ ，其中表层粒径为 $6.99 \sim 7.41\phi$ ，平均为 7.28ϕ ，$0.5m$ 层粒径，为 $6.81 \sim 7.30\phi$ ，平均为 7.13ϕ ，$1.0m$ 层粒径为 $6.47 \sim 6.81\phi$ ，平均为 6.64ϕ ，$1.5m$ 层粒径为 $5.45 \sim 5.79\phi$ ，平均为 5.63ϕ ，$2.0m$ 层粒径为 $5.20 \sim 5.42\phi$ ，平均为 5.31ϕ 。表层中值粒径略大，表层至底层呈降低趋势。

韭山列岛西侧底质表层和柱状样粒径的中值粒径为 $5.25 \sim 7.32\phi$ ，平均为 6.37ϕ ，其中表层粒径为 $6.67 \sim 7.32\phi$ ，平均为 7.09ϕ ，$0.5m$ 层粒径，为 $5.96 \sim 7.22\phi$ ，平均为 6.86ϕ ，$1.0m$ 层粒径为 $5.92 \sim 6.79\phi$ ，平均为 6.48ϕ ，$1.5m$ 层粒径为 $5.68 \sim 6.35\phi$ ，平均为 5.91ϕ ，$2.0m$ 层粒径为 $5.25 \sim 5.80\phi$ ，平均为 5.50ϕ 。表层中值粒径 ϕ 从表层到底层呈降低趋势，粒径从表层至底层变大。

檀头山岛东北侧海域底质表层和柱状样粒径的中值粒径为 $5.46 \sim 6.96\phi$ ，平均为 6.21ϕ ，其中表层粒径为 $6.56 \sim 6.96\phi$ ，平均为 6.79ϕ ，$0.5m$ 层粒径，为 $6.05 \sim 6.52\phi$ ，平均为 6.32ϕ ，$1.0m$ 层粒径为 $5.92 \sim 6.44\phi$ ，平均为 6.08ϕ ，$1.5m$ 层粒径为 $5.92 \sim 6.43\phi$ ，平均为 6.11ϕ ，$2.0m$ 层粒径为 $5.46 \sim 5.91\phi$ ，平均为 5.74ϕ 。表层中值粒径 ϕ 从表层到底层呈降低趋势，粒径从表层至底层变大。

三、承载力

承载力外业采样使用重力柱状取样器采柱状样（图3.65），内衬取样套管，取样单管长 $1.5 \sim 3m$ ，内径 $85mm$ 。样品分层取样，带回实验室使用激光粒度分析仪进行粒度分析，以确定沉积物类型。选取具有代表性的站位，对柱状样品进行密封包装，带回实验室进行土工测试。

图3.65　使用重力柱状采样器采样

（一）乱礁洋至韭山列岛西侧海域承载力

乱礁洋至韭山列岛西侧海域采样区水深一般 $7 \sim 10m$ 。根据2011年12月13日采样结果，本区海底浅表层沉积物一般为灰黄色泥质沉积，多含沙夹层，流塑。

根据粒度分析成果，乱礁洋至韭山列岛西侧海域沉积物中砂质粒级含量非常少，几乎为零；粉砂粒级在 39% ～ 85% 之间，平均 60%；黏土粒级在 13% ～ 61% 之间，平均 40%。沉积物中值粒径在 6.28 ～ 8.54ϕ 之间，平均 7.45ϕ。按照海洋调查规范分类，基本均为黏土质粉砂、粉砂质黏土或者粉砂。沉积物类型的平面分布和剖面分布均匀。根据均匀原则选择了 10 个有代表性的站位，进行土工试验，得出结果能代表调查海区的地质情况。

根据 2011 年 12 月 13 日乱礁洋至韭山列岛西侧海域浅表部地层柱状取样典型样品土工试验成果，沉积物天然含水量一般在 40% ～ 60% 之间，压缩系数基本都在 0.5 MPa^{-1} 以上，属高压缩性土。根据《建筑地基基础设计规范》（GB50007—2011 以及 DB33/1001—2003）等有关规范查表及经验公式计算，同时结合本地区的建筑经验，综合确定本区地基土承载力特征值 50 ～ 55 kPa。

（二）韭山列岛海域承载力

韭山列岛海域采样区水深一般为 5 ～ 15 m，根据采样结果，本区海底浅表层沉积物一般为黄色灰淤泥，半流动状，约 20 cm 以下为灰色泥质沉积，流塑状，黏性强。根据粒度分析成果 39 ～ 44 号站位可知，韭山列岛海域沉积物中砂质粒级含量非常少，几乎为零；粉砂粒级在 52% ～ 68% 之间，平均 61.67%；黏土粒级在 31% ～ 46% 之间，平均 37.38%。沉积物中值粒径在 6.35 ～ 7.73ϕ 之间，平均 7.12ϕ。按照海洋调查规范分类，均为黏土质粉砂。沉积物类型的平面分布和剖面分布均匀。

根据均匀原则选择了韭山列岛 4 个有代表性的站位，进行土工试验，得出结果能代表调查海区的地质情况。根据韭山列岛海域浅表部地层柱状取样典型样品土工试验成果，沉积物天然含水量一般在 40% ～ 70% 之间，压缩系数基本都在 0.5 MPa^{-1} 以上，属高压缩性土。根据文献查阅情况，国内外暂无表层承载力计算方法，因此参考《建筑地基基础设计规范》（GB50007—2011 以及 DB33/1001—2003）等有关规范查表及经验公式计算，同时结合本地区的建筑经验，综合确定本区地基土承载力特征值 50 kPa，相当于 1 cm^2 可以承受 0.5 kg 重的物体。

（三）檀头山岛北侧海域承载力

檀头山岛北侧海域水深一般为 5 ～ 15 m，根据采样结果，本区海底浅表层沉积物一般为黄色灰淤泥，半流动状，约 20 cm 以下为灰色泥质沉积，流塑状，黏性强。根据粒度分析成果，47 ～ 66 号站位中的 10 个站位沉积物中砂质粒级含量非常少，几乎为零；粉砂粒级在 52% ～ 78% 之间，平均 62.99%；黏土粒级在 20% ～ 44% 之间，平均 35.58%。沉积物中值粒径在 5.96 ～ 7.64ϕ 之间，平均 7.11ϕ。按照海洋调查规范分类，基本上为黏土质粉砂。沉积物类型的平面分布和剖面分布较均匀，表层约 0.5 ～ 1 m 以下含砂质量稍增多。

根据均匀原则选择了檀头山岛北侧海域 10 个有代表性的站位，进行土工试验，得出结果能代表调查海区的地质情况。根据对檀头山岛北侧海域浅表部地层柱状取样典型样品土工试验成果：沉积物天然含水量一般在 40% ～ 70% 之间，压缩系数基本都在 0.5 MPa^{-1} 以上，属高压缩性土。根据文献查阅情况，国内外暂无表层承载力计算方法，因此参考《建筑地基基础设计规范》（GB50007—2011 以及 DB33/1001—2003）等有关规范查表及经验公式计算，同时结合本地区的建筑经验，综合确定本区地基土承载力特征值 45 ~ 55 kPa，相当于 1 cm² 可以承受 0.5 kg 重的物体。

（四）沉积物类型和地基承载力特征值比较

根据宁波市海洋环境监测中心历年在本工程区附近的工程项目，对周边海域进行的承载力分析工作可知，北仑、镇海、大榭、象山港海域地基土的承载力约为 45 ~ 50 kPa。乱礁洋至韭山列岛西侧以及檀头山岛南侧海域的承载力略大于上述区域。

表3.16 浅表层沉积物类型、地基土承载力特征值

序号	区域	表层沉积物类型	承载力 f_{ak}（kPa）	资料来源（宁波市海洋环境监测中心）
1	北仑大榭穿山水道	淤泥质黏土	45	2002年北仑甬港油码头海域论证
2	象山港乌沙山电厂海域	淤泥	45	2003年乌沙山电厂取排水管道路由
3	镇海岸外近岸滩涂海域	淤泥质粉质黏土	45	2005年宁波北部污水场排海管道路由
4	慈溪岸外近岸滩涂海域	淤泥质粉质黏土	50	2006年 慈溪污水排海管道路由
5	象山檀头山岛海域	淤泥质黏土	50	2009年檀头山岛电缆路由

第四章　海洋生态特征

　　众所周知，海洋牧场旨在通过人为干预来提升目标海域的水环境质量或者改善渔业资源结构。为达到上述目标，在拟建海洋牧场海域开展海洋生物资源调查与评价是做好该项工作的前提。本章通过系统调查，掌握了目标海域的叶绿素a、浮游植物、浮游动物、底（层）生物和大型藻类的现状，为科学评价海洋牧场建设的适宜性提供了基础资料。

第一节　叶绿素 a

一、总体分布

象山东部海域表层叶绿素 a 范围为 0 ~ 11.04 mg/m³，年平均浓度为 2.68 mg/m³；水深 5 m 处叶绿素 a 范围为 0 ~ 11.19 mg/m³，年平均浓度为 3.03 mg/m³。

表层水，乱礁洋海区叶绿素 a 年平均浓度为 3.22 mg/m³，范围为 0 ~ 11.04 mg/m³；南韭山附近海区年平均浓度为 2.49 mg/m³，范围为 0 ~ 9.70 mg/m³；5 m 水深处，乱礁洋海区叶绿素 a 年平均浓度为 4.14 mg/m³，范围为 0 ~ 11.19 mg/m³；南韭山附近海区年平均浓度为 2.60 mg/m³，范围为 0 ~ 8.57 mg/m³，乱礁洋海区叶绿素 a 浓度相对较高，不同季节多个最高值都出现在此海区。

二、季节分布

春季表层水叶绿素 a 的变化范围为 1.34 ~ 8.19 mg/m³，均值为 4.52 mg/m³；5 m 水深叶绿素 a 的变化范围为 1.40 ~ 8.58 mg/m³，均值为 4.58 mg/m³。调查海域各站点叶绿素 a 平面分布特征差异较小，垂直分布相对较为均匀，春季调查海域叶绿素 a 平均值明显高于夏季、秋季和冬季。

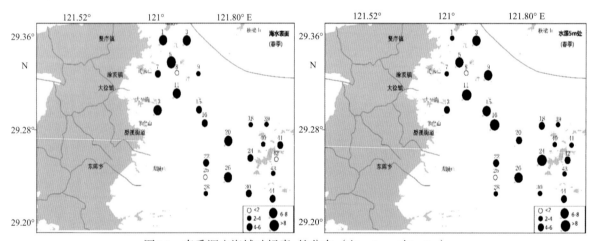

图4.1　春季调查海域叶绿素a的分布（左：0m；右：5m）

夏季调查海域表层水、5 m 水深叶绿素 a 的变化范围较大。表层水叶绿素 a 的变化范围为 0 ~ 5.23 mg/m³，平均值为 1.57 mg/m³；5 m 水深叶绿素 a 的变化范围为 0.2 ~ 11.19 mg/m³，平均值为 2.67 mg/m³。

秋季，调查海域表层水、5 m 水深层海水叶绿素 a 含量变化范围为 0 ~ 11.04 mg/m³、0.33 ~ 10.69 mg/m³，平均值分别为 3.74 mg/m³、3.88 mg/m³。从总体分布趋势来看，秋季调查海域表层水体叶绿素 a 含量与 5 m 水深层基本一致，与其他季节相比，秋季调查海域叶绿素 a 平面分布、垂直分布相对比较均匀。

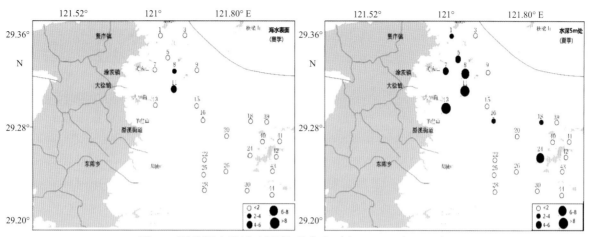

图4.2　夏季调查海域叶绿素a的分布（左：0 m；右：5 m）

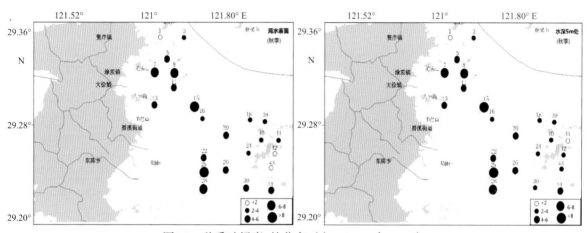

图4.3　秋季叶绿素a的分布（左：0 m；右：5 m）

冬季调查海域表层水、5 m水深叶绿素a浓度变化较小。表层水叶绿素a变化范围为 0.00 ～ 3.82 mg/m³，平均值为 0.87 mg/m³；5 m水深叶绿素a的变化范围为 0.00 ～ 5.54 mg/m³，平均值为 0.96 mg/m³。冬季浓度相对较低，可能是因为冬季阳光相对弱、浮游植物少的缘故。

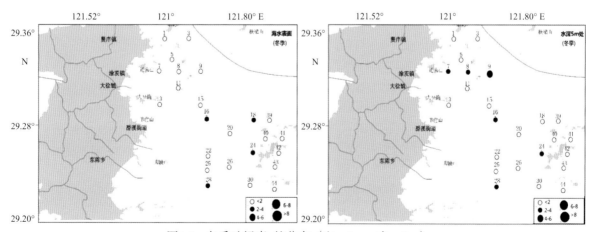

图4.4　冬季叶绿素a的分布（左：0 m；右：5 m）

三、空间变化

（一）乱礁洋海区

乱礁洋海区表层海水叶绿素 a 平均浓度为 3.22 mg/m³，范围为 0 ～ 11.04 mg/m³；5 m 水深处叶绿素 a 年平均浓度为 4.14 mg/m³，范围为 0 ～ 11.19 mg/m³。

春季表层海水叶绿素 a 范围为 1.34 ～ 7.08 mg/m³，平均 5.36 mg/m³，5 m 水深处叶绿素 a 范围为 1.40 ～ 8.58 mg/m³，平均 5.40 mg/m³；夏季表层海水叶绿素 a 范围为 0.84 ～ 4.65 mg/m³，平均 1.95 mg/m³，5 m 水深处叶绿素 a 范围为 1.35 ～ 11.19 mg/m³，平均 5.16 mg/m³；秋季表层海水叶绿素 a 范围为 0.89 ～ 11.04 mg/m³，平均 4.89 mg/m³，5 m 水深处叶绿素 a 范围为 1.98 ～ 10.69 mg/m³，平均 4.95 mg/m³；冬季表层海水叶绿素 a 范围为 0.00 ～ 1.94 mg/m³，平均 0.89 mg/m³，5 m 水深处叶绿素 a 范围为 0.00 ～ 5.54 mg/m³，平均 1.43 mg/m³。

（二）南韭山附近海区

南韭山附近海区表层海水叶绿素 a 年平均浓度为 2.49 mg/m³，范围为 0 ～ 9.70 mg/m³；5 m 水深处叶绿素 a 年平均浓度为 2.60 mg/m³，范围为 0 ～ 8.57 mg/m³。

春季表层海水叶绿素 a 范围为 1.88 ～ 7.24 mg/m³，平均 4.30 mg/m³，5 m 水深处叶绿 a 范围为 2.14 ～ 8.57 mg/m³，平均 4.49 mg/m³；夏季表层海水叶绿素 a 范围为 0.00 ～ 2.73 mg/m³，平均 0.92 mg/m³，5 m 水深处叶绿素 a 范围为 0.22 ～ 6.31 mg/m³，平均 1.28 mg/m³；秋季表层海水叶绿素 a 范围为 1 ～ 9.70 mg/m³，平均 3.82 mg/m³；5 m 水深处叶绿素 a 范围为 1.94 ～ 8.33 mg/m³，平均 3.85 mg/m³；冬季表层海水叶绿素 a 范围为 0.00 ～ 3.82 mg/m³，平均 1.72 mg/m³，5 m 水深处叶绿素 a 范围为 0.00 ～ 3.67 mg/m³，平均 1.55 mg/m³。

第二节　浮游植物

浮游植物采样用浮游生物 III 型网垂直拖网，样品用 1.5% 鲁哥氏剂固定。采集后带回实验室暂存，置于显微镜下计数并记录，按《海洋调查规范》（GB/T 12763—2007）进行。

一、种类与分布

宁波东部海域共鉴定出浮游植物 217 种，以硅藻为主，共 144 种，绿藻 32 种，甲藻 17 种，蓝藻 12 种，裸藻 5 种，黄藻 3 种，隐藻 1 种，金藻 3 种。不同海域内，浮游植物的种类数和分布也有差异。

（一）乱礁洋海区

乱礁洋海区鉴定出的浮游植物分别隶属于 3 门 22 属 38 种，其中硅藻门种类最多，为 18 属 32 种，占总种类数的 84.21%，甲藻门种类为 2 属 4 种，占总种类数的 10.53%，绿藻门种类为 2 属 2 种，占总种类数的 5.26%。

浮游植物种类数季节变化明显，春、夏、秋、冬四季共有种类只有 6 种，分别为虹彩圆筛藻（*Coscinodiscus oculusiridis*）、琼氏圆筛藻（*Coscinodiscus jonesianus*）、中华盒形藻（*Biddulphia sinensis*）、中肋骨条藻（*Skeletonema costatum*）、洛氏角毛藻（*Chaetoceros lorenzianus*）和布氏双尾藻（*Ditylum brightwellii*）。

不同季节间浮游植物也有较大差异：春季鉴定出浮游植物 23 种，硅藻 21 种、绿藻 2 种，其中以虹彩圆筛藻、琼氏圆筛藻和中华盒形藻为主；夏季鉴定浮游植物 18 种，包括硅藻 14 种和甲藻 4 种，以琼氏圆筛藻、中肋骨条藻、叉角藻（*Ceratium furca*）、三角角藻（*Ceratium tripos*）和梭角藻（*Ceratium fusus*）为主；秋季鉴定浮游植物 20 种，包括硅藻 18 种和甲藻 2 种，以琼氏圆筛藻、虹彩圆筛藻、中肋骨条藻、叉角藻、三角角藻和梭角藻为主；冬季鉴定浮游植物 21 种，包括硅藻 20 种、甲藻 1 种，主要种类为硅藻，其中以琼氏圆筛藻和虹彩圆筛藻为主。

1. 春季

春季共鉴定出浮游植物 23 种，该海域浮游植物的种类数详见图 4.5，由图 4.5 可以看出，种类数在 2 ～ 15 种不等，其中站位 5 的种类数最低，仅 2 种，而站位 15 的种类数最高，为 15 种。其中中华盒形藻为绝对优势种，在所有调查站位均出现，另外高盒形藻、洛氏菱形藻等 4 个种类，为常见种。

2. 夏季

夏季共鉴定出浮游植物 18 种，不同站位间浮游植物的种类数在 5 ～ 8 种不等，分布相对比较均匀，但种类数较少（图 4.5）。

3. 秋季

秋季共鉴定出浮游植物 20 种，不同站位间浮游植物的种类数变化范围为 2 ～ 14 种（图 4.5），最高出现在 03 号站位，最低出现在 09 号站位，其中虹彩圆筛藻、琼氏圆筛藻在所有站位间均出现。

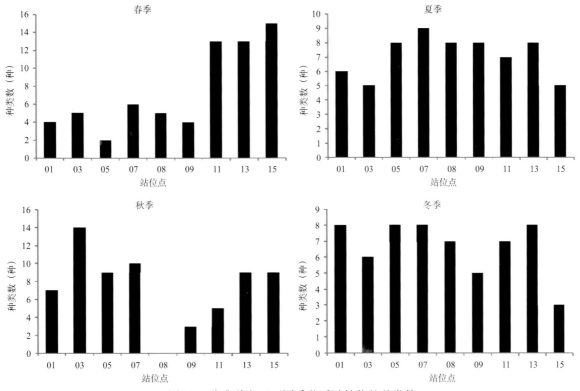

图4.5　乱礁洋海区不同季节浮游植物的种类数

4. 冬季

冬季共鉴定出浮游植物 20 种，不同站位间浮游植物的种类数在 3 ~ 8 种之间，其中星脐圆筛藻（*Coscinodiscus asteromphalus*）为优势种，在 9 个站位均存在。

（二）南韭山附近海区

南韭山附近海区鉴定出的浮游植物分别隶属于 7 门 68 属 157 种，其中硅藻门 40 属 113 种，占总种数的 71.97%；其余为甲藻门 6 属 11 种，占总种类数的 7.01 %、绿藻门 10 属 20 种，占总种类数的 12.74%、黄藻门 2 属 2 种，占总种类数的 1.27%、裸藻门 4 属 5 种，占总种类数的 3.18%、蓝藻门 5 属 5 种，占总种类数的 3.18% 和隐藻门 1 种，占总种类数的 0.64%。不同季节间浮游植物也有较大差异：浮游植物种数的季节变化由大到小依次呈现为秋季、夏季、冬季、春季。

浮游植物种类数的空间分布表现由大到小依次为环岛站位点（24、39、40、41、42、43号站位）、中间海域站位点（18、20、26、30、44 号站位）、近岸海域站位点（16、22、25、28 号站位）的格局。南韭山附近海域环岛站位点的浮游植物总种数普遍高于其他站位点，如 39、41、42、43 号站位中浮游植物的物种数均超过 100 种；中间海域站位点中浮游植物的总种类数 76 ~ 87 种；近岸海域站位点中浮游植物的平均种类数为 66 种。春季 40 号站位点出现物种数最多，为 24 种；夏季站 25 号站位点出现 56 种，为全年最高；秋季物种最多的站位点为 24 号，物种数有 39 种；冬季各站位点物种数变化较大，最高站位点为 41 和 43 号站位，均出现 26 种。大部分站位点在秋季种类数达到最多，夏季次之，冬季最少。南韭山附近海区不同季节浮游植物的种类数详见图 4.6。

1. 春季

春季共鉴定浮游植物 54 种，其中硅藻 48 种，甲藻 4 种，裸藻 1 种，绿藻 1 种，圆筛藻最多，有 14 种。不同站位点调查出的浮游植物种类数为 8 ~ 20 种，其中 40 号站位点最多，为 20 种；26 号与 30 号站位点最少，仅鉴定出 8 种。主要种类有星脐圆筛藻、细弱圆筛藻（*Coscinodiscus subtilis*）、蛇目圆筛藻（*Coscinodiscus granii*）、笔尖根管藻、扁裸藻（*Phacus sp.*）、星杆藻、佛氏海毛藻等。

2. 夏季

夏季共鉴定浮游植物 84 种，其中硅藻 67 种，占总种类数的 79.76%，甲藻 10 种，占总种类数的 11.90%，绿藻 7 种，占总种类数的 8.34%。硅藻门中圆筛藻种类数最多，有 16 种。各站位点种类数 19 种到 56 种，其中站位点 25 种类数最多，站位点 30 种类最少。

3. 秋季

秋季共鉴定浮游植物 129 种，其中硅藻 103 种，绿藻 10 种，甲藻 6 种，蓝藻 5 种，裸藻 4 种，隐藻 1 种。站位点浮游植物种类数相差不大，其中站位点 42 种类最多，为 38 种，其次为站位点 43，有 35 种。站位点 28 种类数最少，为 20 种。

4. 冬季

2012 年冬季采集南韭山附近海区的 9 个站位点（为 16、18、20、22、24、25、26、28、30 号）。2013 年冬季采集 6 个站位点（为 39、40、41、42、43、44 号）。

共鉴定浮游植物 68 种，其中硅藻 57 种，绿藻 5 种，甲藻 3 种，裸藻、隐藻、蓝藻各 1 种。冬季（2012 年调查）共鉴定出浮游植物 22 种，主要有星脐圆筛藻、强氏圆筛藻、线形圆筛藻、巨圆筛藻（*Coscinodiscus gigas*）、孔圆筛藻、窄隙角毛藻（*Chaetoceros affinis*）、菱形海线藻、中华盒形藻、中肋骨条藻和海洋多甲藻（*Peridinium oceanicum*）等，其中 18 号站点出现种类最多，为 12 种。冬季（2013 年调查）共鉴定浮游植物 32 种，主要有蛇目圆筛藻、虹彩圆筛藻、星脐圆筛藻、中肋骨条藻、丹麦尺骨针杆藻（*Synedra ulna var.danica*）、普通小球藻（*Chlorealla vulgaris*）、线形曲壳藻（*Achnanthes linearis*）、扭曲小环藻（*Cyclotella comta*）、条纹小环藻（*Cyclotella striata*）、圆形鼓藻（*Cosmarium circulare*）、棒状鼓藻（*Gonatozygon De Bary*）、舟形藻、直链藻、颤藻、裸藻、裸甲藻、多甲藻、夜光藻等，不同站位浮游植物的种类数相差不大，从 20 种到 26 种不等。

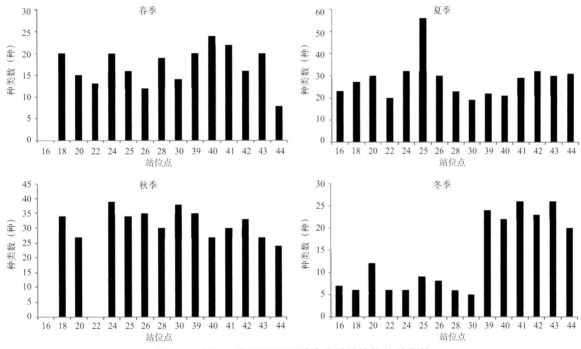

图 4.6 南韭山附近海区不同季节浮游植物的种类数

（三）檀头山岛海区

檀头山岛海域中鉴定出的浮游植物分别隶属于 7 门 58 属 110 种，其中硅藻门 32 属 72 种，占总种类数的 65.45%；蓝藻门 6 属 6 种，占总种类数的 5.45%；金藻门 2 属 3 种，占总种类数的 2.73%；黄藻门 1 种，占总种类数的 0.91%；甲藻门 5 属 12 种，占总种类数的 10.91%；裸藻门 1 种，占总种类数的 0.91%；绿藻门 12 属 15 种，占总种类数的 13.64%。浮游植物种类数在各季节分布不同，浮游植物种数的季节变化呈现夏季＞秋季＞春季＞冬季的特征。

1. 春季

春季共鉴定出浮游植物 6 门 61 种，其中硅藻门 35 种，占总种类数的 57.38%；绿藻门 12 种，占总种类数的 19.67%；甲藻门 7 种，占总种类数的 11.48%；蓝藻门 5 种，占总种类数的 8.20%；裸藻门 1 种，占总种类数的 1.64%；金藻门 1 种，占总种类数的 1.64%。

春季硅藻种类丰富，共出现 19 属 35 种，其中圆筛藻属 5 种，分别为格氏圆筛藻、星脐圆筛藻、辐射圆筛藻、孔圆筛藻、线形圆筛藻；菱形藻属、舟形藻属各 3 种；盒形藻属、双尾藻属、三角藻属、海链藻属、半管藻属、双尾藻属、脆杆藻属、针杆藻属各 2 种，根管藻属、直链藻属、平板藻属、漂流藻属、曲舟藻属、海毛藻属、弯角藻属、茧形藻属各 1 种。

春季各站位出现的物种数在 10 ～ 19 种之间，各站位之间出现的种类数平均为 14 种；54 号站位中浮游植物的物种数最多，其次是站位 57 和 58，均为 18 种，站位 55 与 61 的种类数最少。其中，格氏圆筛藻、中华盒形藻在每个站位均有出现，为常见种。

2. 夏季

夏季共鉴定出浮游植物 6 门 91 种，其中硅藻门 65 种，占总种类数的 71.43%；绿藻门 11 种，占总种类数的 12.08%；甲藻门 7 种，占总种类数的 7.69%；蓝藻门 5 种，占总种类数的 5.49%；金藻门 2 种，占总种类数的 2.20%；裸藻门 1 种，占总种类数的 1.10%。

夏季硅藻种类丰富，共出现 29 属 65 种，其中圆筛藻属 6 种，分别格氏圆筛藻、星脐圆筛藻、辐射圆筛藻、孔圆筛藻、线形圆筛藻、偏心圆筛藻（*Coscinodiscus excentricus*）；菱形藻属 5 种，分别为帽状菱形藻（*Nitzschia palea*）、角菱形藻（*Nitzschia angustata*）、尖刺伪菱形藻（*Nitzschia pungens*）、奇异菱形藻、新月拟菱形藻（*Nitzschiella closterium*）；脆杆藻属、针杆藻属、角毛藻属、舟形藻属、曲壳藻属各 3 种；三角藻属、小环藻属、曲舟藻属、盒形藻属、双尾藻属、半管藻属、根管藻属、海毛藻属、斑条藻属、布纹藻属、海链藻属、细柱藻科、辐杆藻属、卵形藻属、等片藻属、双菱藻属各 2 种；平板藻属、漂流藻属、海线藻属、双壁藻属、茧形藻属、直链藻属各 1 种。

夏季各站点种类数分布较均匀，均在 17 种以上，其中 52 号站位的种类数最多，为 25 种；48、58、61 和 64 号站位的种类数均为 20 种；49、54、56、57、56、59、65 和 66 号站位的种类数均为 19 种。

3. 秋季

秋季共鉴定出浮游植物 6 门 68 种，其中硅藻门 44 种，占总种类数的 64.71%；甲藻门 9 种，占总种类数的 13.24%；绿藻门 8 种，占总种类数的 11.76%；蓝藻门 5 种，占总种类数的 7.35%；金藻门 1 种，占总种类数的 1.47%；黄藻门 1 种，占总种类数的 1.47%。

秋季硅藻种类较丰富，共出现 19 属 44 种，其中圆筛藻属 4 种，分别格氏圆筛藻、星脐圆筛藻、辐射圆筛藻、线形圆筛藻；菱形藻属 4 种，分别为帽状菱形藻、角菱形藻、尖刺伪菱形藻、奇异菱形藻；脆杆藻属、针杆藻属、角毛藻、舟形藻属、根管藻属各 3 种；星杆藻属、盒形藻属、双尾藻属、斑条藻属、冠盖藻属、小环藻属、等片藻属、曲壳藻属、曲舟藻属各 2 种；漂流藻属、骨条藻属、直链藻属各 1 种。甲藻门共出现 4 属 10 种，其中角藻属 5 种，分别为梭角藻、叉角藻、三角角藻；多甲藻属、裸甲藻属各 2 种；夜光藻属 1 种。秋季各站点种类数均在 12 种以上，分布较均匀，其中 53 的种类数最多，为 20 种。

4. 冬季

冬季共鉴定出浮游植物 5 门 41 种，其中硅藻门 26 种，占总种类数的 63.41%；甲藻门 7 种，占总种类数的 17.07%；绿藻门 5 种，占总种类数的 12.20%；蓝藻门 2 种，占总种类数的 4.88%；黄藻门 1 种，占总种类数的 2.44%。

冬季硅藻种类较少，共出现 11 属 26 种，其中菱形藻属 4 种，分别为帽状菱形藻、角菱形藻、尖刺伪菱形藻、奇异菱形藻；圆筛藻属 3 种，分别格氏圆筛藻、辐射圆筛藻、线形圆筛藻；脆杆藻属 3 种，分别为钝脆杆藻（*Fragilaria capucina*）、腹脆杆藻（*Fragilaria construens*）、岛脆杆藻（*Fragilaria islandica*）；等片藻属 3 种，为普通等片藻（*Diatoma vulggare*）、冬季等片藻（*Diatoma hiemale*）等；舟形藻属、曲舟藻属、针杆藻属、双尾藻属、小环藻属、角毛藻属各 2 种；骨条藻属 1 种。

冬季各站点种类数分布较均匀，均在 10 种以上，但出现的总种类数少于其他季节。其中 57 号站位的种类数最多，为 14 种；52 和 54 号站位均出现了 12 种，47、48 和 61 号站位均出现了 11 种。

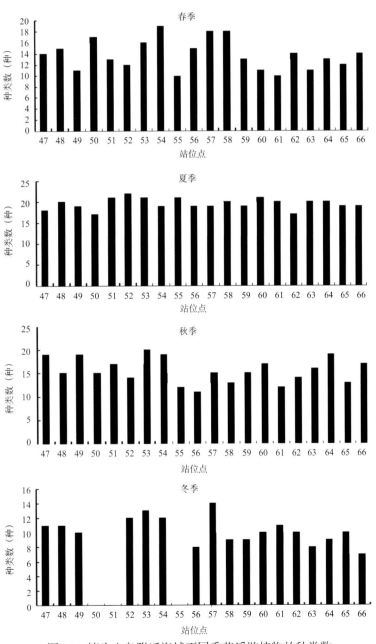

图4.7 檀头山岛附近海域不同季节浮游植物的种类数

二、丰度的季节变化与空间变化

（一）丰度的季节变化

宁波东部海域浮游植物丰度及其变化如图4.8所示。

春季浮游植物丰度 4.00×10^5 ind/m³ 以上的站位点为15、39、40，其中15号站位点丰度最高，为 6.83×10^5 ind/m³；丰度在 1.00×10^5 ind/m³ 以下的有05、08、09、20号以及檀头山岛附近海区的全部20个站位点，其中61号站位的丰度最低，只有 3.95×10^3 ind/m³；此外60、63、64号站位的丰度普遍较低，分别为 4.70×10^3 ind/m³、4.29×10^3 ind/m³、4.70×10^3 ind/m³。

夏季浮游植物丰度达 4.00×10^5 ind/m³ 以上的站位点为13、15、42、43、44，其中43号站位的丰度最高，为 7.00×10^5 ind/m³；大多数站位（共16个站位）的丰度在 1.00×10^5 ind/m³ 以下，其中54号站位的丰度最低，仅 2.07×10^4 ind/m³；此外62、64、65、66号站位的丰度也普遍不高，分别为 2.27×10^4 ind/m³，2.98×10^4 ind/m³，2.83×10^4 ind/m³，3.09×10^4 ind/m³。

秋季浮游植物丰度在 4.00×10^5 ind/m³ 以上的站位点有7个，而在39和41号站位的丰度最高，均为 5.60×10^5 ind/m³，南韭山海区浮游植物丰度相对较大；丰度在 1.00×10^5 ind/m³ 以下的有01、25及檀头山岛海区的全部20个站位点，其中52号站位的丰度最低，仅有 3.35×10^3 ind/m³。

冬季整个海区浮游植物的丰度都在 2.00×10^5 ind/m³ 以下，最高丰度在01站位点，为 1.68×10^5 ind/m³，此外，丰度在 1.00×10^5 ind/m³ 以上的还有站位点03（1.20×10^5 ind/m³）、08（1.43×10^5 ind/m³）、22（1.28×10^5 ind/m³），丰度最低为59和60号站位，只有 2.44×10^3 ind/m³。

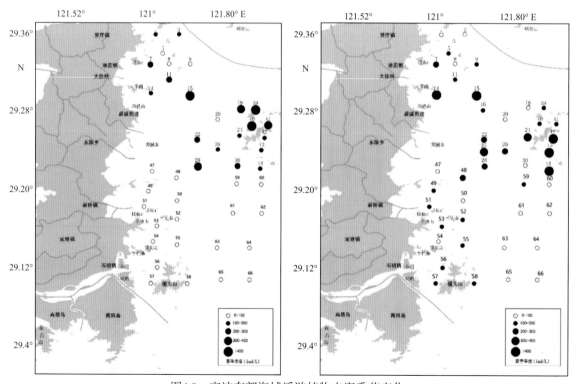

图4.8　宁波东部海域浮游植物丰度季节变化

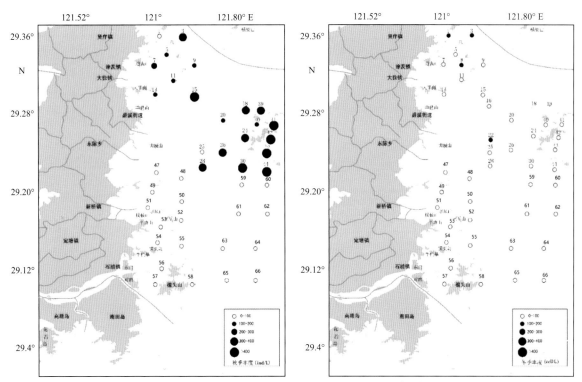

图4.8 宁波东部海域浮游植物丰度季节变化（续）

（二）空间变化

1. 乱礁洋海区

乱礁洋海区各站位点浮游植物丰度变化详见图4.9。调查海区浮游植物的年平均丰度为 1.80×10^5 ind/m³，春季平均丰度为 2.21×10^5 ind/m³，夏季为 2.07×10^5 ind/m³，秋季为 2.09×10^5 ind/m³，冬季为 8.31×10^5 ind/m³。其中春季15号站位点平均丰度最高，达到 6.83×10^5 ind/m³；冬季15号站位点丰度最低，只有 1.50×10^4 ind/m³。

1）春季

春季浮游植物的丰度在15号站位点最高，为 6.83×10^5 ind/m³；11调查站位次之，其丰度为 3.80×10^5 ind/m³；5号站位点丰度及生物量最低，只有 3.75×10^4 ind/m³。此外，8号站位和9号站位的丰度也在 1.00×10^5 ind/m³ 以下，分别为 7.75×10^4 ind/m³、5.60×10^4 ind/m³。

2）夏季

夏季浮游植物最高丰度为 6.10×10^5 ind/m³，出现在13站位；其次为15站位，丰度为 4.00×10^5 ind/m³；03号站位点丰度最低，只有 3.00×10^4 ind/m³。此外，01号站位和08号站位的丰度也不高，分别为 7.50×10^4 ind/m³、8.75×10^4 ind/m³；其他站位点的丰度相差不大。

3）秋季

秋季浮游植物的丰度最高值出现在15号站位，值为 4.58×10^5 ind/m³；03号站位其次，丰度为 3.25×10^5 ind/m³；01号站位点丰度最低，只有 8.00×10^4 ind/m³。05号站位浮游植物

的丰度为 1.48×10^5 ind/m³；07 号站位的丰度为 2.95×10^5 ind/m³。09、11 和 13 号站位浮游植物的丰度相差不大，分别为 1.08×10^5 ind/m³、1.23×10^5 ind/m³、1.38×10^5 ind/m³。

4）冬季

冬季浮游植物丰度最高值出现在 01 号站位，丰度值为 1.68×10^5 ind/m³；其次为 08 号站位点，丰度值为 1.43×10^5 ind/m³；站位点 15 丰度最低，丰度值仅为 1.50×10^4 ind/m³。09、11 和 13 号站位的丰度相差不大，数值相对较小，分别为 2.50×10^4 ind/m³、4.50×10^4 ind/m³、5.75×10^4 ind/m³。

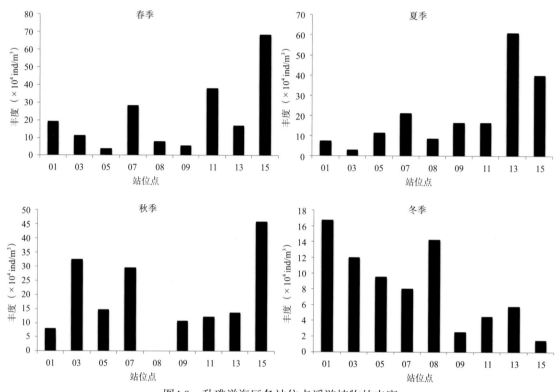

图4.9　乱礁洋海区各站位点浮游植物的丰度

2. 南韭山附近海区

南韭山附近海区各站位点浮游植物丰度变化详见图4.10。调查海区春季浮游植物丰度最高值出现在 39 号站位，为 4.95×10^5 ind/m³，其次是 40、18 和 28 号站位，丰度分别为 4.33×10^5 ind/m³、3.80×10^5 ind/m³ 和 3.50×10^5 ind/m³，20 号站位的丰度最低为 6.50×10^4 ind/m³；夏季 43 号站位的丰度最高，为 7.00×10^5 ind/m³，其次是 42、44 和 24 号站位，丰度分别为 4.13×10^5 ind/m³、4.01×10^5 ind/m³ 和 3.76×10^5 ind/m³，18 号和 30 号站位的丰度较低，丰度分别为 3.86×10^4 ind/m³ 和 7.63×10^4 ind/m³；秋季各站点丰度分布相对均匀，变化不明显，最高丰度达 5.60×10^5 ind/m³，出现在 42 号和 39 号站位，最低点出现在 44 号站位，值为 9.20×10^4 ind/m³；冬季 22 号站位的丰度最高，值为 1.28×10^5 ind/m³，其次是 18 号站位，值为 9.75×10^4 ind/m³，其余站位的丰度普遍较低。

该海域的丰度均值以秋季最高，为 3.70×10^5 ind/m³；夏季次之，为 2.53×10^5 ind/m³；其

次是春季，为 $2.49 \times 10^5 \, \text{ind/m}^3$；冬季最低，为 $4.36 \times 10^4 \, \text{ind/m}^3$。春、夏、秋整体的数量变化呈现环岛海域（24、39、40、41、42、43 号站位）高于近岸海域（18、20、26、30、44 号站位）高于中间海域（16、22、25、28 号站位）的趋势；而冬季与春夏秋相反，环岛站点（24、39、40、41、42、43 号）丰度普遍低于其他站点，呈现岛外海域高于环岛海域的趋势。

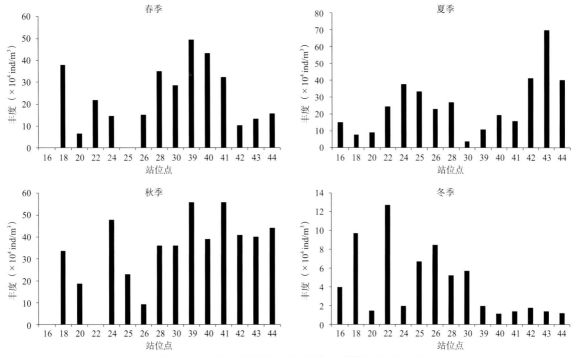

图4.10 南韭山附近海区各站位点浮游植物的丰度

1）春季

春季南韭山附近海区浮游植物丰度均值为 $2.49 \times 10^5 \, \text{ind/m}^3$，其中 6 个站位的丰度均值较高，分别是 18 号站位，均值为 $3.80 \times 10^5 \, \text{ind/m}^3$，28 号站位，均值为 $3.50 \times 10^5 \, \text{ind/m}^3$，30 号站位，均值为 $2.85 \times 10^5 \, \text{ind/m}^3$，39 号站位，均值为 $4.95 \times 10^5 \, \text{ind/m}^3$，41 号站位，均值为 $3.23 \times 10^5 \, \text{ind/m}^3$。而在 20 号站位的丰度均值最低，仅为 $6.50 \times 10^4 \, \text{ind/m}^3$。

2）夏季

夏季南韭山附近海区浮游植物丰度均值为 $2.53 \times 10^5 \, \text{ind/m}^3$，其中也有 6 个站位的丰度均值较高，分别是 25 号站位，均值为 $3.36 \times 10^5 \, \text{ind/m}^3$，28 号站位，均值为 $2.70 \times 10^5 \, \text{ind/m}^3$，42 号站位，均值为 $4.13 \times 10^5 \, \text{ind/m}^3$，43 号站位，均值为 $7.00 \times 10^5 \, \text{ind/m}^3$，44 号站位，均值为 $4.01 \times 10^5 \, \text{ind/m}^3$。其中有 3 个站位的丰度较低，30 号站位的丰度最低，均值为 $3.88 \times 10^4 \, \text{ind/m}^3$，然后依次是 18 号站位（丰度为 $7.63 \times 10^4 \, \text{ind/m}^3$）和 20 号站位点（丰度为 $9.13 \times 10^4 \, \text{ind/m}^3$）。

3）秋季

秋季南韭山附近海区浮游植物丰度均值为 $3.70 \times 10^5 \, \text{ind/m}^3$，其中有 7 个站位的丰度值较高，分别为 24、39、40、41、42、43 和 44 号站位，其中 39 号和 41 号站位的丰度值最高，丰度值为 $5.60 \times 10^5 \, \text{ind/m}^3$，26 号站位的丰度最低，仅为 $9.2 \times 10^4 \, \text{ind/m}^3$，其他站位点的丰度相差不大。

4）冬季

2011 年冬季南韭山附近海区浮游植物的丰度均值为 $4.36 \times 10^4 \mathrm{ind/m^3}$，其中 22 号站位的丰度最高，值为 $1.28 \times 10^5 \mathrm{ind/m^3}$，这可能是由于站位点 22 出现了由大量的星脐圆筛藻形成赤潮的缘故。2013 年调查海域的丰度均值为 $1.49 \times 10^4 \mathrm{ind/m^3}$，其中 39 号站位的丰度最高，为 $1.90 \times 10^4 \mathrm{ind/m^3}$，40 号站位点的丰度最低，为 $1.15 \times 10^4 \mathrm{ind/m^3}$。总体来看，2013 年南韭山附近海区浮游植物分布与 2011 冬季相比丰度偏低。

3. 檀头山岛海区

檀头山岛海区各站点浮游植物丰度变化详见图 4.11。调查海区浮游植物年平均丰度为 $3.34 \times 10^4 \mathrm{ind/m^3}$。4 个季节中平均丰度以夏季最高，为 $8.92 \times 10^4 \mathrm{ind/m^3}$；春季次之，为 $2.17 \times 10^4 \mathrm{ind/m^3}$；再次是秋季，平均丰度 $1.65 \times 10^4 \mathrm{ind/m^3}$；冬季最低，为 $6.10 \times 10^3 \mathrm{ind/m^3}$。全年丰度最高点出现在夏季 48 号站位，为 $2.71 \times 10^5 \mathrm{ind/m^3}$；最低点为冬季 59 和 60 号站位，值均为 $2.44 \times 10^3 \mathrm{ind/m^3}$。

1）春季

春季各站点丰度的变化为 $3.95 \times 10^3 \sim 5.93 \times 10^4 \mathrm{ind/m^3}$，其中以站点 52 丰度最高，为 $5.93 \times 10^4 \mathrm{ind/m^3}$，其次是站点 55、53 分别为 $4.63 \times 10^4 \mathrm{ind/m^3}$、$4.24 \times 10^4 \mathrm{ind/m^3}$，站点 61 丰度最低，为 $3.95 \times 10^3 \mathrm{ind/m^3}$。浮游植物分布的高值区主要位于近岸海域（铜头岛、三岳山附近），檀头山岛东部海域（65 和 66 号站位）也有较高的细胞丰度，总体分布由呈现由东向西沿远岸逐渐降低的趋势。

2）夏季

夏季各站点丰度的变化为 $2.27 \times 10^4 \sim 2.71 \times 10^5 \mathrm{ind/m^3}$，其中 48 号调查站点的丰度最高，为 $2.71 \times 10^5 \mathrm{ind/m^3}$，其次是 55、56 和 57 号站位，分别为 $1.59 \times 10^5 \mathrm{ind/m^3}$、$1.57 \times 10^5 \mathrm{ind/m^3}$ 和 $1.49 \times 10^5 \mathrm{ind/m^3}$，而 62、63 和 64 号站位的丰度较低，分别为 $2.27 \times 10^4 \mathrm{ind/m^3}$、$2.83 \times 10^4 \mathrm{ind/m^3}$、$3.09 \times 10^4 \mathrm{ind/m^3}$。浮游植物分布的高值区主要位于檀头山岛北部海域（三岳山以北），檀头山岛附近海域（55、56 和 57 号站位）浮游植物细胞丰度也较高，总体分布趋势为自北向南细胞丰度逐渐降低，同时呈现由从近岸到沿远岸逐渐降低。

3）秋季

秋季各站点丰度的变化为 $3.35 \times 10^3 \sim 5.92 \times 10^4 \mathrm{ind/m^3}$，60 号站点的丰度最高，为 $5.92 \times 10^4 \mathrm{ind/m^3}$，其次是 59 号站点，为 $4.86 \times 10^4 \mathrm{ind/m^3}$，52 和 48 号站位的丰度较低，分别为 $3.35 \times 10^3 \mathrm{ind/m^3}$ 和 $5.86 \times 10^3 \mathrm{ind/m^3}$。浮游植物分布的高值区主要位于韭山列岛的南部海域（站位 59、60、61、62 号），檀头山岛附近海域（53 和 54 号站位）浮游植物细胞丰度最低，总体分布呈现由从近岸到沿远岸逐渐升高的趋势。

4）冬季

冬季丰度普遍较低，各站点丰度的变化为 $2.44 \times 10^3 \sim 1.73 \times 10^4 \mathrm{ind/m^3}$，其中站点 54 点丰度最高，为 $1.73 \times 10^4 \mathrm{ind/m^3}$，站点 59、60 号的丰度较低，都是 $2.44 \times 10^3 \mathrm{ind/m^3}$。浮游植物分布的高值区主要位于象山石浦镇外侧海域（站位 53、54），总体分布为近岸高，外海低。

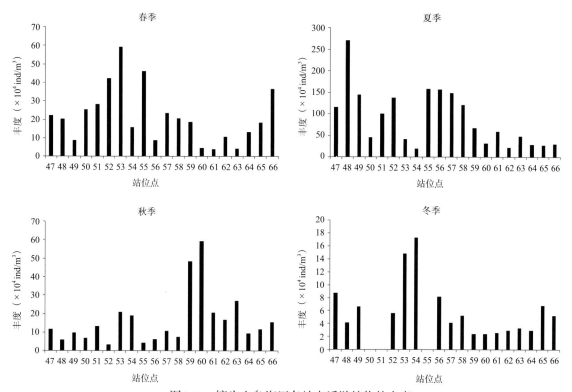

图4.11　檀头山岛海区各站点浮游植物的丰度

三、优势种与多样性指数

（一）乱礁洋海区

乱礁洋海区的优势种有6种。春季优势种有虹彩圆筛藻、琼氏圆筛藻和中华盒形藻；夏季的优势种有虹彩圆筛藻、琼氏圆筛藻、梭角藻和三角角藻；秋季的优势种有虹彩圆筛藻、琼氏圆筛藻和中肋骨条藻；冬季的优势种有虹彩圆筛藻和琼氏圆筛藻。四季都出现的优势种为虹彩圆筛藻和琼氏圆筛藻，并且这两种的优势度较高，虹彩圆筛藻和琼氏圆筛藻的四季平均优势度分别达到0.28和0.25；虹彩圆筛藻优势度最高点出现在冬季，达到0.59，琼氏圆筛藻优势度最高点出现在秋季，达到0.44。

春季中华盒形藻的优势度很高，优势度Y值达到0.45；夏季，两种甲藻即梭角藻和三角角藻成为优势种，但是其优势度并不高，为0.04和0.03；秋季，中肋骨条藻成为优势种，优势度为0.11。虹彩圆筛藻和琼氏圆筛藻是乱礁洋海区浮游植物最重要的优势种，虹彩圆筛藻丰度最高点出现在秋季15站位，达到$1.83 \times 10^5 \, \mathrm{ind/m^3}$；琼氏圆筛藻丰度最高点也出现在15号站位，达到$2.40 \times 10^5 \, \mathrm{ind/m^3}$。春季，虹彩圆筛藻和琼氏圆筛藻的丰度占浮游植物总丰度的37.78%；夏季，虹彩圆筛藻和琼氏圆筛藻的丰度和占浮游植物总丰度的51.64%；秋季，虹彩圆筛藻和琼氏圆筛藻的丰度和占浮游植物总丰度的62.18%；冬季，虹彩圆筛藻和琼氏圆筛藻的丰度和占浮游植物总丰度的86.76%。

表4.1　乱礁洋海区浮游植物优势种与优势度

优势种	拉丁名	季节			
		春	夏	秋	冬
琼氏圆筛藻	*Coscinodiscus jonesianus*	0.16	0.16	0.44	0.25
虹彩圆筛藻	*Coscinodiscus oculusiridis*	0.15	0.04	0.34	0.59
中华盒形藻	*Biddulphia sinensis*	0.45	–	–	–
棱角藻	*Ceratium fusus*	–	0.04	–	–
三角角藻	*Ceratium tripos*	–	0.03	–	–
中肋骨条藻	*Skeletonema costatum*	–	–	0.11	–

注："–"表示该物种未成为优势种或未出现。

乱礁洋海区站位点平均物种多样性指数（H'）为1.73，各站位点指数数值相差不大，范围为1.46～1.96；各站位点平均物种均匀度指数（J）为0.64，范围为0.57～0.68；平均物种丰富度指数（D）为2.88，范围为2.06～3.61。其中1号站位点的多样性指数相对低。

乱礁洋海区各季节物种多样性指数（H'）平均为1.47，范围为1.17～1.65；物种均匀度指数（J）平均为0.52，范围为0.47～0.55；物种丰富度指数（D）平均为3.28，范围为2.02～3.93。4个季节种冬季多样性指数相对低。

表4.2　乱礁洋海区浮游植物物种多样性指数

指数	站位点									季节			
	01	03	05	07	08	09	11	13	15	春季	夏季	秋季	冬季
D	2.06	3.61	2.83	3.53	2.16	2.19	3.07	3.33	3.13	3.69	3.46	3.93	2.02
J	0.61	0.63	0.68	0.58	0.68	0.66	0.66	0.68	0.57	0.54	0.55	0.47	0.51
H'	1.46	1.84	1.80	1.74	1.63	1.57	1.86	1.96	1.68	1.65	1.59	1.45	1.17

1. 春季

春季乱礁洋海区各站位点的平均物种多样性指数（H'）为1.16，范围为0.24～1.73；物种均匀度指数（J）平均为0.65，范围为0.35～0.82；物种丰富度指数（D）平均为1.07，范围为0.28～2.02。其中5号站位的多样性指数最低，站位13的物种多样性指数（H'）最高，1号站位物种均匀度指数（J）最高，11号站位的物种丰富度指数（D）最高。

2. 夏季

夏季乱礁洋海区站位点平均物种多样性指数（H'）为1.34，各个站位点相差不大，范围为1.16～1.54；物种均匀度指数（J）平均为0.66，范围为0.53～0.72；物种丰富度指数（D）平均为1.42，范围为0.86～1.85。13号站位的物种多样性指数（H'）最高，1号站位和3号站位的物种均匀度指数（J）最高，7号站位的物种丰富度指数（D）最高。

3. 秋季

秋季乱礁洋海区站位点平均物种多样性指数（H'）为 1.32，范围为 1.00 ～ 1.69；物种均匀度指数（J）平均为 0.67，范围为 0.47 ～ 0.91；物种丰富度指数（D）平均为 1.38，各站位点相差较大范围为 0.43 ～ 2.25。物种多样性指数（H'）在站位 3 中最高，在站位 9 中最低；物种均匀度指数（J）在站位 9 中最高，站位 15 最低；物种丰富度指数（D）在站位 3 中最高，站位 9 最低。

4. 冬季

冬季乱礁洋海区站位点平均物种多样性指数（H'）为 1.07，范围为 0.88 ～ 1.49；物种均匀度指数（J）平均为 0.72，范围为 0.51 ～ 1.00；物种丰富度指数（D）平均为 0.98，各站位点相差较大范围为 0.40 ～ 1.41。物种多样性指数（H'）在 13 号站位中最高，在 5 号站位中最低；物种均匀度指数（J）在 15 号站位中最高，在 7 号站位中最低；物种丰富度指数（D）在 1 号站位中最高，在 15 号站位中最低。

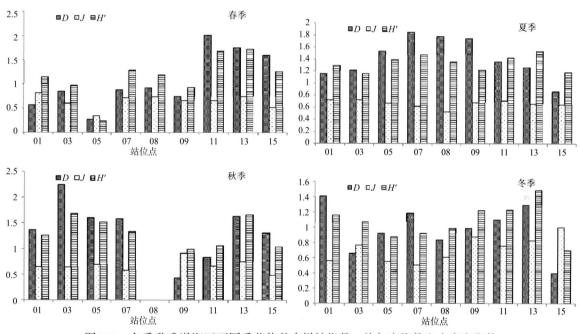

图4.12　冬季乱礁洋海区不同季节物种多样性指数、均匀度指数和丰富度指数

（二）南韭山附近海区

南韭山附近海域硅藻种类丰富，其中圆筛藻属 20 种、角毛藻属 16 种、菱形藻属 12 种。本次共出现浮游植物优势种 21 种，硅藻和甲藻是重要组成部分。各个季节的优势种组成不同，星脐圆筛藻为 4 季优势种。春季以琼氏圆筛藻占主导优势，最高丰度为 1.88×10^5 ind/m³；夏季琼氏圆筛藻、叉角藻占主导优势，最高丰度分别为 1.59×10^5 ind/m³、3.80×10^5 ind/m³；秋季以佛氏海毛藻为主要优势种，最高丰度为 1.40×10^5 ind/m³；冬季则以星脐圆筛藻为主要优势种，最高丰度为 9.25×10^5 ind/m³。

南韭山海区各站点物种丰富度指数（D）范围为 0.44 ～ 6.61，平均值为 2.96，季节分布由高到低依次为秋季（5.12）、夏季（3.02）、春季（2.02）、冬季（1.70）。各站点物种多样性指数（H'）范围为 0.51 ~ 4.85，平均值为 2.95，季节分布由高到低依次为秋季（4.06）、夏季（3.19）、春季（2.60）、冬季（1.95）；各站点均匀度指数（J）范围为 0.32 ~ 0.92，年均值为 0.74，季节分布由高到低依次为秋季（0.84）、夏季（0.75）、春季（0.69）、冬季（0.67）。以上多样性指数，由高到低依次均为秋、夏、春、冬季，表明调查期间南韭山海区物种多样性高，群落结构稳定，其中秋季的物种多样性最高。

表4.3　南韭山附近海区各季节浮游植物优势种与优势度

主要优势种	拉丁名	季节			
		春	夏	秋	冬
星脐圆筛藻	*Coscinodiscusasteromphalus*	0.12	0.13	0.02	0.22
中华盒形藻	*Biddulphia sinensis*	0.17	0.10	–	0.15
琼氏圆筛藻	*Coscinodiscus jonesianus*	0.28	0.19	–	–
辐射圆筛藻	*Coscinodiscus radiatus*	0.03	0.05	–	–
中肋骨条藻	*Skeletonema costatum*	0.02	–	0.04	0.03
威氏圆筛藻	*Coscinodiscus wailesii*	0.03	–	–	–
布氏双尾藻	*Ditylum brightwellii*	0.04	–	–	–
奇异菱形藻	*Nitzschia paradoxa*	0.10	–	–	–
三角角藻	*Ceratium stripos*	–	0.09	–	–
叉角藻	*Ceratium furca*	–	0.24	–	–
梭角藻	*Ceratium Fusus*	–	0.12	–	–
夜光藻	*Noctiluca scientillans*	–	0.06	–	–
洛氏角毛藻	*Chaetoceros lorenzianus*	–	0.03	–	–
牟氏角毛藻	*Chaetoceros muellleri*	–	0.02	–	–
虹彩圆筛藻	*Coscinodiscus oculus-iridis*	–	0.02	–	–
长海毛藻	*Thalassiothrix longissima*	–	–	0.03	0.04
蛇目圆筛藻	*Coscinodiscus argus*	–	–	0.03	–
尖刺伪菱形藻	*Nitzschia pungens*	–	–	0.02	–
近缘针杆藻	*Synedra affinis*	–	–	0.02	–
佛氏海毛藻	*Thalassiothrix frauenfeldii*	–	–	0.03	–
塔玛亚历山大藻	*Alexandrium tamarense*	–	–	0.04	–

注："–"表示该物种未成为优势种或未出现。

物种丰富度指数 D 最高点出现在秋季的 30 站位点，值为 6.61；物种多样性指数 H' 最高点出现在秋季的 30 站位点，值为 4.85；均匀度指数 J 最高点出现在冬季的 40 站位点，值为 0.94。D、H'、J 全年均值由大到小为环岛海域（24、39、40、41、42、43 号站位）、中间海域（18、20、26、30、44 号站位）、近岸海域（16、22、25、28 号站位），这表明南韭山岛环岛海域的物种丰富度比岛外海域高且群落结构稳定。

表4.4　南韭山附近海区各站位点的多样性指数

站位点	D	H'	J	站位点	D	H'	J
16	1.75	2.17	0.68	30	2.52	2.48	0.68
18	3.15	3.23	0.81	39	3.16	3.23	0.78
20	3.18	3.13	0.78	40	3.47	3.58	0.84
22	2.12	2.34	0.64	41	3.09	3.38	0.82
24	3.16	3.11	0.77	42	3.24	3.49	0.87
25	2.60	2.18	0.56	43	3.40	2.98	0.71
26	2.95	2.61	0.66	44	2.59	2.64	0.68
28	2.60	2.60	0.68	–	–	–	–

注："–"表示空白。

1. 春季

春季南韭山海区站位点平均物种多样性指数（H'）为2.60，范围为1.66～3.24；物种均匀度指数（J）平均为0.69，范围为0.52～0.90；物种丰富度指数（D）平均为2.02，各站位点相差较大范围为1.02～2.79。物种多样性指数（H'）最高值出现在18号站位，最低值出现在44号站位；物种均匀度指数（J）最高值出现在42号站位，最低值出现在44号站位；物种丰富度指数（D）最高值出现在22号站位，最低值出现在30号站位。

2. 夏季

夏季南韭山海区站位点平均物种多样性指数（H'）为3.19，范围为2.21～3.81；物种均匀度指数（J）平均为0.75，范围为0.52～0.89；物种丰富度指数（D）平均为3.02，各站位点相差较大范围为2.02～4.18。物种多样性指数（H'）最高值出现在44号站位，最低值出现在16号站位；物种均匀度指数（J）最高值出现在30号站位，最低值出现在43号站位；物种丰富度指数（D）最高值出现在43号站位，最低值出现在16号站位。

3. 秋季

秋季南韭山海区站位点平均物种多样性指数（H'）为4.06，范围为2.46～4.85；物种均匀度指数（J）平均为0.84，范围为0.48～0.92；物种丰富度指数（D）平均为5.12，各站位点相差较大范围为3.95～6.61。物种多样性指数（H'）最高值出现在30号站位，最低值出现在25号站位；物种均匀度指数（J）最高值出现在40号和42号站位，最低值出现在25号站位；物种丰富度指数（D）最高值出现在30号站位，最低值出现在44号站位。

4. 冬季

冬季南韭山海区站位点平均物种多样性指数（H'）为1.95，范围为0.51～3.57；物种均匀度指数（J）平均为0.67，范围为0.32～0.94；物种丰富度指数（D）平均为1.7，各站位点相差较大范围为0.4～3.7。物种多样性指数（H'）最高值出现在40号站位，最低值出现在30号站位；物种均匀度指数（J）最高值出现在40号站位，最低值出现在30号站位；物种丰富度指数（D）最高值出现在40号站位，最低值出现在30号站位。

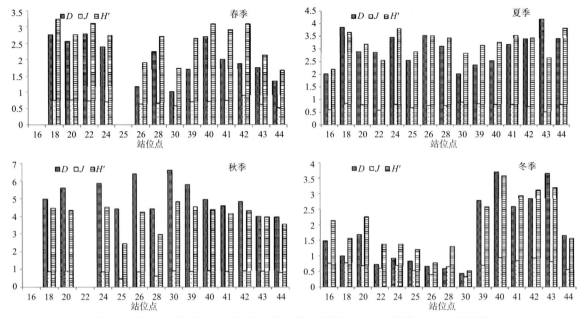

图4.13 南韭山附近海区不同季节的多样性指数、均匀度指数和丰富度指数

（三）檀头山岛海区

檀头山岛海域各个季节的优势种组成如表4.5所示。

2013年4个航次的调查中出现的浮游植物优势种共有15种，硅藻和甲藻是主要组成部分。由表4.5可知，春、夏、秋、冬四季的浮游植物优势种组成有所不同，其中格氏圆筛藻为四季优势种。星脐圆筛藻、辐射圆筛藻、线形圆筛藻为三季优势种。

表4.5 不同季节的浮游植物优势种

优势种	春季	夏季	秋季	冬季
中肋骨条藻*Skeleonema cosaum*	–	–	0.03	–
星脐圆筛藻*Coscinodiscus aseromphalus*	0.05	0.11	0.11	–
格氏圆筛藻*Coscinodiscusgranii*	0.28	0.15	0.11	0.31
线形圆筛藻*Coscinodiscus aseromphalus*	–	0.39	0.41	0.07
辐射圆筛藻*Coscinodiscus radiaus*	0.05	–	0.07	0.09
琼氏圆筛藻*Coscinodiscus jonesianus*	0.03	0.09	–	–
布氏双尾藻*Diylum brighwelli*	0.03	–	–	–
活动盒形藻*Biddulphia mobiliensis*	0.11	–	–	–
中华盒形藻*Biddulphia sinensis*	0.22	–	–	–
条纹小环藻*Cyclotella striata*	–	0.02	–	–
钝脆杆藻*Fragilaria capucina*	–	–	–	0.03
奇异菱形藻*Nizschia paradoxa*	–	–	0.06	0.18
叉角藻*Ceraium furca*	–	0.02	–	–
尖刺伪菱形藻*Nitzschia pungens*	–	–	–	0.10
夜光藻*Nociluca scienillans*	–	0.02	–	–

注："–"表示该物种*D*＜0.02不是优势种。

春季浮游植物优势种共 7 种，分别为中华盒形藻、活动盒形藻、琼氏圆筛藻、星脐圆筛藻、辐射圆筛藻、格氏圆筛藻、布氏双尾藻，其中以格氏圆筛藻和中华盒形藻占据主导优势，优势度分别为 0.28 和 0.22。夏季浮游植物优势种共 7 种，分别为星脐圆筛藻、琼氏圆筛藻、线形圆筛藻、格氏圆筛藻、条纹小环藻、叉角藻和三角角藻，其中条纹小环藻、叉角藻和三角角藻为夏季特有优势种。格氏圆筛藻和线形圆筛藻在本季占据主导优势，优势度分别为 0.15 和 0.39。秋季浮游植物优势种共 6 种，为中肋骨条藻、星脐圆筛藻、辐射圆筛藻、线形圆筛藻、格氏圆筛藻和奇异菱形藻，中肋骨条藻为秋季特有优势种。本季格氏圆筛藻、线形圆筛藻占主导优势，优势度分别为 0.11 和 0.41。冬季浮游植物优势种共 7 种，分别为辐射圆筛藻、格氏圆筛藻、线形圆筛藻、钝脆杆藻、奇异菱形藻、尖刺菱形藻，其中钝脆杆藻、奇异菱形藻、尖刺伪菱形藻为本季特有优势种。格氏圆筛藻和奇异菱形在藻占据主导优势，优势度分别为 0.31 和 0.18。

檀头山岛附近海域各站点物种多样性指数（H'）年平均值的变化范围为 2.29 ~ 2.89，均值为 2.68，四季变化由大到小依次为春季（2.89）、夏季（2.78）、秋季（2.74）、冬季（2.29）；各站点物种丰富度指数（D）四季均值的变化范围为 1.94 ~ 2.29，均值为 2.06，四季变化由大到小为秋季（2.29）、春季（2.05）、夏季（1.97）、冬季（1.94）；各站点均匀度指数（J）四季年均值的变化范围为 0.70 ~ 0.88，年平均值为 0.79，四季变化由大到小为冬季（0.88）、春季（0.80）、秋季（0.78）、夏季（0.70）；各站点的生态优势度指数（d'）四季均值的变化范围为 4.78 ~ 5.71，年均值为 5.26，四季变化由大到小为春季（5.71）、冬季（5.37）、秋季（5.18）、夏季（4.78）（表 4.6）。生态优势度指数（d'）和物种丰富度指数（D）的最高点均出现在站点 64，数值分别为 10.00 和 3.47，最低点出现在站点 50 和 52，数值分别为 2.87 和 1.31；物种多样性指数（H'）最高点为站点 64，值为 3.63，最低点出现在站点 52，值为 1.72；均匀度指数（J）最高点出现在站点 62，值为 0.99，最低点出现在 52，值为 0.54。

表4.6 檀头山岛海域站点不同季节物种多样性指数

站位	春季				夏季				秋季				冬季			
	D	H'	d'	J	D	H'	d'	J	D	H'	d'	J	D	H'	d'	J
47	1.92	2.83	5.51	0.79	1.67	2.71	4.05	0.69	2.12	2.66	4.51	0.77	1.72	2.65	5.04	0.84
48	1.79	2.56	4.49	0.74	1.71	2.52	4.83	0.61	2.36	3.04	7.13	0.92	2.23	2.94	6.7	0.93
49	2.23	2.75	5.87	0.79	1.72	2.58	4.15	0.64	2.60	3.21	7.17	0.81	1.88	2.79	5.82	0.88
50	2.00	2.61	4.47	0.70	1.85	2.57	4.34	0.68	2.00	2.19	2.87	0.69	−	−	−	−
51	1.69	2.86	5.47	0.83	2.28	2.93	4.60	0.69	2.37	3.00	6.07	0.81	−	−	−	−
52	1.46	2.52	4.65	0.73	2.20	3.07	5.54	0.71	3.00	3.08	7.11	0.86	2.00	1.72	2.82	0.54
53	1.57	3.08	6.72	0.86	2.24	2.60	4.18	0.65	2.06	2.71	4.22	0.73	1.66	2.60	4.70	0.78
54	2.58	2.92	5.47	0.77	2.59	3.29	7.44	0.82	2.64	3.06	5.9	0.76	1.42	2.36	3.58	0.74
55	1.31	2.53	5.17	0.76	2.04	3.02	5.66	0.71	2.06	2.60	5.96	0.87	−	−	−	−

续表4.6

站位	春季				夏季				秋季				冬季			
	D	H'	d'	J	D	H'	d'	J	D	H'	d'	J	D	H'	d'	J
56	2.47	3.15	6.44	0.83	1.85	2.71	4.69	0.66	2.10	2.84	6.03	0.90	1.54	2.79	6.22	0.93
57	2.51	3.21	7.81	0.82	1.73	2.63	4.32	0.66	1.49	2.41	4.2	0.80	2.51	2.93	6.13	0.88
58	2.21	3.13	6.52	0.83	1.90	2.66	4.95	0.65	2.25	2.96	6.17	0.89	1.79	2.73	5.92	0.91
59	2.05	2.70	5.01	0.73	1.59	2.36	3.04	0.62	1.57	2.10	2.93	0.59	2.14	2.7	6.13	0.96
60	2.20	3.07	6.92	0.89	2.07	2.83	5.27	0.71	1.70	2.35	3.65	0.63	2.14	2.7	6.13	0.96
61	2.20	2.70	4.82	0.81	1.96	2.61	3.56	0.64	1.61	2.31	3.28	0.69	2.41	2.87	6.82	0.96
62	2.62	3.31	8.18	0.87	1.83	2.87	3.92	0.80	1.96	2.75	4.04	0.77	2.27	2.99	5.00	0.99
63	2.29	3.11	7.15	0.9	1.91	2.46	3.37	0.61	2.10	2.51	3.59	0.66	1.85	2.48	4.81	0.88
64	2.05	2.88	5.42	0.78	2.34	3.21	7.24	0.80	3.47	3.63	10.00	0.91	2.27	2.75	5.90	0.92
65	1.93	2.89	5.63	0.8	2.05	2.79	4.81	0.73	1.75	2.53	4.16	0.76	1.63	2.57	4.77	0.86
66	1.96	3.05	3.24	0.82	1.88	3.08	6.12	0.83	2.62	2.89	4.60	0.74	1.54	2.65	4.81	0.95
均值	2.05	2.89	5.75	0.80	1.97	2.78	4.78	0.70	2.29	2.74	5.18	0.78	1.94	2.66	5.37	0.88

注："－"表示没有采到样本。

1. 春季

春季檀头山岛海区各站点物种丰富度指数（D）变化范围为1.31～2.62，均值为2.05；优势度指数（d'）变化范围为3.24～8.18，均值为5.75；物种多样性指数（H'）变化范围为2.52～3.31，均值为2.89；均匀度指数（J）变化范围为0.70～0.90，均值为0.80。在调查海域中，62号站位的物种多样性指数最高，其次是57号站位，而均匀度指数最高值出现在63号站位，值为0.9。

2. 夏季

夏季檀头山岛海区各站点物种丰富度指数（D）变化范围为1.67～2.59，均值为1.97；优势度指数（d'）变化范围为3.37～7.44，均值为4.78；物种多样性指数（H'）变化范围为2.36～3.29，均值为2.78；均匀度指数（J）变化范围为0.61～0.83，均值为0.70。在调查海域中，54号站位的物种多样性指数最高，均匀度指数最高值出现在66号站位，值为0.83。

3. 秋季

秋季檀头山岛海区各站点物种丰富度指数（D）变化范围为1.57～3.47，均值为2.29；生态优势度指数（d'）变化范围为2.87～10.00，均值为5.18；物种多样性指数（H'）变化范围为2.10～3.63，均值为2.74；均匀度指数（J）变化范围为0.59～0.92，均值为0.78。在调查海域中，64号站位的物种多样性指数最高，而均匀度指数最高值出现在48号站位，值为0.92。

4.冬季

冬季檀头山岛海区各站点物种丰富度指数（D）变化范围为 1.42 ~ 2.41，均值为 1.94；生态优势度指数（d'）变化范围为 3.58 ~ 6.70，均值为 5.37；物种多样性指数（H'）变化范围为 1.72 ~ 2.99，均值为 2.66；均匀度指数（J）变化范围为 0.54 ~ 0.99，均值为 0.88。在调查海域中，62 号站位的物种多样性指数和均匀度指数均最高，其次是 57 号站位和 61 号站位。

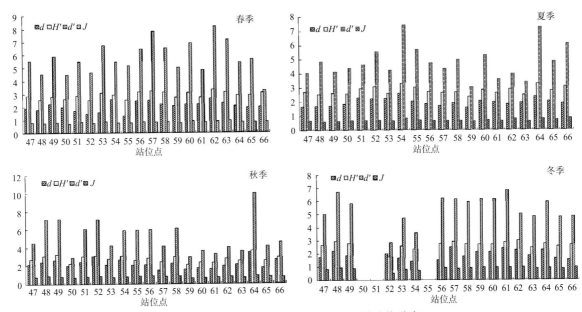

图4.14　檀头山岛附近海域多样性指数站位分布

四、结论与建议

（一）种类组成

宁波东部海域共鉴定浮游植物 217 种，以硅藻为主，共 144 种，绿藻 32 种，甲藻 17 种，蓝藻 12 种，裸藻 5 种，黄藻 3 种，隐藻 1 种，金藻 3 种。乱礁洋海区共鉴定出 38 种，其中硅藻门 32 种、甲藻门 4 种、绿藻门 2 种；南韭山海区鉴定出 156 种，硅藻门 113 种、甲藻门 11 种、绿藻门 19 种、黄藻门 2 种、裸藻门 5 种、蓝藻门 5 种、隐藻门 1 种；檀头山岛海区共鉴定出 109 种，其中硅藻门 72 种，蓝藻门 6 种，金藻门 3 种，甲藻门 12 种，裸藻门 1 种，绿藻门 15 种。浮游植物在时间格局上的数量变化由多到少为秋季、夏季、冬季、春季，空间上的数量变化由多到少为环岛海域、中间海域、外侧海域。

南韭山海区与檀头山岛海区浮游植物种类数均高于舟山海区 102 种（唐锋等，2013），高于三门湾 103 种（陈悦等，2017）、乐清湾 82 种（陈丹琴等，2017）。南韭山所在的韭山列岛海洋生态自然保护区相较于浙江省的其他典型岛屿—马鞍列岛海洋自然保护区（80 种）（陆斗定等，1996）、中街山列岛海洋特别保护区（128 种）（阳丹，2013）、渔山列岛海洋特别保护区（133 种）（王弢，2013）、南麂列岛海洋自然保护区（80 种）（李扬等，2010），物种资源更加丰富。

宁波东部海域是浙江近海的重要组成部分，其主要受到台湾暖流、钱塘江和长江冲淡水为主的沿岸流和沿港径流的影响，海水表层营养盐丰富，水质肥沃，因而浮游植物种类丰富，其中沿岸广布种，外洋广布种和偏暖、暖水种为该海域浮游植物的主要生态类型（江志兵等，2013；唐锋等，2013）。东部海域优势种组成以硅藻和甲藻为主，乱礁洋海区优势种为虹彩圆筛藻、琼氏圆筛藻、中华盒形藻、中肋骨条藻、洛氏角毛藻和布氏双尾藻；南韭山海区优势种为星脐圆筛藻、琼氏圆筛藻、叉角藻、佛氏海毛藻等；檀头山岛海区的主要优势种为格氏圆筛藻、星脐圆筛藻、辐射圆筛藻、线形圆筛藻等。全年优势种为硅藻门的琼氏圆筛藻，各季优势种与象山港（江志兵等，2012），舟山典型海区（唐锋等，2013），长江口海域（柳丽华等，2007），浙江沿岸海域（金海卫等，2005）的调查结果基本一致。

（二）丰度的季节变化

象山东部海域浮游植物年平均丰度为 1.86×10^5 ind/m³，其中乱礁洋浮游植物年平均丰度为 1.80×10^5 ind/m³（春季 2.21×10^5 ind/m³，夏季 2.07×10^5 ind/m³，秋季 2.09×10^5 ind/m³，冬季 8.31×10^4 ind/m³）；南韭山海区平均丰度为 2.29×10^5 ind/m³（春季 2.49×10^5 ind/m³，夏季 2.53×10^5 ind/m³，秋季 3.70×10^5 ind/m³，冬季 4.36×10^4 ind/m³）；檀头山岛海区浮游植物年平均丰度为 3.34×10^4 ind/m³（春季 2.17×10^4 ind/m³，夏季 8.92×10^4 ind/m³，秋季 1.65×10^4 ind/m³，冬季 6.10×10^3 ind/m³）。

舟山海区浮游植物细胞丰度的年波动范围为 $2.65 \times 10^4 \sim 3.73 \times 10^4$ cell/L（唐锋等，2013），年平均值为 3.04×10^4 cell/L；浙江沿岸海域 2003—2004 年的浮游植物丰度为 $1.0 \times 10^4 \sim 1.0 \times 10^5$ cell/L（金海卫等，2012）。南韭山附近海域的浮游植物丰度明显低于舟山海区，这可能与舟山海区夏季发生角毛藻赤潮有关；和浙江沿岸海域的丰度造成明显差异的原因可能是该海域最主要的优势种是中肋骨条藻，中肋骨条藻是造成浙江沿岸海域细胞数量骤增的主要原因。

（三）物种多样性分析

乱礁洋海区各站点平均物种多样性指数（H'）为 1.73（1.46 ~ 1.96），平均物种均匀度指数（J）为 0.64（0.57 ~ 0.68），平均物种丰富度指数（D）为 2.88（2.02 ~ 3.93），季节变化由大到小为秋季、春季、夏季、冬季。

南韭山海区各站点平均多样性指数（H'）为 2.95（0.51 ~ 4.85），平均均匀度指数（J）为 0.74（0.32 ~ 0.92），平均物种丰富度指数（D）为 2.96（0.44 ~ 6.61），季节变化由大到小均为秋季、夏季、春季、冬季；空间上由大到小为环岛海域、中间海域、近岸海域。调查期间南韭山海域物种多样性高，群落结构稳定，其中秋季的物种多样性最高。

檀头山岛海区各站点物种多样性指数（H'）年平均值为 2.68（2.29 ~ 2.89）；物种丰富度指数（D）年均值为 2.06（1.94 ~ 2.29），平均均匀度指数（J）为 0.79（0.70 ~ 0.88）；生态优势度指数（d'）年均值为 5.26（4.78 ~ 5.71）。说明檀头山岛海域的物种多样性比较高，群落结构都比较稳定。

（四）赤潮监测

多样性指数表明，象山东部海域水质较清洁。调查时出现夜光藻、三角角藻、海洋原甲藻、中肋骨条藻、布氏双尾藻、角毛藻等赤潮种，且有多种成为优势种。东海海域是我国有害赤潮的多发海区之一，近年来影响范围不断扩大、持续时间增长，并呈逐年上升趋势，在一定程度上制约了浙江沿海的海洋经济，尤其是影响水产养殖、滨海旅游业等的发展，甚至危害公众健康（叶属峰等，2003）。因此，开展象山东部海域有害赤潮的常规和应急监视监测是十分必要和迫切的。

第三节 浮游动物

本文中浮游动物采样用浮游生物II型网垂直拖网，样品用 5% 福尔马林溶液固定。采集后带回实验室暂存，置于显微镜下计数并记录；浮游动物生物量计算参照湿重计量表（赵文，2005）。以上均按《海洋调查规范》（GB/T 12763—2007）（中华人民共和国国家质量监督检验检疫总局，2008）进行。

一、种类组成与分布

（一）乱礁洋海区

乱礁洋附近海区共鉴定浮游动物 104 种，隶属于 10 纲 19 目 76 科。其中桡足类 53 种，占总种类数的 51.0%；原生动物 18 种，占 17.3%；浮游幼体（虫）14 种，占 13.5%；腔肠动物 4 种，占 3.8%，被囊动物 3 种，占 2.9%，毛颚动物 3 种，占 2.9%，虾类 2 种，占 1.9%，端足目 1 种，占 1.0%，其他种类 6 种，占 5.8%。桡足类中以哲水蚤种类最多，哲水蚤目共 40 种，其中以唇角水蚤属和平头水蚤属的多样性最高，鉴定到 4 种；剑水蚤目 12 种，以长腹剑水蚤属的多样性最高，鉴定到 6 种。

季节分布中，夏季种类数最多（62 种），春季最少（27 种），秋季 48 种，冬季 31 种。种类组成中，桡足类的种类数占绝对优势，春、夏、秋、冬季分别占到 39%、63%、46%、31%，其种类数放入季节动态变化与浮游动物总体的季节动态变化趋势相同；而原生动物和浮游幼体的种类数基本保持稳定状态。

空间格局中，周年以近岸站位点（03、09、15 号站位）最高，稍远岸站位点（05、08、11 号站位）最低；秋季种类数与整体趋势一致，春季站位点种类数随站位点靠近海岸而增多，夏季以稍远岸站位点最高，秋季均以近岸站位点最高，冬季种类数区域相差不大。

1. 春季

乱礁洋海区共鉴定春季浮游动物 27 种，其中桡足类最多，12 种，占 44.44%，原生动物 6 种，浮游幼体 3 种，被囊类、端足类、介形类、毛颚类、多毛类、轮虫各 1 种。

调查海域 01 号和 13 号站位的种类数最多，为 12 种，03 号和 11 号站位的种类数最少，仅 6 种，不同站位间的种类数均值为 9 种。

2. 夏季

乱礁洋海区夏季浮游动物共出现 62 种，其中桡足类有 36 种，最多，占 58.06%，原生动物 6 种，占 9.68%；浮游幼体 6 种，占 9.68%；其他 14 种，占 22.58%。

调查海域 15 号站位的种类数最多，为 34 种，05 号和 07 号站位的种类数最少，为 20 种，不同站位间的种类数均值为 25 种。

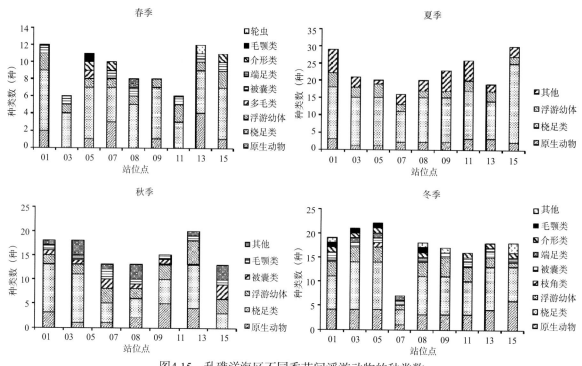

图4.15 乱礁洋海区不同季节间浮游动物的种类数

3. 秋季

乱礁洋海区秋季浮游动物共出现 38 种。其中桡足类有 19 种，最多，占 50.00%；浮游幼体 8 种，占 21.05%；原生动物 6 种，占 15.78%；被囊类和毛颚类各 1 种；其他浮游动物 3 种。

调查海域 13 号站位的种类数最多，为 20 种，7 号和 9 号站位的种类数最少，为 13 种，总体上看，各站位点种类数相差不大。

4. 冬季

乱礁洋海区浮游动物共出现 31 种，其中桡足类有 10 种，最多，占 32.26%，原生动物 8 种，浮游幼体 5 种，被囊类 2 种，枝角类、端足类、介形类、毛颚类各 1 种，其他 2 种。

调查海域 05 号站位的种类数最多，为 22 种，07 号站位的种类数最少，为 7 种，不同站位间的种类数均值为 9 种，其余站位的种类数在 17 ~ 19 种之间不等。

（二）南韭山附近海区

南韭山附近海区共鉴定浮游动物 85 种，其中，桡足类 30 种，占总种数的 37.50%；原生动物 17 种，占总种数的 20.00%；水母类 8 种，占总种数的 9.41%；浮游幼虫 12 种，占总种数的 14.12%；被囊动物 3 种，占总种数的 3.53%；枝角类、轮虫和毛颚动物各 2 种，分别占总种数的 2.35%；其他浮游动物为 9 种，占总种数的 10.59%。

浮游动物的种类数随着季节的变化而变化，春季鉴定浮游动物 24 种，夏季 50 种，秋季 32 种，冬季 30 种。夏季出现的种类数最多，且远远高于其他季节。浮游动物的主要类群为桡足类，春季桡足类 16 种，占浮游动物种类的 66.67%；夏季桡足类 19 种，占浮游动物种类的 38.00%；秋季桡足类 16 种，占浮游动物种类的 50.00%；冬季桡足类 10 种，占浮游动物种类的 33.33%。此外，夏季和冬季出现的原生动物种类数也较多，夏季原生动物 9 种，占浮游动物种类的 18.00%；冬季检出原生动物 8 种，占浮游动物种类的 26.67%。四季均出现的浮游动物种类只有 6 种，为中华哲水蚤（*Calanidae sinicus*）、小拟哲水蚤（*Paracalanus parvus*）、精致针刺水蚤（*Euchaeta concinna*）、百陶箭虫（*Sagitta bedoti*）和六肢幼体（*Copepodid*）等，由此可见，南韭山海区浮游动物种类的季节更替非常明显。

表4.7　南韭山海域浮游动物的种类组成

单位：种

类群	春季		夏季		秋季		冬季	
	种数	百分比(%)	种数	百分比(%)	种数	百分比(%)	种数	百分比(%)
桡足类	16	57.14	19	39.58	16	50.00	10	33.33
原生动物	2	7.14	7	14.58	1	3.13	8	26.67
轮虫	2	7.14	1	2.08	1	3.13	0	0.00
枝角类	1	3.57	1	2.08	0	0.00	2	6.67
毛颚动物	1	3.57	1	2.08	2	6.25	1	3.33
被囊动物	1	3.57	2	4.17	2	6.25	1	3.33
其他	3	10.71	9	18.75	7	21.88	1	3.33
浮游幼虫	2	7.14	8	16.67	3	9.38	7	23.33
合计	28	100	48	100	32	100	30	100

1. 春季

南韭山附近海区春季浮游动物共鉴定 28 种，其中桡足类最多，16 种，占 57.14%，原生动物 2 种，浮游幼体 2 种，轮虫 2 种，被囊类、毛颚类、枝角类各 1 种，其他 3 种。

春季各站点浮游动物的平均种类数为 6 种，为全年最少，大部分站位点的种类数少于 10 种，站位点 16 的种类数最高，达 15 种；其次是站位点 40，为 10 种；站位点 39、26、28 和 30 的种类数最少，各为 3 种；站位点 20、24、28、29、42 都只有 5 种，站位点 22、26、43 为 6 种，站位点 18 为 4 种，站位点 41 为 8 种。春季浮游动物种类数分布大体呈现南部低、北部高的特征。

2. 夏季

南韭山附近海区夏季浮游动物共鉴定 48 种，其中桡足类 19 种，占总种类数的 39.58%；原生动物 7 种，占 14.58%；轮虫类 1 种，占 2.08%；枝角类 1 种，占 2.08%；毛颚动物 1 种，占 2.08%；被囊动物 2 种，占 4.17%；浮游幼虫 8 种，占 16.67%；其他浮游生物 9 种，占 18.75%。

夏季各站点浮游动物的平均种类数约为 20 种，居全年最高，种类数大多介于 15 ～ 25 种之间，站位点 16 的种类数最高，达 27 种；其次是站位点 22，为 23 种；站位点 41 的种类数最少，为 16 种，夏季浮游动物种类数分布较均匀，无明显规律。

3. 秋季

南韭山附近海区秋季浮游动物共鉴定 32 种，秋季桡足类 16 种，占 50%；原生动物和轮虫各1种，毛颚动物2种，被囊动物2种，其他7种，浮游幼虫3种。站位点44种类最多，为20种；站位点43、26、39、40相差不大，分别为16种、14种、12种、12种；站位点16、18、20及29种类数一样多，都为8种；站位点25和28为6种；站位点24、41和42最少，都仅有5种。秋季浮游动物种类数分布差异较大，种类数大于10种的站点主要集中在近岸海域。

4. 冬季

南韭山附近海区共鉴定浮游动物30种，其中冬季桡足类10种，占33.33%；原生动物8种，浮游幼虫7种，枝角类2种，毛颚动物和被囊动物各1种，其他1种。冬季各站点浮游动物的平均种类数为13种，站位点39的种类数最高，达23种，站位点41和43的种类数最少，各只有1种，冬季浮游动物种类数分布呈现东部高、西部低的特征，且2013年冬季南韭山海域浮游动物种类数相较2011年冬季明显下降。

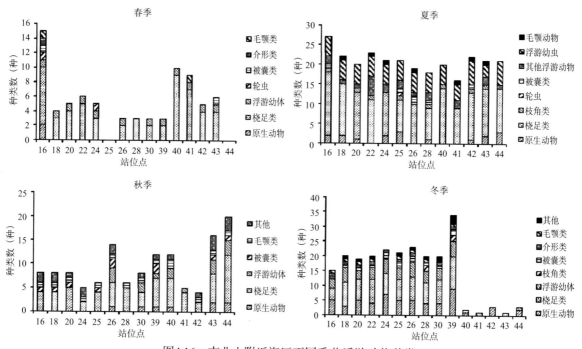

图4.16 南韭山附近海区不同季节浮游动物种类

（三）檀头山岛附近海区

檀头山岛附近海区共鉴定浮游动物17种，其中，桡足类9种，占总种数的52.94%；浮游幼虫5种，占总种数的29.41%；枝角类、腔肠动物和毛颚动物各1种，分别占总种数的5.88%。

浮游动物的种类数随着季节的变化而变化，春季鉴定浮游动物5种，夏季11种，秋季11种，冬季9种。夏秋季出现的种类数最多，冬季次之，春季最少。浮游动物的主要类群为桡足类，春季桡足类5种，占浮游动物种类的29.41%；夏季桡足类5种，占浮游动物种类的29.41%；秋季桡足类7种，占浮游动物种类的41.18%；冬季桡足类6种，占浮游动物种类的35.19%。此外，夏季出现的浮游幼虫种类数也较多，共5种，占浮游动物种类的29.41%。四季均出现的浮游动物种类只有4种，分别为中华哲水蚤、小拟哲水蚤、精致针刺水蚤、华哲水蚤，均为桡足类。由此可见，檀头山岛海区浮游动物种类的季节更替不明显。

1. 春季

檀头山岛海区春季共鉴定浮游动物 5 种，全部隶属于桡足类，哲水蚤目，其中以哲水蚤属和小拟哲水蚤属的多样性最高。本季度种类数普遍较少，各站位的平均种类数仅 2 种，部分站位（47、50、53 和 57 号站位）未发现物种（图 4.17）。

2. 夏季

檀头山岛海区夏季浮游动物共鉴定 11 种，其中桡足类 5 种，占总种类数的 45.46%；浮游幼虫 5 种，占 45.46%；毛颚动物 1 种，占 9.09%。夏季各站点浮游动物的平均种类数约为 5 种，站位点 63 的种类数最高，达 9 种；其次是站位点 54 和 57，为 7 种；站位点 55 的种类数最少，为 1 种。

3. 秋季

檀头山岛海区秋季浮游动物共鉴定 11 种，其中桡足类 7 种，占 63.64%；浮游幼虫 2 种，毛颚动物和腔肠动物各 1 种。站位点 52 和 50 的种类最多，为 4 种；站位点 49、51、53、56、60、64、66 的种类数均为 3 种；站位点 47、48、55、58、63、65 的种类数均为 2 种。秋季浮游动物种类数分布差异不大。

4. 冬季

檀头山岛海区冬季共鉴定浮游动物 9 种，隶属于 3 纲（未定种 2 种），其中桡足类 6 种，占 67%；浮游幼体 2 种，占 22%；枝角类 1 种，占 11%。本季度种类数与春季相当，60 号站位总的种类数最多，为 3 种，50、55、57 和 66 号站位的种类数均为 2 种，个别站位（如站位点 47、54、56、59、63、65）未获得调查种类。

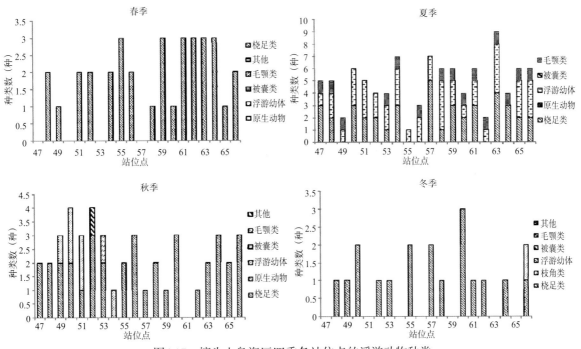

图4.17 檀头山岛海区四季各站位点的浮游动物种类

二、丰度与生物量

（一）乱礁洋海区

乱礁洋海区浮游动物年平均丰度为 1.63×10^3 ind/m³，春季为 3.31×10^3 ind/m³，夏季为 2.15×10^3 ind/m³，秋季为 3.90×10^2 ind/m³，冬季为 6.60×10^2 ind/m³。其中春季 9 号站位点的丰度最高，为 5.06×10^3 ind/m³；秋季 13 号站位的丰度最低，只有 2.10×10^2 ind/m³。

近岸站位点浮游动物的丰度大小由高到低依次为夏季、春季、冬季、秋季，稍远岸站位点与远岸站位点趋势一致。空间格局上，周年以近岸站位点最高，丰度为 1.89×10^3 ind/m³，稍远岸站位点最低，丰度为 1.66×10^3 ind/m³。春季远岸站位点（03、09、15 站位）大于稍远岸站位点（05、08、11 站位）大于近岸站位点（01、07、13 站位），夏季和秋季变化一致，均是近岸站位点大于远岸站位点大于稍远岸站位点，冬季 3 个区域的浮游动物的丰度差异不大，区域性变化并不明显。

乱礁洋海区浮游动物年平均生物量为 79.18 mg/m³。季节分布上，夏季生物量最高，为 133.39 mg/m³；春季次之，为 131.87 mg/m³；冬季为 32.65 mg/m³；秋季为 18.83 mg/m³。其中夏季 15 站位点生物量最高，为 234.05 mg/m³；秋季 13 站位点生物量最低，只有 10.50 mg/m³。空间分布上，站位点 15 年平均生物量最高，为 113.88 mg/m³；站位点 09 年平均生物量最低，为 50.65 mg/m³。

1. 春季

乱礁洋海区春季浮游动物平均丰度为 3.50×10^2 ind/m³，各站位点春季浮游动物丰度范围在 $1.80 \times 10^2 \sim 5.20 \times 10^2$ ind/m³，其中站位点 09 丰度最高，为 5.20×10^2 ind/m³，与冬季结果一样；站位点 03 丰度最低，只有 1.80×10^2 ind/m³。

春季各站点浮游动物的生物量范围为 57.80 ~ 131.87 mg/m³，各站点的生物量普遍偏高，生物量高于均值（120.00 mg/m³）的站点有 7 个，其中 15 号站位点生物量最高为 179.00 mg/m³，03、11 号站位点生物量偏低，分别为 57.80 mg/m³ 和 87.00 mg/m³，这与春季浮游动物丰度的平面分布一致。

2. 夏季

夏季浮游动物丰度为 2.60×10^2 ind/m³，各站位点春季浮游动物丰度在 $1.70 \times 10^2 \sim 3.30 \times 10^2$ ind/m³ 波动，波动范围不大。其中 01 和 07 号站位点丰度最较高，分别为 3.30×10^2 ind/m³、3.20×10^2 ind/m³；站位点 11 丰度最低，只有 1.70×10^2 ind/m³。

夏季各站点浮游动物的生物量范围为 86.50 ~ 234.00 mg/m³，各站点的生物量普遍较高，生物量高于均值（100.00 mg/m³）的站点有 7 个，其中 15 号站位点生物量最高为 234.00 mg/m³，08、11 号站位点生物量偏低，分别为 86.50 mg/m³ 和 98.00 mg/m³。

3. 秋季

秋季浮游动物丰度为 4.50×10^2 ind/m³，各站位点春季浮游动物丰度在 $2.10 \times 10^2 \sim 1.70 \times 10^3$ ind/m³ 波动，相差不大。其中 01 号站位点最高，为 1.70×10^3 ind/m³，13 号站位点最低，只有 2.10×10^2 ind/m³。

秋季各站点浮游动物的生物量普遍很低，变化范围为 10.05 ～ 47.00 mg/m³，生物量均小于 50.00 mg/m³，其中 01 号站位点生物量最高为 47.00 mg/m³，05、08 号站位点因天气原因未采集到样品。

4. 冬季

冬季浮游动物丰度为 7.20×10^2 ind/m³，各站位点冬季浮游动物丰度在 4.40×10^2 ～ 9.60×10^2 ind/m³ 之间波动，其中站位点 09 丰度最高，为 9.60×10^2 ind/m³，站位点 07 丰度最低，为 4.40×10^2 ind/m³。

冬季各站点浮游动物的生物量范围为 21.95 ～ 46.10 mg/m³，各站点的生物量普遍较低，其中 08、09 号站位点生物量较高分别为 46.10 mg/m³、45.90 mg/m³，01、07、11、15 号站位点生物量偏低，分别为 25.05 mg/m³、21.95 mg/m³、25.02 mg/m³、25.00 mg/m³。

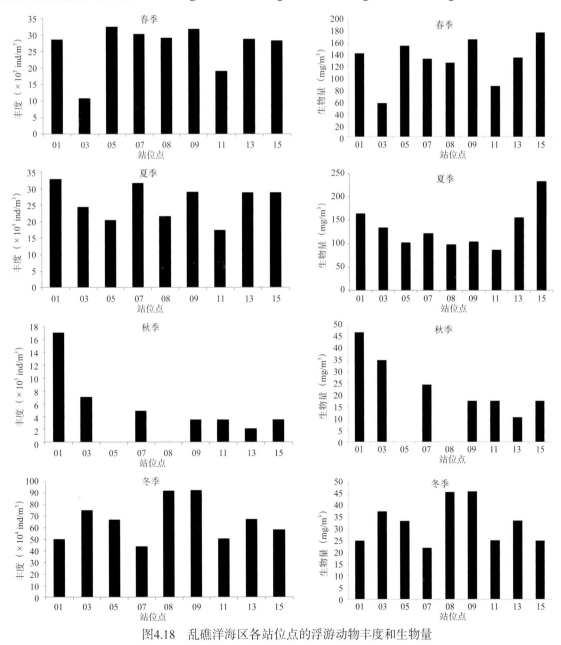

图4.18 乱礁洋海区各站位点的浮游动物丰度和生物量

（二）南韭山附近海区

南韭山附近海区浮游动物丰度有明显的季节变化，夏季丰度最高，为 7.05×10^3 ind/m³；秋季次之，为 4.02×10^3 ind/m³；春季丰度为 2.91×10^3 ind/m³；冬季丰度最低，为 4.10×10^2 ind/m³，年平均丰度为 3.60×10^3 ind/m³。

南韭山附近海区浮游动物生物量也有明显的季节变化，夏季最高，达 1.03×10^3 ind/m³；秋季次之，为 602.00 mg/m³；春季为 414.15 mg/m³；冬季最低，为 62.34 mg/m³，年平均生物量为 527.95 mg/m³。由此可见，浮游动物生物量由高到低依次为夏季、春季、冬季、秋季，南韭山海域浮游动物生物量的季节变化趋势与丰度的季节变化趋势相一致。

1. 春季

春季南韭山附近海区各站位点浮游动物的丰度处于 $1.75 \times 10^3 \sim 6.48 \times 10^3$ ind/m³ 之间，丰度最大的是 43 号站位点，26 号站位点的丰度最小。丰度值高于均值（2.91×10^3 ind/m³）的站位点大部分分布在南韭山附近海区的近岸区域，丰度分布南北差异明显，呈现北部高、南部低的特征。春季各站点浮游动物的生物量范围为 244.50 ~ 871.00 mg/m³，生物量高于均值（414.15 mg/m³）的站点主要分布在南韭山附近海区的近岸区域。

2. 夏季

夏季南韭山附近海区各站位点浮游动物的丰度为 $2.88 \times 10^3 \sim 1.48 \times 10^4$ ind/m³，波动范围居全年最大，丰度最大的是站位点 18，站位点 26 丰度最小。夏季各站位点的丰度值普遍偏高，丰度值高于均值（7.05×10^3 ind/m³）的站位点大部分分布在南韭山列岛外侧区域，而南韭山列岛东岸近海区域的大部分站点的丰度值则相对偏低。

夏季各站点浮游动物的生物量范围为 640.00 ~ 2 175.50 mg/m³，夏季各站点的生物量普遍偏高，生物量高于均值（1 030.00 mg/m³）的站点大部分分布在南韭山列岛外侧海域，这与夏季浮游动物丰度的平面分布相似，而位于南韭山列岛近海海域的站点的生物量却相对偏低。

3. 秋季

秋季南韭山附近海区各站位点浮游动物的丰度处于 $1.50 \times 10^3 \sim 9.50 \times 10^3$ ind/m³ 之间，丰度最大的是站点 43，站点 24 丰度最小。秋季各站点的丰度值居全年最低，丰度值高于均值（4.02×10^3 ind/m³）的站点主要分布在南韭山列岛近岸海域，与春季各站点的丰度分布相似。

秋季各站点浮游动物的生物量范围为 75.50 ~ 1 425.00 mg/m³，生物量高于均值（602.00 mg/m³）的站点主要分布在南韭山列岛近岸海域，而分布于近岸海域和外侧海域之间的过渡海域中的站点的浮游动物生物量相对偏低。

4. 冬季

冬季南韭山附近海区各站位位点浮游动物丰度处于 $1.00 \times 10^2 \sim 7.50 \times 10^2$ ind/m³ 之间，丰度最高的是站位点 30，最低的是站位点 41、40 和 44。2011 年冬季各站位点的丰度分布与春季相反，呈现南部高、北部低的特征。

冬季各站点浮游动物的生物量范围为 15.20 ～ 142.50 mg/m^3。 2011 年冬季各站点生物量的分布呈现南部高、北部低的特征。

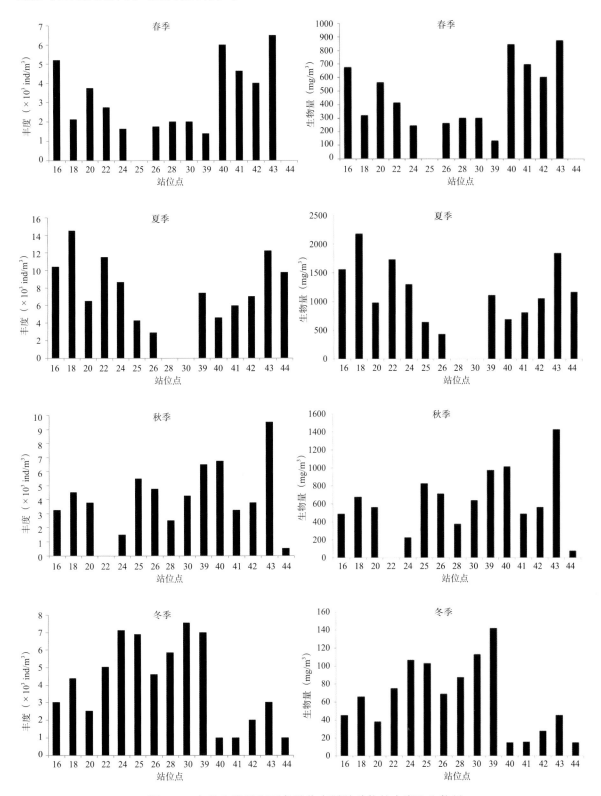

图4.19　南韭山附近海区各站位点浮游动物的丰度和生物量

（三）檀头山岛附近海区

檀头山岛附近海区浮游动物丰度有明显的季节变化，夏季丰度最高，为 23.50 ind/m³；春季丰度次之，为 8.37 ind/m³；秋季，再次为 5.90 ind/m³；冬季丰度最低，为 1.64 ind/m³，年平均丰度为 9.85 ind/m³。

檀头山岛附近海区浮游动物生物量春季最高，为 2.61 mg/m³，夏季次之，为 2.12 mg/m³；秋季再次，为 1.64 mg/m³；冬季最低，为 0.35 mg/m³。

1. 春季

春季该海域各站点丰度变化显著，其中 64 号站位处丰度最高，为 42.00 ind/m³；49 号站位丰度最低，为 2.00 ind/m³；平均丰度为 8.37 ind/m³。丰度变化范围为 2.00 ～ 42.00 ind/m³。

春季各站点浮游动物的生物量范围为 0.62 ～ 13.10 mg/m³，各站点的生物量普遍较低，生物量低于均值（5.00 mg/m³）的站点有 15 个，其中 66 号站位点生物量最高为 13.10 mg/m³，47、50、58 号站位点因天气原因未采集到样品。

2. 夏季

夏季该海域各站点丰度变化也较大，其中 53 号和 59 号站位处的丰度较高，分别为 57.00 ind/m³，55.00 ind/m³；55 号和 62 号站位的丰度较低，分别为 1.00 ind/m³，2.00 ind/m³；平均丰度为 23.50 ind/m³。丰度变化范围为 1.00 ～ 57.00 ind/m³。

夏季各站点浮游动物的生物量范围为 0.02 ～ 6.94 mg/m³，各站点的生物量普遍较低，生物量低于均值（5.00 mg/m³）的站点有 18 个，其中 59 号站位点生物量最高为 6.94 mg/m³。

3. 秋季

秋季该海域各站点丰度变化也较大，其中 66 号站位的丰度较高，值为 26.00 ind/m³；其次是 65 号和 52 号站位，丰度分别为 14.00 ind/m³，19.00 ind/m³；其余各点丰度较低。丰度变化范围为 1.00 ～ 26.00 ind/m³，平均丰度为 5.90 ind/m³。

秋季各站点浮游动物的生物量范围为 0.04 ～ 8.11 mg/m³，各站点的生物量普遍较低，其中 66 号站位点生物量最高，为 8.11 mg/m³，生物量低于均值（5.00 mg/m³）的站点有 19 个，61 号站位点因天气原因未采集到样品。

4. 冬季

冬季该海域各站点丰度变化不大，55、60 和 66 号站位的丰度最高，均值为 4.00 ind/m³；其次是 50、53、57 和 61 号站位，丰度值为 2.00 ind/m³，其余站位的丰度值均为 1.00 ind/m³。本季度种类数与春季相当，种类数极少，丰度很低，平均丰度为 1.64 ind/m³。

冬季各站点浮游动物的生物量范围为 0.31 ～ 0.93 mg/m³，各站点的生物量均低于 1.00 mg/m³，47、51、54、56、59、63、65、66 号站位点因天气原因未采集到样品。

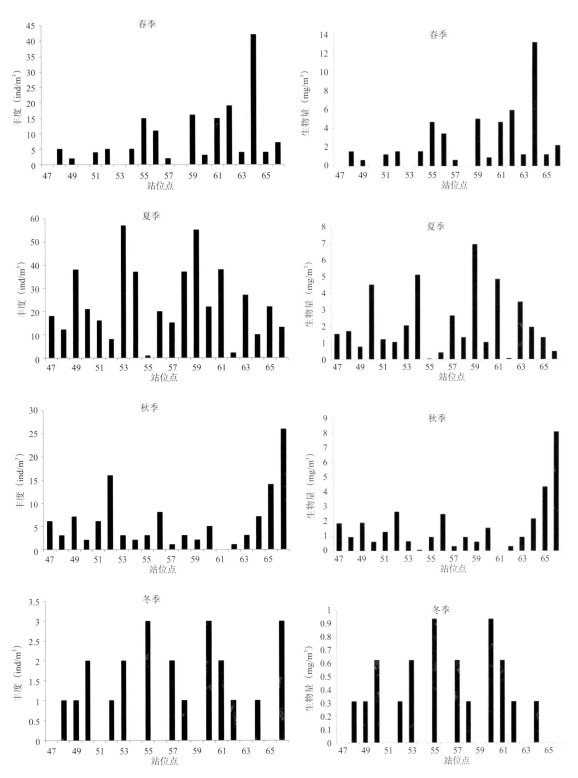

图4.20 檀头山岛海区各站位点浮游动物的丰度和生物量

三、优势种与多样性指数

（一）乱礁洋海区

乱礁洋海区浮游动物优势种主要有中华哲水蚤（*Calanidae sinicus*）、小拟哲水蚤（*Paracalanus parvus*）、近缘大眼水蚤（*Eucyclops serrulatus*）等，优势种的季节变化明显，春、夏、秋、冬优势种分别有7种、7种、5种、4种。由表4.8可见，桡足类是优势种的主要组成部分。

中华哲水蚤是乱礁洋海域最重要的优势种，其平均丰度为 4.50×10^5 ind/m³，优势度为 0.366，并在冬季优势度达到最高，为0.531，秋季未成优势种。此外，六肢幼体在四季中常出现，且为优势种。

表4.8　乱礁洋海区浮游动物主要优势种及优势度的季节变化

优势种	拉丁名	春季	夏季	秋季	冬季
中华哲水蚤	*Calanidae sinicus*	0.33	0.06	–	0.53
针刺拟哲水蚤	*Paracalanus aculeatus*	–	0.06		0.03
小拟哲水蚤	*Paracalanus parvus*	0.04	0.05	0.03	–
近缘大眼剑水蚤	*Eucyclops serrulatus*	0.02			
拟长腹长剑水蚤	*Oithona similis*	0.07			
普通波水蚤	*Undinula vulgaris*	–	0.03	0.03	
赫氏石灰壳虫	*Pontosphaera haeckele*		0.02	0.27	
三角铠甲虫	*Ceratium tripos*		0.03		
简长腹剑水蚤	*Oithona simplex*	–	–		0.04
鼎形虫1种	*Peridinium* sp.	–	–		0.02
百陶箭虫	*Sagitta bedoti*	–		0.03	–
软拟海樽	*Doliolum gegenbauri*	0.07	–		
六肢幼体	Copepodid	0.19	0.06	0.03	–
帚毛虫1种	*Sabellariidae* sp.	0.02			

注：　"–"表示未出现或者不是某一季节的优势种。

浮游动物 Shannon-Wiener 指数（H'）周年平均值为2.74，Margalef 物种丰富度指数（D）为0.83，Pielou 平均度指数（J）年平均为1.28。近岸区域站位点的数值分别为2.45 ~ 3.43，0.58 ~ 1.23 和 1.28 ~ 1.37；稍远岸区域站位点的数值分别为2.47 ~ 3.60，0.68 ~ 1.27 和 1.22 ~ 1.39；远岸站点的数值分别为1.95 ~ 3.35，0.045 ~ 1.11 和 1.22 ~ 1.34。

对比不同海区的浮游动物多样性指数，D、H'、J 指数周年趋势一致，由高到低依次为近岸站位点、稍远岸站位点、远岸站位点；对比不同季节的浮游动物的多样性指数，D、H' 指数由高到低依次为夏季、春季、冬季、秋季，J 指数为夏季、秋季、冬季、春季。

表4.9　乱礁洋海区浮游动物多样性指数季节变化

站位	春季			夏季			秋季			冬季		
	D	H'	J	D	H'	J	D	H'	J	D	H'	J
01	1.07	3.33	1.34	1.25	3.28	1.24	0.57	2.32	1.29	1.09	3.32	1.39
03	0.51	2.35	1.31	0.89	2.96	1.29	0.68	2.64	1.36	0.99	2.95	1.28
05	1.03	3.08	1.24	1.00	3.11	1.30	–	–	–	0.65	2.49	1.28
07	0.85	2.90	1.26	1.35	3.64	1.35	0.36	1.26	0.91	0.46	1.96	1.22
08	0.76	2.45	1.12	1.40	3.75	1.38	–	–	–	1.00	3.00	1.30
09	0.83	2.88	1.25	1.27	3.61	1.37	0.33	1.29	0.93	0.66	2.51	1.29
11	0.50	2.32	1.30	1.13	3.45	1.39	0.37	1.92	1.39	0.55	1.92	1.07
13	1.07	3.08	1.24	1.08	3.38	1.36	0.60	2.58	1.44	0.55	2.42	1.35
15	1.20	3.38	1.28	1.17	3.47	1.35	0.37	1.92	1.39	0.57	2.28	1.27

注："–"表示没有采到样本。

（二）南韭山海区

南韭山附近海区浮游动物的种类数量季节更替明显，优势种也出现明显的季节更替。春、夏、秋、冬四季共检出优势种10种，4个季节都出现的优势种只有中华哲水蚤，且中华哲水蚤在春夏季具有显著优势（春季优势度为0.37，夏季为0.40），在秋冬季的优势度较高。春季优势种有六肢幼体、大同长腹剑水蚤（*Oithona similis*）、近缘大眼水蚤（*Corycaeidae affinis*）；夏季优势种有针刺拟哲水蚤、六肢幼体、刺尾纺锤水蚤（*Acartiidae spinicauda*）、大同长腹剑水蚤、小拟哲水蚤；秋季的优势种有小拟哲水蚤、百陶箭虫、针刺拟哲水蚤、双生管水母（*Diphyopsis chamissonis*）；冬季的优势种有瓣鳃类壳顶幼虫、鼎形虫（*Peridinium* sp.）。

表4.10　南韭山海区浮游动物优势种及优势度

优势种	拉丁名	春季	夏季	秋季	冬季
中华哲水蚤	*Calanus sinicus*	0.37	0.40	0.13	0.10
大同长腹剑水蚤	*Oithona similis*	0.04	0.02	–	–
近缘大眼水蚤	*Corycaeidae affinis*	0.02	–	–	–
针刺拟哲水蚤	*Paracalanus aculeatus*	–	0.19	0.06	–
六肢幼体	Copepodid	0.05	0.05	–	–
刺尾纺锤水蚤	*Acartiidae spinicauda*	–	0.02	–	–
小拟哲水蚤	*Paracalanus parvus*	–	0.02	0.13	–
百陶箭虫	*Sagitta bedoti*	–	–	0.09	–
双生管水母	*Diphyopsis chamissonis*	–	–	0.04	–
鼎形虫	*Peridinium* sp.	–	–	–	0.04

注："–"表示未出现或者不是某季节的优势种。

南韭山附近海区各站位点物种丰富度指数（D）范围为1.44～6.37，平均值为3.33，季节分布由高到低依次为夏季（3.96）、春季（3.74）、秋季（3.22）、冬季（2.39）；各站点物种多样性指数（H'）范围为 0.27 ~ 3.12，平均值为 1.57，季节分布由高到低依次为秋季（1.79）、夏季（1.71）、春季（1.65）、冬季（1.13）；各站点均匀度指数（J）范围为 0.21 ~ 0.97，年均值为 0.78，季节分布由高到低依次为夏季（0.86）、春季（0.85）、秋季（0.70）、冬季（0.67）（表 4.6）。以上多样性指数，表明调查期间南韭山海区浮游动物群落结构稳定，其中夏季的物种多样性最高。

表4.11 南韭山海域浮游动物的多样性指数

站位	春季			夏季			秋季			冬季		
	D	H'	J	D	H'	J	D	H'	J	D	H'	J
16	3.87	2.89	0.79	4.13	1.61	0.79	3.79	1.54	0.56	2.22	1.12	0.21
18	5.08	1.48	0.95	3.12	1.47	0.67	3.45	1.76	0.65	2.88	0.92	0.84
20	4.67	1.26	0.89	2.67	2.02	0.82	4.04	2.11	0.79	1.44	0.38	0.54
22	4.25	3.12	0.92	3.12	1.03	0.67	–	–	–	2.16	1.20	0.75
24	3.12	1.49	0.81	4.48	1.39	0.92	3.11	2.30	0.93	1.98	0.62	0.55
25	–	–	–	3.56	1.59	0.87	3.51	1.90	0.72	2.76	1.87	0.65
26	3.55	1.28	0.88	2.89	1.96	0.97	3.92	1.89	0.69	1.64	0.89	0.82
28	2.67	1.87	0.57	2.56	1.52	0.92	2.14	1.45	0.61	3.92	1.81	0.82
30	3.14	2.12	0.76	–	–	–	3.23	1.43	0.88	4.46	1.81	0.78
39	3.45	1.01	0.81	5.14	2.12	0.92	2.95	1.97	0.82	1.78	0.41	0.59
40	4.11	1.91	0.92	4.69	1.97	0.89	4.45	2.20	0.83	2.06	0.27	0.39
41	3.14	1.04	0.92	6.37	1.98	0.95	2.79	1.89	0.76	2.14	2.14	0.86
42	4.08	1.39	0.93	4.13	1.04	0.94	2.43	1.62	0.74	2.08	1.32	0.82
43	3.57	0.69	0.88	4.11	1.86	0.89	3.66	1.71	0.63	2.27	1.00	0.72
44	–	–	–	4.33	2.31	0.88	1.7	1.32	0.82	2.16	1.19	0.64

注："–"表示没有采到样本。

物种丰富度指数 D 最高点出现在夏季的站位点 41，为 6.37；物种多样性指数 H' 最高点出现在春季的 22 站位点，为 3.12；均匀度指数 J 最高点出现在夏季的 26 站位点，为 0.97。D、H'、J 全年均值由大到小为环岛海域、中间海域、近岸海域，这表明南韭山岛环岛海域的物种丰富度比岛外海域高且群落结构稳定。

南韭山海域多样性指数（H'）春季的波动范围（0.69 ~ 3.12）和冬季的波动范围（0.27 ~ 2.14）最大，夏季（1.03 ~ 2.31）和秋季（1.32 ~ 2.30）的波动范围较小，这说明夏季浮游动物的种类丰富程度略高于其他三季，夏季的浮游动物个体分布也较其他三季均匀，夏季浮游动物的群落结构最稳定，秋季次之，而春季和冬季的稳定性则相对较差。这正好说明了浮游动物栖息的各站点的环境条件在春冬季差异较大，而夏、秋季差异较小的特征。

（三）檀头山岛海区

檀头山岛海区浮游动物优势种主要有中华哲水蚤、小拟哲水蚤、百陶箭虫等 5 种，其中中华哲水蚤、小拟哲水蚤为四季共有优势种。优势种的季节变化不明显。中华哲水蚤是檀头山岛海域最重要的优势种，优势度为 0.255，并在春季优势度达到最高，为 0.47。

表4.12　檀头山岛海区浮游动物优势种及优势度

优势种	拉丁名	春季	夏季	秋季	冬季
中华哲水蚤	*Calanidae sinicus*	0.47	0.06	0.21	0.16
小拟哲水蚤	*Paracalanus parvus*	0.11	0.08	0.17	0.09
百陶箭虫	*Sagitta bedoti*	–	0.27	–	–
糠虾幼体	*Opossum shrimp*	–	0.06	–	–
对虾1种	*Penaeidae* sp.	–	0.03	–	–

注："–"表示未出现或者不是某季节的优势种。

浮游动物 Shannon-Wiener 指数（H'）周年平均值为1.00，Margalef 指数（D）为0.93，Pielou 指数（J）年平均为0.89。春季站位点的 D、H'、J 的变化范围分别为0.00～1.44、0.00～1.55 和 0.57～1.00，平均值分别为0.52、0.82、0.86；夏季站位点的 D、H'、J 的变化范围分别为0.27～2.58、0.00～2.96 和 0.18～1.00，平均值分别为1.44、1.86、0.84；秋季站位点的 D、H'、J 的变化范围分别为0.00～1.44、0.00～1.65 和 0.37～1.00，平均值分别为0.84、0.86、0.87；冬季站位点的 D、H'、J 的变化范围分别为0.00～1.82、0.00～1.58 和 0.92～1.00，平均值分别为0.93、0.45、0.97。

表4.13　檀头山岛海域浮游动物的多样性指数

站位	春季			夏季			秋季			冬季		
	D	H'	J	D	H'	J	D	H'	J	D	H'	J
47	–	–	–	1.38	1.88	0.81	0.56	0.65	0.65	–	–	–
48	0.62	0.97	0.97	1.61	2.19	0.94	0.91	0.92	0.92	–	–	–
49	0.00	0.00	–	0.27	0.18	0.18	1.03	1.38	0.87	–	0.00	–
50	–	–	–	1.64	2.33	0.90	1.44	1.00	1.00	1.44	1.00	1.00
51	0.72	1.00	1.00	1.44	2.05	0.88	1.12	1.25	0.79	–	–	–
52	0.62	0.97	0.97	1.44	1.91	0.95	1.08	1.65	0.82	–	0.00	–
53				0.74	1.32	0.66	1.82	1.58	1.00	0.00	0.00	–
54	0.62	0.97	0.97	1.66	2.47	0.88	0.00	0.00	–	–	–	–
55	0.74	1.24	0.78	–	0.00	–	0.91	0.92	0.92	0.91	0.92	0.92
56	0.42	0.99	0.99	0.67	1.30	0.82	0.48	0.95	0.95	–	–	–
57	0.00	0.00	–	2.58	2.92	0.97		0.00	–	1.44	1.00	1.00
58	–	–	–	1.38	2.08	0.80	0.91	0.92	0.92	–	0.00	–
59	0.72	1.06	0.67	1.25	2.34	0.91	0.00	0.00		–	–	–
60	0.00	0.00	–	0.97	1.43	0.72	1.24	1.52	0.96	1.82	1.58	1.00
61	0.74	0.91	0.57	1.37	2.35	0.91	–	–	–	0.00	0.00	–
62	0.68	1.02	0.64	1.44	1.00	1.00	–	–	–	–	0.00	–
63	1.44	1.50	0.95	2.43	2.96	0.94	0.91	0.92	0.92	–	–	–
64	0.54	1.55	0.98	1.30	1.85	0.92	0.51	0.86	0.86	–	0.00	–
65	0.00	0.00	–	1.62	2.27	0.88	0.38	0.37	0.37	–	–	–
66	0.51	0.86	0.86	1.95	2.35	0.91	0.61	1.30	0.82	0.91	0.92	0.92

注："–"表示没有采到样本。

四、结论与建议

（一）种类组成

本次调查共鉴定浮游动物 124 种，其中乱礁洋海区 104 种，南韭山海区 85 种，檀头山岛附近海区共鉴定浮游动物 17 种，少于浙江省沿岸海域 2004 年调查的 234 种（金海卫等，2009），多于乐清湾海域 82 种（徐晓群等，2012），并与象山港 108 种（刘镇盛等，2004）种类数相当。檀头山岛海区浮游动物数量明显变少的原因或许是采样方法不当导致。时间格局上种类数从多到少依次为夏季、秋季、冬季、春季；丰度依次为夏季、秋季、冬季、春季，桡足类种类最为主要，变化趋势与总种类变化趋势一致；原生动物和浮游幼体丰度变化基本保持稳定，从高到低依次为春季、夏季、冬季、秋季。金海卫等（2009）指出浙江沿岸海域浮游动物外侧海域出现的浮游动物总物种数和种数均值都高于内侧海域，本研究海域种类数及丰度趋势一致，从多到少依次为近岸站点、远岸站点、稍远岸站点，冬季区域性变化并不明显，这可能与内侧海域的环境状态相对多变有关。

（二）多样性分析

多样性指数显示越靠近海岸，数值越高；夏季多样性指数较高，物种较丰富，数量较多。空间格局上，H'、D、J 指数周年平均值由大到小依次都为近岸站点、稍远岸站点、远岸站点；时间格局上，H'、D 指数周年平均值由大到小依次都为夏季、春季、冬季、秋季，但 J 指数由大到小依次为夏季、秋季、冬季、春季，这与朱艺峰（2013）对象山港调查的结果基本一致。一般来说，结构复杂的群落，其稳定性也相对较好。本次调查海域浮游动物的种类和生态类型多，并随不同的水域交替呈现，这在优势种的种类组成与数量变化中，反映得更为明显。浮游动物的丰富度、多样性指数和均匀度均值都较高，表明海域的海洋环境异质性，群落结构相对稳定（金海卫等，2009）。

（三）水质状况评价

Shannon-Weaver 多样性指数（H'）和均匀度指数（J）能反映生物群落的种类组成和结构特点，也能指示水域环境污染的状况，生物种类越多，各物种数量分布越均匀，物种多样性指数则越大。象山东部海域春季浮游动物的多样性指数（H'）和 Pielou 均匀度指数（J）分别为 2.22 和 2.48，夏季则分别为 2.76 和 2.45，秋季多样性指数（H'）和 Pielou 均匀度指数（J）分别为 2.86 和 3.03，冬季多样性指数（H'）和 Pielou 均匀度指数（J）分别为 2.42 和 2.63。象山东部海域夏秋季浮游动物的种类丰富程度略高，这说明夏季秋季浮游动物的群落结构最稳定，春季和冬季的稳定性则相对较差。

曾有研究者以生物多样性指数的高低来表征水体的污染状况，当 $H' < 1$ 时，表示水体严重污染；当 $H' = 1 \sim 3$ 时表示水体中度污染，其中，当 $H' = 1 \sim 2$ 时，表示 α—中度污染（重中污染），$H' = 2 \sim 3$ 时，表示 β—中度污染（轻中污）；当 $\beta > 3$ 时，表示水体轻度污染（Schulz et al.，2007）。象山东部海域浮游动物 Shannon-Weaver 多样性指数（H'）的年平均值为 2.42，结合多样性指数的分析方法对象山东部海域水质进行初步评价，象山东部海域水质总体呈现污染 β—中度污染。以多样性指数表征水体污染程度的研究尚需要进一步分析。

第四节 底栖（层）生物

一、种类组成与分布

宁波东部海域调查共获得大型底栖（层）生物 91 种，其中节肢动物 26 种（占总种数的 28.57%），脊索动物 23 种（占总种数的 25.27%），软体动物 24 种（占总种数的 26.37%），刺胞动物 9 种（占总种数的 9.89%），棘皮动物 6 种（占总种数的 6.59%），环节动物、扁形动物、栉孔动物各 1 种（占总种数的 1.01%）。主要种类有日本鼓虾（*Alpheus japonicas*）、细螯虾（*Leptochela gracilis*）、葛氏长臂虾（*Palaemon gravieri*）、细巧仿对虾（*Parapenaeopsis tenella*）、口虾蛄（*Oratosquilla oratoria*）、小荚蛏（*Siliqua minima*）、半滑舌鳎（*Cynoglossus semilaevis*）、红狼牙虾虎鱼（*Odontamblyopus rubicundus*）等。

（一）乱礁洋附近海域

1. 冬季（2011年12月）

冬季共获得大型底栖动物 12 种，其中甲壳动物 7 种，占总种类数的 58.33%，鱼类 2 种，占总种类数的 16.67%，多毛类、软体动物、棘皮动物各 1 种，各占总种数的 8.33%。中华管鞭虾（*Solenocera crassicornis*）数量最多且分布最广，其次是小荚蛏和日本鼓虾，中国对虾（*Penaeus orientalis*）数量较多但分布较集中，口虾蛄、细螯虾、脊尾白虾（*Exopalamon carincauda*）和棘刺锚参（*Protankyra bidenata*）等种类分布较广但数量较少（图 4.21）。

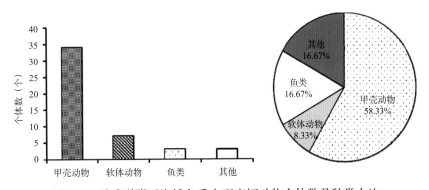

图4.21 乱礁洋附近海域冬季大型底栖动物个体数及种类占比

2. 春季（2012年4月）

春季调查共获得大型底栖动物 21 种，其中甲壳动物 6 种（占总种类数 28.57%，下同），鱼类 5 种（23.81%），棘皮动物 4 种（19.05%），软体动物 3 种（14.29%），腔肠动物 2 种（9.52%），多毛类 1 种（4.76%），各类群的个体数见图 4.22。该海域各站位大型底栖动物种类数均在 9 种以内（图 4.22）。

3. 夏季（2012年7月）

夏季调查共获得大型底栖动物 27 种，其中甲壳动物 15 种（55.56%），鱼类 7 种（25.93%），软体动物 2 种（7.41%），其他类群（腔肠动物、栉水母动物、多毛类各 1 种）图 4.23。该海域各站位大型底栖动物种类数都在 16 种以内，其中 13 号和 15 号站位的种类分布最多，达 16 种，11 号站位的种类数最少，只有 1 种，见图 4.23。

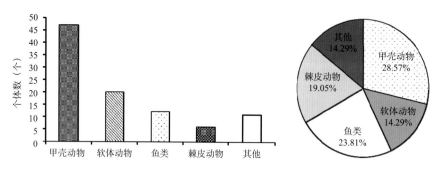

图4.22 乱礁洋附近海域春季大型底栖动物个体数及种类占比

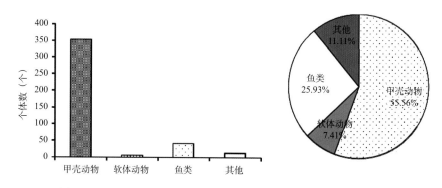

图4.23 乱礁洋附近海域夏季大型底栖动物个体数及种类占比

4. 秋季（2012年10月）

秋季调查共获得大型底栖动物 18 种，其中甲壳动物 11 种（64.71%），鱼类 4 种（23.53%），腔肠动物、栉水母动物、多毛类动物各 1 种（各占 5.56%），各类群个体数组成见图 4.24。该海域各站位大型底栖动物种类数都在 8 种以内，其中 7 号站位种类分布最多，达 8 种，多数站位只有 4 种（图 4.24）。

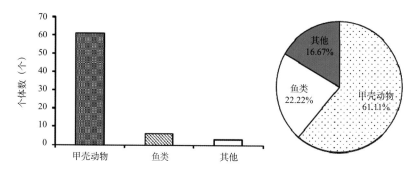

图4.24 礁洋附近海域秋季大型底栖动物个体数及种类占比

5. 种类数

该海域大型底栖生物的种类数的平面分布特征明显，由高到低依次为远岸海区（29 种）、近岸海区（28 种）、中间海区（25 种）。其中，种数最多是 8 号站位，有 22 种，种类数最少是 6 号站位，只有 8 种。各站位均以甲壳类种类数最多，鱼类次之（图 4.25）。

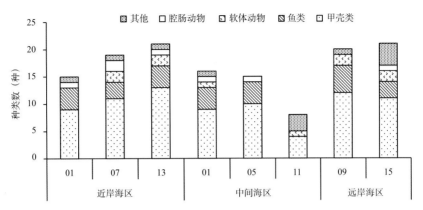

图4.25　礁洋海区各站位大型底栖动物种类组成及分布

6. 优势种

乱礁洋海域大型底栖动物优势种共 14 种（表 4.14），其中甲壳类 10 种，鱼类 3 种，软体动物 1 种。不同季节间的优势种也存在差异，冬季 7 种、春季 5 种、夏季 8 种、秋季 4 种。日本鼓虾在四个季节中均为优势种，而脊尾白虾在冬季、夏季和秋季成为优势种，而小荚蛏和细螯虾均在冬季和春季成为优势种，东方口虾蛄和中华管鞭虾在冬季和夏季成为优势种，葛氏长臂虾在春季和夏季成为优势种，细巧方对虾、棘头梅童鱼等 7 个种类仅在一个季节为优势种，而且出现的季节也存在较大差异。

表4.14　乱礁洋大型底栖动物优势种及其优势度

种名	拉丁名	优势度			
		冬季	春季	夏季	秋季
日本鼓虾	*Alpheus japonicas*	0.07	0.15	0.23	0.08
脊尾白虾	*Exopalamon carincauda*	0.03	–	0.03	0.08
小荚蛏	*Siliqua minima*	0.08	0.02	–	–
细螯虾	*Leptochela gracilis*	0.03	0.08	–	–
东方口虾蛄	*Oratosquilla oratoria*	0.03	–	0.08	–
中华管鞭虾	*Solenocera crassicornis*	0.17	–	0.10	–
葛氏长臂虾	*Palaemon gravieri*	–	0.07	0.24	–
细巧仿对虾	*Parapenaeopsis tenella*	0.05	–	–	–
红狼牙虾虎鱼	*Odontamblyopus rubicundus*	–	0.04	–	–
哈氏仿对虾	*Parapenaeopsis hardwickii*	–	–	0.04	–
棘头梅童鱼	*Collichthys lucidus*	–	–	0.02	–
半滑舌鳎	*Areliscus semilaevis*	–	–	0.02	–
安氏白虾	*Exopalaemon carinicauda*	–	–	–	0.18
绒毛细足蟹	*Raphidopus ciliates*	–	–	–	0.05

注："–"表示该航次中该底栖动物 Y<0.02 未成为优势种或未出现。

7. 小结

乱礁洋附近海域共鉴定大型动物 42 种，隶属于 7 门 11 纲 16 目 25 科 37 属。其中甲壳类有 17 种（40.48%）居首；其次是鱼类 10 种（23.81%）、软体动物 5 种（11.90%）、棘皮动物 4 种（9.52%），刺胞动物及其他种类各 3 种（各 7.14%）。大型底栖动物在不同季节之间也存在差异，其中夏季 27 种、春季 21 种、秋季 17 种、冬季 12 种。各航次中甲壳类种类数最多，是构成乱礁洋附近海域大型底栖动物的主要类群。乱礁洋海区底拖网获得大型底栖动物种类数相对较少，这主要与乱礁洋海区内岛礁众多、近岸滩涂广袤、水深较浅，受风浪、潮流影响，近岸与海底泥沙被频繁荡起，致使其水体浑浊、初级生产力偏低、生境底质不稳定，限制了多种底栖动物类群的生存与发展等有关。乱礁洋海区大型底栖动物优势种组成较简单，以甲壳类与鱼类等底游生物为主，这主要是因为乱礁洋海区底质为细颗粒的扰动变化剧烈，限制了刺胞动物、多毛类、棘皮动物等底表和底内底栖动物的生存与发展（陶磊，2010）。同时由于甲壳类生长繁殖快，繁殖季节会作短距离迁移，其很多种又是其他种类的饵料，数量易受其他种类捕食影响（徐炜等，2009），造成乱礁洋海域绝大多数种类只在一两个季节成为优势种，优势种季节更替显著。

（二）南韭山附近海域

1. 冬季（2011年12月）

冬季调查共获得大型底栖动物 19 种，其中甲壳动物 9 种，占总种类数的 47.37%，鱼类与其他类群（腔肠动物、多毛类、棘皮动物等）各 4 种，各占总种类数的 21.05%，软体动物 2 种，占总种类数的 10.53%（图 4.26）。其中中华管鞭虾数量最多且分布最广，红狼牙虾虎鱼数量次之，但分布同样很广，小荚蛏数量较多但分布较集中，日本鼓虾、沙蚕、脊尾白虾数量相对较多而且分布较广，其余种类数量不多分布规律不甚明确。

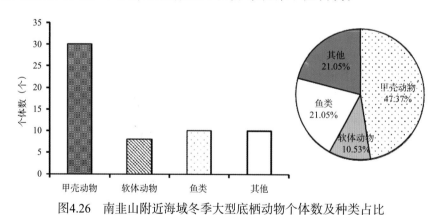

图4.26　南韭山附近海域冬季大型底栖动物个体数及种类占比

2. 春季（2012年4月）

春季调查南韭山附近海域共获得大型底栖动物 31 种，其中甲壳类 12 种（38.71%），软体动物 8 种（25.81%），鱼类 5 种（16.13%），棘皮动物 2 种（6.45%），腔肠动物、栉水母动物、多毛类、脊索动物各 1 种（各占 3.23%）（图 4.27）。强壮仙人掌（*Cavernularia obese*）、小荚蛏、东方口虾蛄（*Oratosquilla oratoria*）、细巧仿对虾、细螯虾、日本鼓虾、葛氏长臂虾等数量相对较多且分布较广（图4.27）。

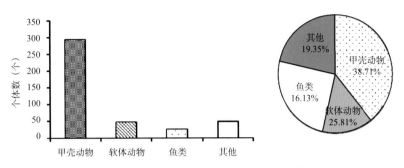

图4.27　南韭山附近海域春季大型底栖动物个体数及种类占比

3. 夏季（2012年7月）

夏季调查南韭山附近海域共获得大型底栖动物34种，其中甲壳动物最多有14种，占总种类数的41.18%，其次是软体动物，有9种，占总种类数的26.47%，其他类群（棘皮动物、腔肠动物等）有6种，占总种类数的17.65%，鱼类最少有5种，占总种类数的14.71%（图4.28）。球栉水母（*Pleurobranchia globosa*）、东方口虾蛄、细巧仿对虾、哈氏仿对虾、日本鼓虾等数量相对较多且分布较广。

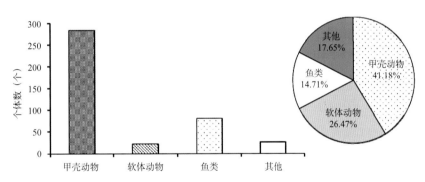

图4.28　南韭山附近海域夏季大型底栖动物个体数及种类占比

4. 秋季（2012年10月）

秋季调查南韭山附近海域共获得大型底栖动物27种，其中甲壳动物最多，有13种，占总种类数的48.15%，软体动物和其他类群（腔肠动物、环节动物等）各5种，占总种类数的18.52%，鱼类最少，有4种，占总种类数的14.81%。球栉水母、纵肋织纹螺（*Nassarius variciferus*）、东方口虾蛄、葛氏长臂虾、红狼牙虾虎鱼等数量相对较多且分布较广（图4.29）。

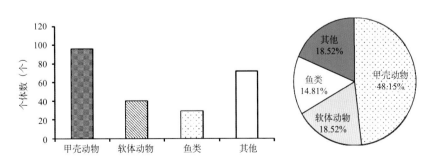

图4.29　南韭山附近海域秋季大型底栖动物个体数及种类占比

5. 种类数

大型底栖动物的空间分布中以 42 号站位种类数量最多，有 27 种，种类较多的还有 24、40、41、43 号站位，这些站位分布的特点都是比较靠近岛屿。16、30 号站位种类较少，分别为 7 种、14 种，其他站位都在 15 ～ 20 种之间。总体而言，各站位物种数呈现出近岛至远岛略微递减的现象（图 4.30）。

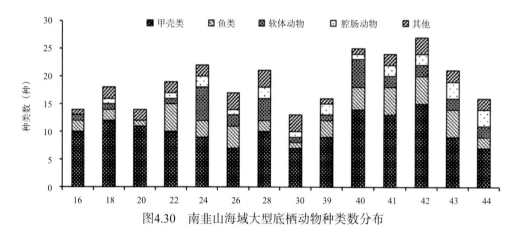

图4.30　南韭山海域大型底栖动物种类数分布

6. 优势种

南韭山附近海域共有优势种 13 种，甲壳类居多，达到 9 种。不同季节间的优势种也存在差异，其中春季和夏季分别为 6 种，秋季为 4 种，冬季为 5 种（表 4.15）。不同季节的优势种存在较大差异，其中 4 个季节均为优势种的种类并未发现，在其中 3 个季节成为优势种的有 2 种，分别为日本鼓虾和葛氏长臂虾，而在 2 个季节成为优势种的共 3 种，分别为口虾蛄、球形侧腕水母和红狼牙虾虎鱼，只在 1 个季节中成为优势种的有 8 种。表明该海区大型底栖动物优势种组成较集中，且季节变化较明显，绝大多数种类只在一两个季节成为优势种。

表4.15　南韭山海域大型底栖动物优势种及优势度

种名	拉丁名	优势度			
		春季	夏季	秋季	冬季
日本鼓虾	*Alpheus japonicas*	0.35	0.05	–	0.14
葛氏长臂虾	*Palaemon gravieri*	0.05	–	0.04	0.06
红狼牙虾虎鱼	*Odontamblyopus rubicundus*	0.04			0.05
口虾蛄	*Oratosquilla oratoria*	–	0.07	0.04	–
球形侧腕水母	*Pleurobranchia globosa*	–	0.03	0.18	
刀额仿对虾	*Parapenaeopsis cultrirostris*	0.07	–	–	
哈氏仙人掌	*Cavernularia habereri*	0.03	–	–	
细鳌虾	*Leptochela gracilis*	0.03	–	–	
中华管鞭虾	*Solenocera crassicornis*	–	0.08		
哈氏仿对虾	*Parapenaeopsis hardwickii*	–	0.23		

续表4.15

种名	拉丁名	优势度			
		春季	夏季	秋季	冬季
脊尾白虾	*Exopalamon carincauda*	−	0.02	−	−
安氏白虾	*Exopalaemon nandalei*	−	−	0.02	−
小荚蛏	*Siliqua minima*	−	−	−	0.02

注："−"表示该航次中该底栖动物Y＜0.02未成为优势种。

7. 小结

南韭山附近海域共鉴定出大型底栖动物50种，隶属于8门12纲21目35科43属。其中，甲壳类18种（占总数的36.00%），软体动物12种（24.00%），鱼类9种（18.00%），刺胞动物4种（8.00%），其他共7种（12.00%）。夏季出现种类最多，有34种；然后依次是春季28种、秋季27种、冬季19种。甲壳类、软体动物与鱼类是构成南韭山附近海域大型底栖动物的主要类群（表4.16）。

表4.16 大型底栖动物种类数的季节变化

单位：%

季节	总种类数	甲壳类		软体动物		鱼类		刺胞动物		其他	
		种数	比例	种数	比例	种数	比例	种数	比例	种数	比例
春	28	11	39.29	4	25.00	7	14.29	1	3.57	5	17.86
夏	34	14	41.18	9	14.71	5	26.47	3	8.82	3	8.82
秋	27	13	48.15	5	14.81	4	18.52	3	11.11	2	7.41
冬	19	9	47.37	2	21.05	4	10.53	2	5.26	2	10.53
合计	49	18	36.00	12	24.00	9	18.00	4	8.00	7	12.00

（三）檀头山岛附近海域

1. 冬季（2013年1月）

冬季调查共获得大型底栖动物24种，隶属于6门8纲10目17科，其中甲壳动物最多，有11种（占总种数的45.83%），其次是软体动物8种（占总种数的33.33%），鱼类2种（占总种数的8.33%），其他类群（环节动物、腔肠动物、棘皮动物）各1种，占总种数的12.50%。各类群物种个体数及组成情况见图4.31。

2. 春季（2013年4月）

春季调查共获得大型底栖动物24种，隶属于7门9纲12目20科。其中甲壳动物最多，有9种（占总种数的37.50%），其次是软体动物，有7种（占总种数的29.17%），鱼类3种（占总种数的12.50%），腔肠动物2种（占总种数的8.33%），其他类群（环节动物、栉板动物门、棘皮动物各1种）（占总种数的12.50%）（图4.32）。

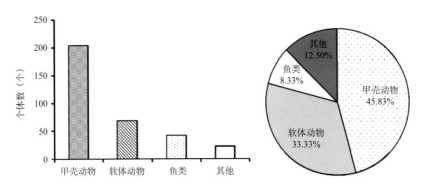

图4.31　檀头山岛附近海域冬季大型底栖动物个体数及种类占比

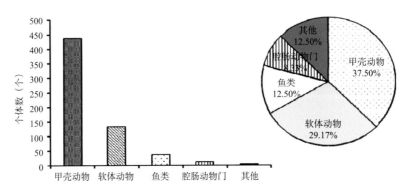

图4.32　檀头山岛附近海域春季大型底栖动物个体数及种类占比

3. 夏季（2013年7月）

夏季调查共获得大型底栖动物46种，隶属于5门10纲18目33科。其中甲壳动物和鱼类最多，均有17种（占总种数的36.96%），软体动物次之，有8种（占总种数的17.39%），其他类群大型底栖动物包含腔肠动物3种及环节动物1种，二者之和占总种数的8.70%。各类群物个体数及组成情况见图4.33。

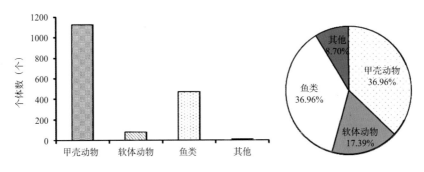

图4.33　檀头山岛附近海域夏季大型底栖动物个体数及种类占比

4. 秋季（2013年11月）

秋季调查共获得大型底栖动物34种，隶属于4门6纲13目25科。其中软体动物最多，有14种（占总种数的41.18%），甲壳动物次之，有13种（占总种数的38.24%），鱼类6种（占总种数的 17.65%），其他类群 1 种（腔肠动物），占总种数的 2.86%。各类群物个体数及组成情况见图 4.34。

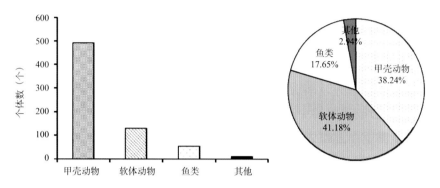

图4.34　檀头山岛附近海域秋季大型底栖动物个体数及种类占比

5. 种类数

大型底栖动物的种类数在不同季节与不同站位之间存在较大的差异，其中冬季和春季种类数最高的站位均为 57 号，夏季和秋季种类数最高的站位分别为 47 号和 51 号站位。四季中不同站位间大型底栖动物的种类数分布见图 4.35 所示，不同站位间大型底栖动物的分布存在较大差异，总体来看，在南韭山东北侧海域的种类数最多。

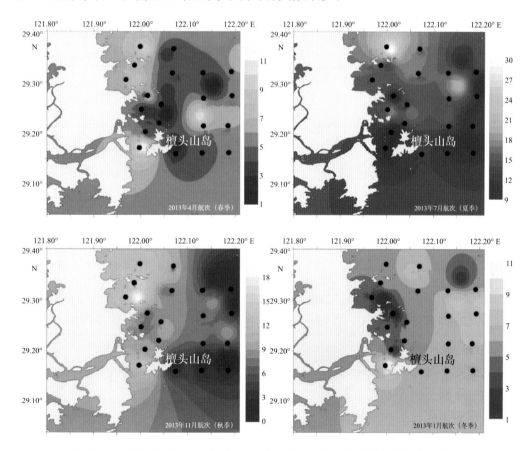

图4.35　檀头山岛附近海域大型不同航次大型底栖动物种类数空间分布

黑点代表采样站位，颜色深浅代表种类数多寡

6. 优势种

调查海域大型底栖动物优势种在不同季节间有较大差异，其中夏季的优势种最多，为 10 种；其次是冬季和秋季，均为 6 种；春季优势种最少，为 4 种。其中有 3 个种类是 3 个季节的共有优势种，分别是小荚蛏、葛氏长臂虾、日本鼓虾；有 3 种为 2 个季节的共有优势种，分别是细螯虾、细巧仿对虾及红狼牙虾虎鱼；强壮仙人掌、中国毛虾、中华管鞭虾、脊尾白虾、东方口虾蛄、日本蟳、三疣梭子蟹、棘头梅童鱼、龙头鱼、孔虾虎鱼和半滑舌鳎等 11 个种类为单一季节优势种（表 4.17）。

表4.17 各航次优势种及其优势度

种名	拉丁名	航次	Y
强壮仙人掌	*Cavernularia obese*	冬	0.023 9
小荚蛏	*Siliqua minima*	冬	0.068 0
葛氏长臂虾	*Palaemon gravieri*	冬	0.082 1
日本鼓虾	*Alpheus japonicas*	冬	0.260 9
半滑舌鳎	*Cynoglossus semilaevis*	冬	0.041 0
红狼牙虾虎鱼	*Odontamblyopus rubicundus*	冬	0.034 3
小荚蛏	*Siliqua minima*	春	0.076 2
日本鼓虾	*Alpheus japonicas*	春	0.069 7
细螯虾	*Leptochela gracilis*	春	0.490 3
红狼牙虾虎鱼	*Odontamblyopus rubicundus*	春	0.028 4
东方口虾蛄	*Oratosquilla oratoria*	夏	0.121 8
葛氏长臂虾	*Palaemon gravieri*	夏	0.060 4
日本蟳	*Charybdis japonica*	夏	0.036 5
三疣梭子蟹	*Portunus trituberculatus*	夏	0.057 5
细螯虾	*Leptochela gracilis*	夏	0.032 8
细巧仿对虾	*Parapenaeopsis tenella*	夏	0.069 8
中国毛虾	*Acetes chinensis*	夏	0.089 0
中华管鞭虾	*Solenocera crassicornis*	夏	0.029 8
棘头梅童鱼	*Collichthys lucidus*	夏	0.103 4
龙头鱼	*Harpadon nehereus*	夏	0.043 6
小荚蛏	*Siliqua minima*	秋	0.069 9
葛氏长臂虾	*Palaemon gravieri*	秋	0.124 5
脊尾白虾	*Exopalaemon carinicauda*	秋	0.032 2

续表4.17

种名	拉丁名	航次	Y
日本鼓虾	*Alpheus japonicas*	秋	0.2932
细巧仿对虾	*Parapenaeopsis tenella*	秋	0.0228
孔虾虎鱼	*Trypauchen vagina*	秋	0.0215

7. 小结

檀头山岛海域共采集到大型底栖动物 65 种，隶属于 7 门 13 纲 27 目 46 科 56 属。其中，软体动物、甲壳动物及鱼类种类数最多，均为 19 种，分别占总种类数的 29.23%，其次是腔肠动物，有 4 种，占总种类数的 6.15%，其他类群大型底栖动物有 4 种，占总种类数的 6.15%。不同季节的种类数组成情况，夏季最多，有 46 种，其次是秋季，有 34 种，冬季和春季种类数相同，有 24 种。冬季与春季共有种有 17 种，春季与夏季共有种有 18 种，夏季与秋季共有种有 26 种，春季与夏季之间种类更替率最高，为 65.38%，其次是夏季与秋季，种类更替率为 51.85%，冬季与春季之间种类更替率最低，为 45.16%。

种类数组成方面，甲壳动物和软体动物合计占总种类数的 58.46%，占有绝对优势，各航次甲壳类动物和软体动物的组成比例均超过 50%。种类组成规律与 2011 年和 2012 年在韭山列岛和南田岛调查结果相似（刘迅等，2015），东海春秋季调查结果表明甲壳类和软体动物也是优势类群（刘录三和李新正，2002）。由于檀头山岛附近海域大型底栖动物相关研究未见报道，没有历史数据对比，本海域大型底栖动物种类数与邻近海域相比，本次调查获得的种类数少于象山港 2006—2008 年调查的 123 种（顾晓英等，2010）、杭州湾 2006—2007 年的 113 种（寿鹿等，2012）、远少于 2000—2001 年东海的 392 种（刘录三和李新正，2002）。这可能有三方面的原因，一是随着时间的推移，大型底栖动物群落结构简单化的现象较为普遍；二是本次调查海域水深较浅，易受风浪潮汐干扰，海底泥沙频繁荡起，水体浑浊，生境不够稳定，初级生产力低，限制了大型底栖动物的生存；三是本次调查仅使用了定性/半定量的阿氏网，且网孔孔径较大，造成一些小个体的大型底栖动物逃逸或者未能网获，已有研究表明不同的采样工具采集效率不同（Montiel A，2011），这也是造成本次调查活动大型底栖动物种类数较少的重要原因之一。

二、数量组成、分布与季节变化

调查发现，宁波东部海域的大型底栖动物年均生物量为 45.95 g/Agt[①]，年均丰度为 33.63 ind/Agt。其中乱礁洋附近海域大型底栖动物年均生物量为 17.97 g/Agt，生物量分布不均匀，生物量高值多出现于乱礁洋附近海域的南部海域，丰度空间分布差异较大，丰度最高值出现在近岸南部海域的 13 号站位，均值为 27.16 ind/Agt。南韭山附近海域 14 个站位大型底栖动物年平均生物量为 45.98 g/Agt，南韭山附近海域大型底栖动物年均丰度为 29.68 ind/Agt，生物量均值分布不均匀，分布趋势为近岛海域生物量高于远岛海域。檀头山岛附近海域大型底栖动物年均生物量为 73.90 g/Agt，年均丰度为 44.05 ind/Agt，夏、秋两季丰度、生物量较高，

---

① Agt为网的单位。本书以网作为计量单位，因调查方式是以拖网采样，后续数据分析中均进行了标准化处理（标准网）。

其次是冬、春两季，丰度、生物量季节变化相似。总体来看，檀头山岛海域生物量与丰度最高，乱礁洋海域最低（图 4.36、图 4.37）。

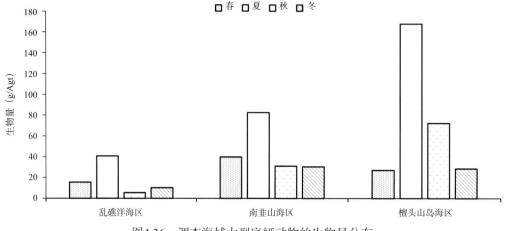

图4.36　调查海域大型底栖动物的生物量分布

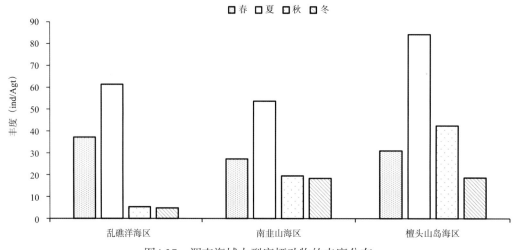

图4.37　调查海域大型底栖动物的丰度分布

（一）乱礁洋附近海域

乱礁洋附近海域大型底栖动物年均生物量为 180.76 g/Agt，甲壳类居首（占比 57.50%），鱼类次之（20.11%），然后依次是：棘皮动物（13.78%）、腔肠动物（5.69%）、软体动物（1.93%）及其他类群（1.00%）。乱礁洋附近海域大型底栖动物生物量分布不均匀，高值多出现于乱礁洋的南部，其中远岸海域的 15 站位最高，达 48.08 g/Agt（该站春季生物量高达 109.79 g/Agt，主要构成者为棘皮动物，其中海地瓜与棘刺锚参二者生物量为 81.46 g/Agt，占 74.20%）；其次是近岸海域的 13 站位，值为 45.23 g/Agt；中间海域各站位生物量相对均均较低（图 4.38）。

乱礁洋附近海域大型底栖动物的年均丰度为（168.61±33.93）ind/Agt，甲壳类占首位（83.65%），其余依次是：鱼类（8.29%）、软体动物（3.33%），腔肠动物、棘皮动物和其他类群丰度相近，分别占 1.58%。乱礁洋附近海域大型底栖动物丰度空间分布差异较大，最高值出现在近岸海域的 13 站位，均值为 62.21 ind/Agt，该站夏季最高达 161.33 ind/Agt，主要为日本鼓虾与葛氏长臂虾，两者丰度达 126.67 ind/Agt（占 78.52%）；其次是 7 号站位与 15 号站位，丰度均值分别是 41.94 ind/Agt、31.48 ind/Agt；中间海域各站位丰度均较低（图 4.39）。

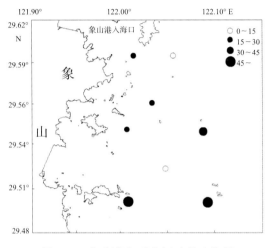

图4.38 乱礁洋大型底栖动物生物量

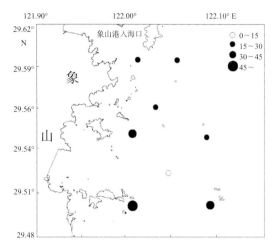

图4.39 乱礁洋大型底栖动物丰度

春季，乱礁洋附近海域大型底栖动物平均生物量为 15.48 g/Agt，棘皮动物居首位，占 31.96%，其次是甲壳类与鱼类，分别占 22.79% 与 22.55%，腔肠动物占 14.97%，软体动物占 7.19%，多毛类生物量最少，占 0.54%。乱礁洋附近海域大型底栖动物生物量总体分布不均匀（图 4.40），高生物量集中在 9、11 和 15 号站位（乱礁洋东南部），其中 15 号站位最高，达 109.79 g/Agt，其次是 9 号站位，为 74.85 g/Agt。

乱礁洋附近海域大型底栖动物平均丰度为 37.16 ind/Agt，其中甲壳类居首位，占总丰度的 49.51%，其次是软体动物，占 18.38%，腔肠动物、棘皮动物、鱼类生物量接近，3 者占 29.66%，多毛类丰度最低，只占 2.46%。乱礁洋附近海域大型底栖动物丰度空间分布差异也较大（图 4.41），高值区同样集中在 9、11 和 15 号站位，最高的是 15 号站位，高达 35.42 ind/Agt，其次是 9 号和 13 号站位，数值相近分别是 20.20 ind/Agt 和 21.37 ind/Agt。

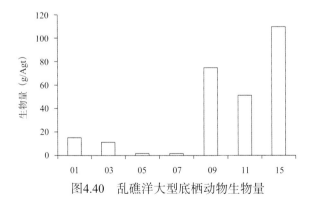

图4.40 乱礁洋大型底栖动物生物量

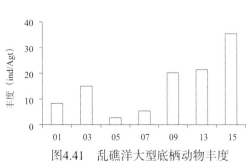

图4.41 乱礁洋大型底栖动物丰度

夏季，乱礁洋附近海域大型底栖动物平均生物量为 40.76 g/Agt，甲壳类居首位，占

76.07%；其次是鱼类，占 23.65%；软体动物占 0.26%，腔肠动物占 0.02%。乱礁洋大型底栖动物生物量总体分布不均匀（图 4.42），高生物量集中在 7 和 13 号站位（乱礁洋东南海域），其中 13 站位最高，达 87.16 g/Agt，其次是 7 号站位，为 74.89 g/Agt。

乱礁洋附近海域大型底栖动物平均丰度为 61.39 ind/Agt，其中甲壳类居首位，占总丰度的 87.34%，其次是鱼类，占 9.50%，腔肠动物与软体动物丰度接近，分别占 1.33% 和 1.18%，栉水母动物与多毛类丰度较低，分别占 0.37% 与 0.27%。乱礁洋大型底栖动物丰度空间分布差异也较大（图 4.43），高值区同样集中在 7 号和 13 号站位，最高的是 13 站位，高达 166.67 ind/Agt，其次是 7 号站位，值为 109.21 ind/Agt。

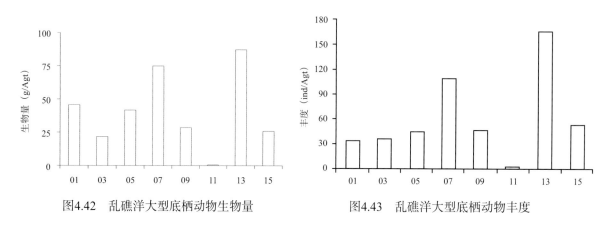

图4.42　乱礁洋大型底栖动物生物量　　　　图4.43　乱礁洋大型底栖动物丰度

秋季，乱礁洋附近海域大型底栖动物平均生物量为 5.42 g/Agt，各类群生物量组成中，甲壳类居首位，占 78.72%；其次是鱼类，占 19.57%；腔肠动物占 1.52%、栉水母动物占 0.19%。乱礁洋大型底栖动物生物量总体分布不均匀（图 4.44），高生物量集中在 1 号和 7 号站位，其中 1 号站位最高，达 6.79 g/Agt，7 号站位为 9.52 g/Agt，最低的是 3 号站位，仅有 2.40 g/Agt。

乱礁洋附近海域大型底栖动物平均丰度为 5.31 ind/Agt，其中甲壳类居首位，占总丰度的 89.68%，其次是鱼类，占 8.40%；腔肠动物占 0.66%、栉水母动物占 0.08%。乱礁洋大型底栖动物丰度空间分布差异也较大（图 4.45），最高的是 7 号站位，高达 9.52 ind/Agt，其次是 15 站位，是 7.64 ind/Agt，最低的是 5 号站位，仅有 2.97 ind/Agt。

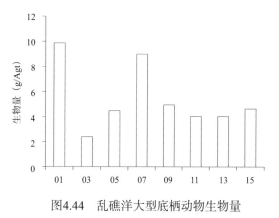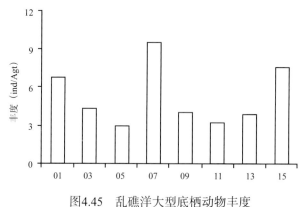

图4.44　乱礁洋大型底栖动物生物量　　　　图4.45　乱礁洋大型底栖动物丰度

冬季，乱礁洋附近海域大型底栖动物的平均生物量为 10.20 g/Agt，甲壳类居首位，占 66.35%；其次是棘皮动物，占 12.14%；鱼类占 10.28%，软体动物占 7.31%，环节动物占 3.92%。乱礁洋大型底栖动物生物量总体分布不均匀（图 4.46），其中 9 号站位最高，达 39.7 g/Agt，1 号站位为 32.85 g/Agt，最低的是 3 号站位，仅有 8.59 g/Agt。

乱礁洋附近海域大型底栖动物平均丰度为 4.78 ind/Agt，其中甲壳类居首位，占总丰度的 71.43%，其次是软体动物，占 16.67%；鱼类占 7.14%，棘皮动物和环节动物各占 2.38%。乱礁洋大型底栖动物丰度空间分布差异也较大（图 4.47），最高的是 09 号站位，高达 18 ind/Agt，其次是 01 号站位，是 12 ind/Agt，最低的是 03 号站位只有 5 ind/Agt。

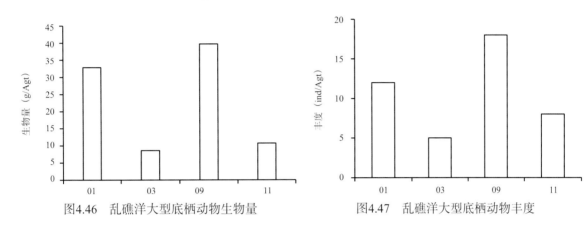

图4.46 乱礁洋大型底栖动物生物量　　　　　图4.47 乱礁洋大型底栖动物丰度

（二）南韭山附近海域

南韭山附近海域大型底栖动物年平均生物量为 473.40 g/Agt，甲壳类居首（占总生物量的 46.11%），鱼类次之（25.37%），其余依次是：刺胞动物（12.17%）、软体动物（10.84%）、棘皮动物（2.68%）、脊索动物（1.75%）及其他类群（共占 1.07%，其中多毛类 0.65%、栉板动物 0.34%、扁形动物 0.09%）。南韭山附近海域各站位生物量均值空间分布，见图 4.48，生物量均值最高值出现在 42 号站位 [值为 (94.45±65.88) g/Agt]。42 和 43 号站位生物量均值较高的原因主要是：两站位临近主岛，而岛屿生态系统生产力相对较高、环境更为复杂、饵料较为丰富。16、18、20、22、26、28 号站位分布距主岛较远，生物量均值相对较低，约为 20～35 g/Agt，均值为 24.36g/Agt；24、30、39、40、41、42、43、44 号站位则距岛相对较近，其生物量均值相对偏高，均值为 (49.68±52.17) g/Agt。研究结果表明：南韭山附近海域大型底栖动物生物量均值分布不均匀，分布趋势为近岛海域生物量高于远岛海域。

南韭山附近海域大型底栖动物年均丰度为 299.18 ind/Agt，甲壳类居首（60.16%），鱼类次之（14.13%），其余依次是：软体动物（9.96%）、栉板动物（9.02%）、刺胞动物（3.58%）、（1.12%）、棘皮动物（1.10%）及其他类群（脊索动物 0.77%、扁形动物 0.15%）。南韭山附近海域各站位丰度均值空间分布，见图 4.49，丰度均值最高值出现在 42 号站位（值为 44.34 ind/Agt）。42 和 43 号站位临近主岛，生产力相对较高。远岛海域各站位丰度均值整体相对较低，总均值为 21.64 ind/Agt，近岛海域各站位总均值为 29.07 ind/Agt。南韭山附近海域大型底栖动物丰度均值分布不均匀，分布趋势为近岛海域年均丰度高于远岛海域。

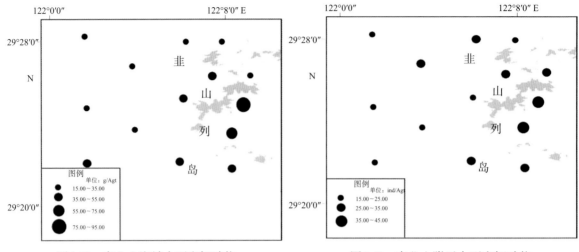

图4.48　南韭山海域大型底栖动物　　　　图4.49　南韭山附近大型底栖动物
年均生物量空间分布　　　　　　　　　年均丰度空间分布

春季，南韭山附近海域大型底栖动物平均生物量为39.90 g/Agt，各类群生物量组成中，甲壳类动物居首位，占43.52%；其次是腔肠动物，占24.55%；鱼类与软体动物生物量相近，分别占13.34%、12.68%；脊索动物占3.41%、棘皮动物占1.66%、多毛类占0.83%；栉水母动物生物量最小。南韭山附近海域大型底栖动物生物量总体分布不均匀（图4.50），高生物量区一个分布于调查海域北部（18、20、40、41、42号站位），其中40号站位最高，达81.22 g/Agt，其次是42站位，为63.98 g/Agt。另一个高生物量区分布在调查海域南部（26、28、30、44号站位），其中44号站位最高，达72.35 g/Agt，其次是28号站位，为59.24 g/Agt。

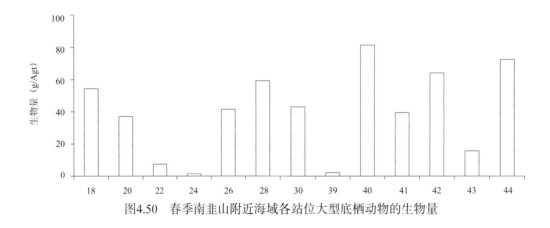

图4.50　春季南韭山附近海域各站位大型底栖动物的生物量

南韭山附近海域大型底栖动物平均丰度为27.23 ind/Agt，其中甲壳类居首位，占总丰度的64.15%；其次是软体动物，占10.94%，栉水母动物占7.48%；腔肠动物、多毛类动物、棘皮动物、脊索动物、鱼类丰度较小，5者占17.43%。南韭山附近海域大型底栖动物丰度空间分布差异也较大（图4.51），丰度高值区与生物量高值区重叠，另一个高值区分布于南韭山附近海域南部（28、30、44号站位），这其中最高的是44站位，高达72.35 ind/Agt。

夏季，南韭山附近海域大型底栖动物平均生物量为82.43 g/Agt，各类群生物量组成中，甲壳类动物居首位，占57.38%；其次是鱼类，占22.84%；腔肠动物占10.51%，棘皮动物占

5.68%、软体动物占 3.13%，栉水母动物生物量最少只占 0.45%。南韭山附近海域大型底栖动物生物量总体分布不均匀，高生物量区分布于南韭山主岛东岸中间海域（42、43 号站位），其中 43 号站位最高，达 260.78 g/Agt，42 站位为 187.49 g/Agt（图 4.52）。

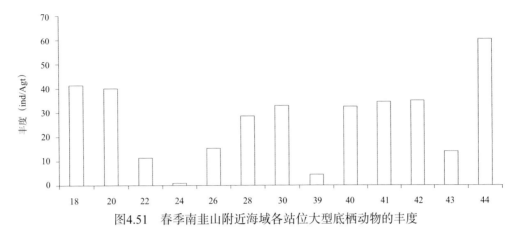

图4.51　春季南韭山附近海域各站位大型底栖动物的丰度

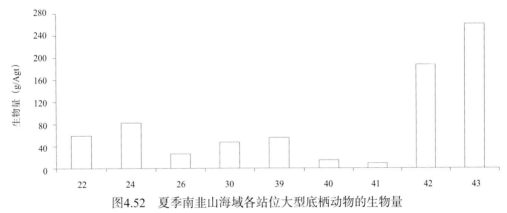

图4.52　夏季南韭山海域各站位大型底栖动物的生物量

南韭山附近海域大型底栖动物平均丰度为 53.70 ind/Agt，其中甲壳类居首位，占总丰度的 65.98%；其次是鱼类占 19.86%；栉水母动物占 5.81%，软体动物占 4.84%，腔肠动物占 2.59%，棘皮动物丰度最小只占 0.93%。南韭山附近海域大型底栖动物丰度空间分布差异也较大，丰度高值区与生物量高值区重叠，主要分布于南韭山主岛东岸中间海域（42、43 号站位），最高的是 43 号站位，高达 133.33 ind/Agt，42 号站位丰度为 100.00 ind/Agt（图 4.53）。

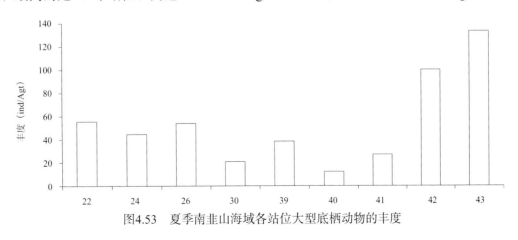

图4.53　夏季南韭山海域各站位大型底栖动物的丰度

秋季，南韭山附近海域大型底栖动物平均生物量为31.12 g/Agt，类群生物量组成中，鱼类与甲壳类动物所占比重较大，分别占33.58%与32.65%；其次是软体动物，占29.36%；栉水母动物与多毛类生物量较少，分别占0.97%与0.50%。南韭山附近海域大型底栖动物生物量分布极不均匀，42号站位生物量最高为90.34 g/Agt；最低的是20号站位，只有2.03 g/Agt（图4.54）。

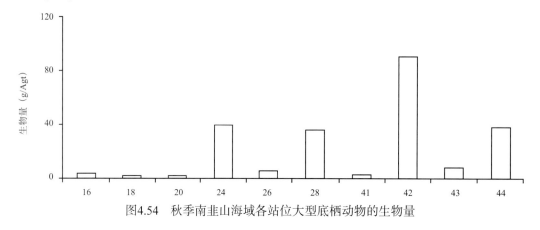

图4.54　秋季南韭山海域各站位大型底栖动物的生物量

南韭山附近海域大型底栖动物平均丰度为19.44 ind/Agt，其中甲壳类居首位，占总丰度的38.57%；其次是栉水母动物，占27.50%；软体动物占17.45%、鱼类占13.40%；多毛类丰度最小只占0.70%。南韭山附近海域大型底栖动物丰度空间分布差异也较大（图4.55），42与44号站位丰度较高，分别为29.81 ind/Agt与29.51 ind/Agt；最低的是43号站位丰度只有为2.86 ind/Agt。

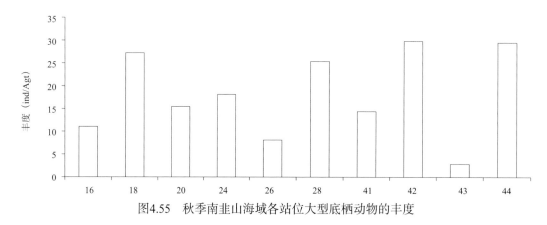

图4.55　秋季南韭山海域各站位大型底栖动物的丰度

冬季，南韭山附近海域大型底栖动物平均生物量为30.46 g/Agt，类群生物量组成中，鱼类居首位，占49.81%；其次是甲壳类，占32.57%；软体动物占12.23%、腔肠动物占3.89%、扁形动物占0.89%、多毛类占0.61%。南韭山附近海域大型底栖动物生物量分布极不均匀，40号站位生物量最高为64.38 g/Agt；最低的是39号站位，只有5.45 g/Agt（图4.56）。

南韭山附近海域大型底栖动物平均丰度为18.34 ind/Agt，其中甲壳类居首位，占总丰度的65.44%；鱼类占15.17%，软体动物占13.81%；腔肠动物占2.73%、扁形动物占1.62%、多毛类占1.23%。南韭山附近海域大型底栖动物丰度空间分布差异也较大，40号站位丰度最高，为 43.24 ind/Agt；最低的是 39 号站位丰度只有为 7.28 ind/Agt（图 4.57）。

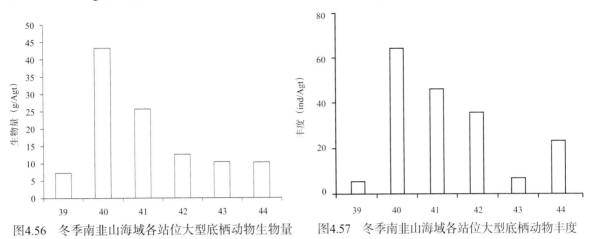

图4.56　冬季南韭山海域各站位大型底栖动物生物量　　　图4.57　冬季南韭山海域各站位大型底栖动物丰度

（三）檀头山岛附近海域

冬季各类群生物量与丰度如图 4.58 所示，鱼类生物量最高，为 11.54 g/Agt，占总生物量的 44.98%；其次是甲壳动物，为 7.60 g/Agt，占总生物量的 29.65%，其他大型底栖动物类群和软体动物生物量较低，值为 3.45 g/Agt、3.06 g/Agt，分别占 13.44%、11.93%。甲壳动物丰度最高，为 10.15 ind/Agt，占 60.60%；其次是软体动物，为 3.40 ind/Agt，占 20.30%；鱼类丰度次之，为 2.10 ind/Agt，占 12.54%；其他类群底栖动物丰度最低，为 1.10 ind/Agt，占 6.57%。

檀头山岛周围大型底栖动物生物量与丰度空间分布如图 4.59 所示，生物量最高值出现在 62 号站位，达到 83.67 g/Agt，52、56、60、63 站位生物量较低，均小于 10 g/Agt，其余站位生物量多在 10 ~ 40 g/Agt 之间，从分布来看，远岸站位生物量相相对高于近岸站位；丰度最高值出现在 57 站位，为 39 ind/Agt，54、58、61、62、64、65 号站为丰度值次之，在 20 ~ 38 ind/Agt，其余站位丰度小于 20 ind/Agt，在檀头山岛南部及西北部海域丰度值较高。

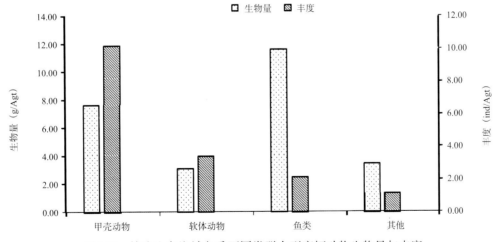

图4.58　檀头山岛海域冬季不同类群大型底栖动物生物量与丰度

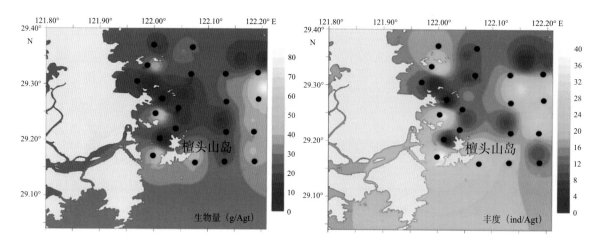

图4.59 檀头山岛海域冬季大型底栖动物生物量与丰度分布

春季各类群生物量与丰度如图 4.60 所示，甲壳动物生物量最高，值为 13.82 g/Agt，占总生物量的 51.15%；其次是鱼类，为 7.74 g/Agt，占总生物量的 28.65%；其他类群的次之，为 1.53 g/Agt，占总生物量的 5.66%。甲壳动物丰度最高，为 21.85 ind/Agt，占总丰度的 70.48%；其次是软体动物，为 6.65 ind/Agt，占总丰度的 21.45%；鱼类和其他类群的大型底栖动物丰度值和所占比例均较低，分别占 5.81% 和 2.26%。

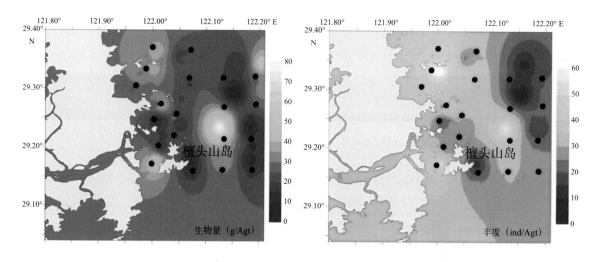

图4.60 檀头山岛周围海域春季不同类群大型底栖动物生物量与丰度

檀头山岛周围大型底栖动物春季生物量与丰度空间分布如图 4.61 所示，63 号站位生物量最高为 82.44 g/Agt，47、49、53、57、60、62、65 号等站位的生物量在 30 ~ 50 g/Agt 之间，58、61、64 号三站位的生物量小于 10 g/Agt，其中 61 号站位的生物量最低，为 2.10 g/Agt。丰度最高值出现在 49 号站位，为 65 ind/Agt 最低值出现在 61 号站位，为 2 ind/Agt，在檀头山岛北部、西南部近岸海域的丰度值较高。

夏季各类群生物量与丰度如图 4.62 所示，甲壳动物生物量最高，为 116.20 g/Agt，占总生物量的 66.69%；其次是鱼类，值为 44.03 g/Agt，占总生物量的 27.85%；软体动物和其他类群大型底栖动物（环节动物、腔肠动物）生物量较低，分别为4.15 g/Agt和3.42 g/Agt，占2.47%和2.04%。丰度变化情况和生物量一致，甲壳动物丰度最高为56.15 ind/Agt，占69.25%；其次是鱼类，为23.45 ind/Agt，占26.24%；软体动物丰度为3.95 ind/Agt，占4.69%；其他类群大型底栖动物丰度值最低，为0.65 ind/Agt，占0.77%。

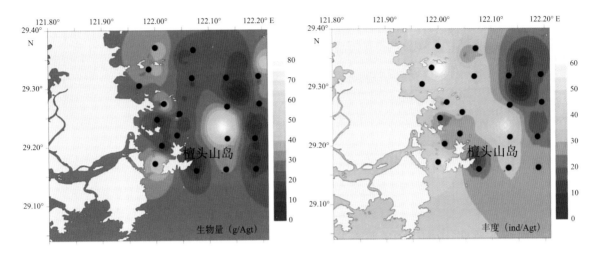

图4.61 檀头山岛周围海域春季大型底栖动物生物量与丰度分布

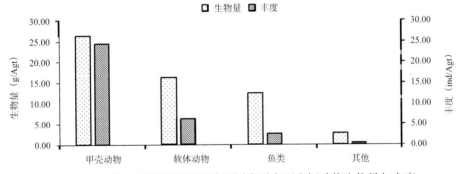

图4.62 檀头山岛周围海域夏季不同类群大型底栖动物生物量与丰度

檀头山岛周围大型底栖动物夏季生物量与丰度空间分布如图4.63所示，47号站位生物量最高，为419.01 g/Agt，其次是49、55、58、48、61号站位生物量较高，均大于200 g/Agt，52、56、57、59、62、64号站位生物量较低，在30～100 g/Agt之间，在檀头山岛东部及北部海域生物量值较高。丰度最高值出现在47号站位，为211 ind/Agt，其次是65号站位，为197 ind/Agt，52、50号站位丰度值较高，分别为111 ind/Agt和146 ind/Agt，49、51、53、54、55、56、57、59、60、61号等站位的生物量较低，在20～100 ind/Agt之间。

秋季各类群生物量与丰度如图4.64所示，甲壳动物生物量最高为26.41 g/Agt，占总生物量的45.66%；其次是软体动物，生物量为16.26 g/Agt，占总生物量的28.12%；鱼类生物次之，为12.49 g/Agt，占总生物量的21.60%；其他类群的大型底栖动物生物量最低，为2.67 g/Agt，占4.62%。各类群丰度值变化和生物量变化一致，甲壳动物丰度值最高，为24.55 ind/Agt，占72.31%；其次是软体动物，为6.35 ind/Agt，占18.70%；鱼类和其他类群大型底栖动物丰度值较低，分别为2.65 ind/Agt、0.40 ind/Agt，占7.81%、1.18%。

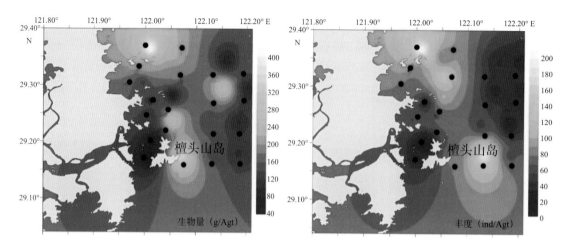

图4.63　檀头山岛周围海域夏季大型底栖动物生物量与丰度分布

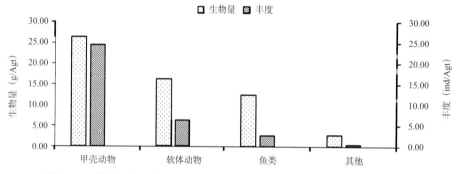

图4.64　檀头山岛周围海域秋季不同类群大型底栖动物生物量与丰度

　　檀头山岛周围大型底栖动物秋季生物量与丰度丰度空间分布如图4.65所示，49号站位生物量值最高，为357.25 g/Agt，51、57号站位生物值较高，分别为188.06 g/Agt、113.10 g/Agt，65号站位生物量较低，为1.73 g/Agt，生物量在檀头山岛周围海域分布相对比较均匀；丰度最高值出现在47号站位，为147 ind/Agt，其次是51号站位，为136 ind/Agt，49号站位丰度值也较高，为99 ind/Agt，58和65号站位丰度值低，分别为3 ind/Agt和2 ind/Agt，其余站位的丰度值在20～50 ind/Agt之间。

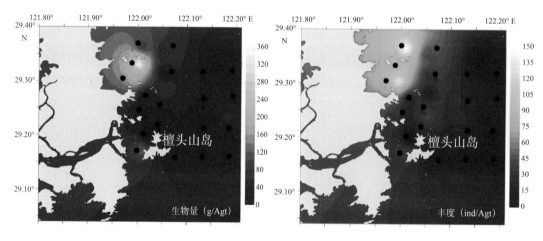

图4.65　檀头山岛周围海域秋季大型底栖动物生物量与丰度分布

（四）小结

檀头山岛海域大型底栖动物平均生物量的季节变化明显，其中夏季航次最高，为 168.71 g/Agt，其次是秋季，为 57.82 g/Agt，春季航次生物量为 27.01 g/Agt，冬季航次平均生物量最低，为 25.65 g/Agt。该海域大型底栖动物丰度变化的季节性规律与生物量基本一致，即夏季航次丰度最高为 84.25 ind/Agt，其次是秋季航次为 33.95 ind/Agt，春季航次为 31.00 ind/Agt，冬季航次平均丰度最低，为 16.75 ind/Agt。调查发现，檀头山岛周围海域大型底栖动物生物量与丰度的季节间差异较大，造成这种时间尺度上的差异可能是受到海水温度、捕捞强度及海流等因素的影响。在春季和冬季，海水温度较低，同时春季也是大多数底栖动物的繁殖的季节，而冬季气温低，海区捕捞强度开始降低，故春冬两季的大型底栖动物种类数、生物量与丰度等相对适中。夏季海水温度较高，同时檀头山岛周围海域又受到台湾暖流和黑潮支流的影响，同时夏季也处在伏季休渔期（6—9月），大型底栖动物生长繁殖旺盛，使得夏季大型底栖动物的种类数、生物量丰度及多样性指数等较高。秋季海水温度降低，一些底栖动物消亡，休渔期也在秋季结束，受外界环境因素及捕捞双重因素影响，秋季航次的物种数、生物量及丰度等低于夏季航次。

三、多样性指数及ABC曲线

（一）乱礁洋附近海域

乱礁洋附近海域各站位物种多样性指数波动幅度较大，最大的是 2012 年 7 月（夏季）的 5 号和 9 号站位，Shannon-Weiner 多样性指数（H'）均值是 3.31。其中 5 号站位大型底栖动物种类数最多，有 14 种，该站位 Margalef 物种丰富度指数（D）及 Pielou 均匀度指数（J）也较大（表 4.18）。

表4.18 乱礁洋大型底栖动物多样性指数（H'）、丰富度指数（D）及均匀度指数（J）

站位	春季			夏季			秋季			冬季		
	D	H'	J	D	H'	J	D	H'	J	D	H'	J
1	1.81	2.72	0.97	1.77	2.95	0.93	1.45	1.67	0.65	1.67	2.69	0.96
3	1.54	2.47	0.88	1.85	2.97	0.94	1.29	1.37	0.69	0.86	1.37	0.87
5	–	–	–	2.92	3.31	0.87	0.77	1.25	0.79	–	–	–
7	1	1.5	0.95	1.88	2.53	0.68	1.62	2.46	0.82	–	–	–
9	1.39	2.25	0.8	2.16	3.31	0.9	0.43	0.72	0.72	1.44	2.52	0.9
11	–	–	–	–	–	–	1.5	2	1	1	1.55	0.77
13	1.72	2.38	0.75	2.15	2.35	0.59	1	1.75	0.88	–	–	–
15	1.96	3.03	0.96	1.96	3.03	2.57	0.87	1.62	0.81	–	–	–

图 4.66 分析了乱礁洋附近海域大型底栖动物丰度／生物量比较曲线，从图中可以看出，时间尺度上，春季生物量曲线始终位于丰度曲线之上，说明大型底栖动物群落结构在春季未受到明显的扰动或污染；冬季、夏季与秋季 ABC 曲线前端丰度曲线位于生物量曲线之上，

末端出现翻转，表明大型底栖动物群落受到了中度的扰动或污染，而且据 W 值可判断夏、秋两季受到扰动（污染）相对更为强烈，夏季海域受副热带高压影响自然环境变化剧烈，同时夏季为休渔期内采样，相对而言海域夏季所受扰动应是以自然干扰为主，而秋季则以人为干扰为主。

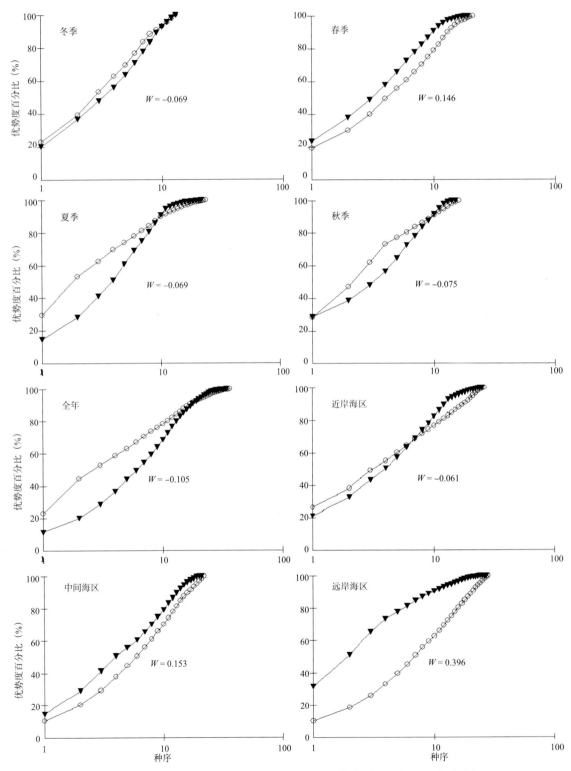

图4.66　乱礁洋大型底栖动物丰度/生物量比较曲线（▼生物量，○丰度）

空间尺度上，中间海域与远岸海域生物量曲线均在丰度曲线之上，说明扰动或污染尚未给这两海域的大型底栖动物群落带来明显的影响。近岸海域大型底栖动物生物量与丰度曲线出现了明显的交叉现象，表明近岸海域大型底栖动物受到强烈的污染或扰动。全年全海域ABC曲线前端丰度曲线位于生物量曲线之上，末端出现翻转，说明乱礁洋附近海域大型底栖动物群落总体受中度扰动或污染。

（二）南韭山附近海域

韭山列岛附近海域各站位的多样性指数波动较大，其中物种多样性指数（H'）最大的是2012年7月（夏季）的40号站位，值为3.51，该站共获得大型底栖动物15种，该站位的物种丰富度指数及均匀度指数也较大；最小的是2011年1月（冬季）的43号站位，仅为0.83，只采到3种大型底栖动物，其中日本鼓虾占该站位捕获大型底栖动物总数量的82.35%，种类少、分布不均造成其物种丰富度与均匀度指数均偏低，分别为0.49与0.53（表4.19）。

表4.19　韭山列岛大型底栖动物物种多样性指数（H'）、丰富度指数（D）及均匀度指数（J）

站位	春季			夏季			秋季			冬季		
	D	H'	J	D	H'	J	D	H'	J	D	H'	J
16	–	–	–	–	–	–	1.44	2.1	0.75	1.14	2.26	0.88
18	1.34	1.98	0.62	–	–	–	0.58	0.86	0.43	1.72	2.32	1
20	1.38	2.12	0.67	–	–	–	1.31	2	0.71	–	–	–
22	2.05	2.82	0.89	2.26	3.1	0.84	–	–	–	–	0	–
24	–	0	–	2.19	3.06	0.83	2.73	3.49	0.89	–	0	–
26	0.91	1.64	0.71	1.97	2.74	0.79	1.55	2.25	0.97	–	0	–
28	1.8	2.93	0.88	–	–	–	2.53	3.28	0.86	1	1.5	0.95
30	1.96	3.07	0.93	1.44	2.03	0.72	–	–	–	–	–	–
39	0.77	1.25	0.79	2.16	3.1	0.84	–	–	–	2.02	2.55	0.85
40	1.69	2.83	0.82	2.78	3.51	0.9	–	–	–	1.61	2.22	0.67
41	1.33	2.31	0.73	1.53	2.67	0.89	1.62	2.22	0.74	2.26	2.8	0.78
42	2.06	2.94	0.85	2.38	3.4	0.85	1.82	2.44	0.73	0.98	1.71	0.74
43	1.26	1.88	0.81	2.81	3.37	0.78	1	1	1	0.49	0.83	0.53
44	2.18	3.09	0.89	–	–	–	2.4	2.97	0.86	1.05	2.21	0.95

分析了韭山列岛附近海域大型底栖动物丰度/生物量比较曲线（图4.67），由图可见，四季中只有冬季W值为负，且丰度曲线与生物量曲线出现交叉，表明冬季韭山列岛附近海域大型底栖动物群落受到了强烈的干扰或污染；春夏两季W值虽为正，但其丰度曲线与生物量曲线在前端出现了交叉现象，表明春夏两季海域大型底栖动物群落结构受到了一定程度的干扰或污染；秋季W值为正，其丰度生物量曲线在起始端有轻微的交叉，表明秋季海域大型底栖动物群落结构受到了轻微的扰动或污染。进一步分析发现，全年丰度与生物量曲线出现明显的交叉，表明韭山列岛附近海域大型底栖动物群落结构受到了明显的干扰或扰动。

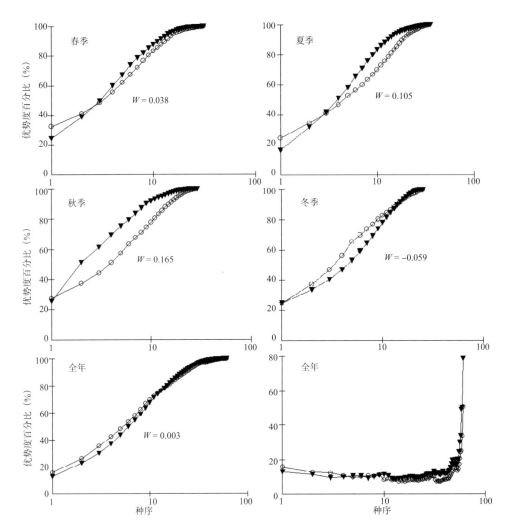

图4.67 韭山列岛大型底栖动物丰度/生物量比较曲线（▼生物量，○丰度）

（三）檀头山岛海域

檀头山岛附近海域大型底栖动物物种多样性指数（H'）最高值出现在 57 和 63 号站位，值为 2.82，而 65 号站位最低，值为 1.49；物种丰富度指数（D）最高值为 2.06，出现在 57 号站位，最低值为 0.87，出现在 58 号站位；物种均匀度指数（J）均值波动幅度不大（表4.20）。

表4.20 檀头山岛海域大型底栖动物物种多样性指数（H'）、丰富度指数（D）及均匀度指数（J）

站位	春季			夏季			秋季			冬季		
	D	H'	J	D	H'	J	D	H'	J	D	H'	J
47	1.62	2.17	0.65	3.11	3.79	0.82	1.53	1.97	0.55	1.20	1.67	0.65
48	0.22	0.41	0.41	2.63	3.58	0.86	1.87	2.30	0.66	2.21	2.95	0.98
49	1.00	1.13	0.4	1.97	3.18	0.84	2.26	2.81	0.70	1.02	1.81	0.70
50	0.38	0.94	0.59	2.36	3.42	0.82	1.19	1.65	0.59	1.78	2.52	0.98
51	1.42	2.43	0.77	2.20	2.99	0.77	2.68	3.16	0.73	–	–	–
52	0.40	0.54	0.34	2.06	2.37	0.61	1.96	3.03	0.96	1.28	2.04	0.79
53	1.11	2.16	0.77	1.75	3.17	0.92	1.35	2.15	0.77	–	–	–
54	0.46	0.75	0.47	2.73	3.76	0.90	1.29	1.84	0.65	0.77	1.62	0.70

续表4.20

站位	春季			夏季			秋季			冬季		
	D	H'	J	D	H'	J	D	H'	J	D	H'	J
55	—	0	—	2.50	3.59	0.88	1.67	2.17	0.65	1.67	2.5	0.97
56	0.64	1.12	0.56	1.79	3.03	0.96	2.23	3.09	0.97	1.26	1.59	1.00
57	1.93	2.4	0.67	1.56	2.87	0.87	2.86	3.74	0.94	1.89	2.27	0.66
58	—	0	—	1.84	3.33	0.90	0.63	0.92	0.92	1.03	1.80	0.70
59	1.33	2.16	0.93	1.96	2.85	0.80	—	—	—	1.00	1.00	1.00
60	1.39	2.32	0.83	2.54	3.36	0.86	—	—	—	1.33	2.00	0.86
61	—	0	—	3.62	4.00	0.91	1.92	2.75	0.87	1.57	2.26	0.71
62	1.12	2.19	0.85	1.45	2.72	0.86	—	—	—	1.63	2.76	0.87
63	1.72	2.89	0.83	2.47	3.65	0.91	1.49	2.21	0.74	1.78	2.52	0.98
64	1.54	2.17	0.77	2.08	3.13	0.87	1.92	2.82	0.89	1.44	1.61	0.54
65	0.60	1.04	0.52	1.31	1.75	0.51	1.00	1.00	1.00	1.37	2.16	0.77
66	0.86	1.23	0.53	1.43	2.56	0.77	—	—	—	1.51	2.37	0.92

冬季，檀头山岛周围海域大型底栖动物不同多样性指数的数值分布见图4.68所示，H'值在48号站位最大，为2.95；其余站位的多样性指数H'值范围在1.0～2.9之间。从分布来看，檀头山岛西部、东部近岸海域及东北部远岸海域H'值较高，整体分布较离散；56、59号站位J值最高，为1，另外J值在48、50、63号站位值较高，均为0.98，而其余站位的J在0.5～0.9之间；物种丰富度指数D值在48号站位最高，为2.21，檀头山岛西部、东部的近岸海域及西北部的远岸海域D值较高，中间海区D值相对较低。

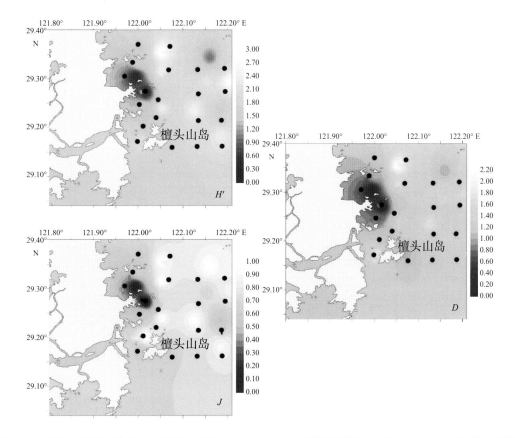

图4.68　檀头山岛海域冬季大型底栖动物Shannon-Weiner多样性指数（H'）、Margalef物种丰富度指数（D）、Pielou均匀度指数（J）分布

春季，檀头山岛周围海域大型底栖动物不同多样性指数的数值分布见图4.69所示，由图可见，63号站位的 H' 值最高，值为2.89，近岸站位的 H' 值较低，如48号站位，多样性指数 H' 值仅为0.41，在檀头山岛近岸海域及远岸海域较高，中间海域值较低。均匀度指数（J）值最高的是59号站位，值为0.93，均匀度指数在中间海域略低。丰富度指数 D 值在檀头山岛近岸以及远岸的站位较高，整体分布较不均匀。

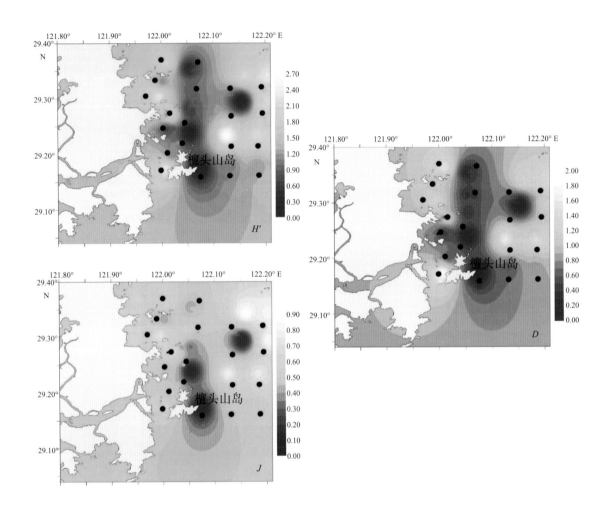

图4.69　檀头山岛海域春季大型底栖动物Shannon-Weiner多样性指数（H'）、Margalef物种丰富度指数（D）、Pielou均匀度指数（J）分布

夏季，檀头山岛周围海域大型底栖动物不同多样性指数的数值分布见图4.70所示，由图可见，61号站位的 H' 值最高，为4.0，65号站位 H' 值最低，为1.75。檀头山岛西侧海域 H' 值偏低；56号站位 Pielou 均匀度指数（J）值最高，为0.96，同样也是65号站位 J 值最低，为0.51，总体上 J 值在各站位分布较均匀；丰富度指数 D 值在61号站位最高（值为3.62），而在65号站位最低，仅为1.31，檀头山岛北部海域 D 值较高。

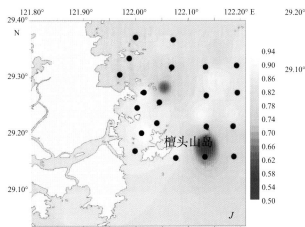

图4.70 檀头山岛海域夏季大型底栖动物Shannon-Weiner多样性指数（*H*′）、Margalef物种丰富度
指数（*D*）、Pielou均匀度指数（*J*）分布

　　秋季，檀头山岛周围海域大型底栖动物不同多样性指数的数值分布见图4.71所示，
57号站位的 *H*′值最高，为3.74，58号站位 *H*′值较低，为0.96；*J*值在65号站位最高，为1.0，
在檀头山岛近岸海域均匀度指数 *J*值高于远岸海域，在檀头山岛西侧及东北方向 *J*值较低；
丰富度指数 *D*值在57号站位最高，为2.86，*D*值在檀头山岛近岸海域值高于远岸海域。

　　冬季，檀头山岛周围海域大型底栖动物群落生物量与丰度在中间出现交叉，且 *W*值为负，
表明冬季大型底栖动物群落受到中度扰动或污染。同样地，夏季航次与秋季航次生物曲线与
丰度曲线在末端出现交叉，且 *W*值均为负，表明群落受到中度扰动或污染。仅在春季航次，
生物量曲线位于丰度曲线上方，且 *W*值为正，表明春季航次大型底栖动物群落未受到扰动或
污染（图4.72）。

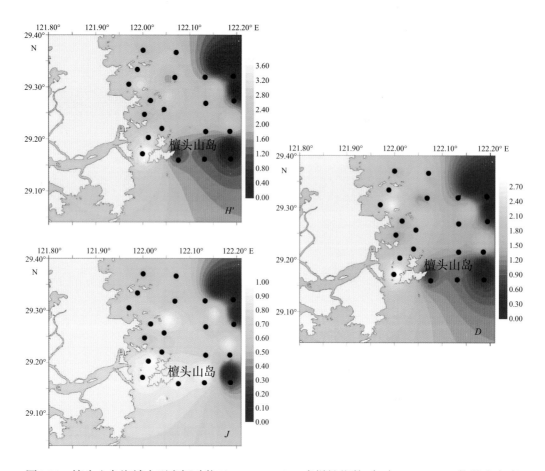

图4.71 檀头山岛海域大型底栖动物Shannon-Weiner多样性指数（H'）、Margalef物种丰富度指数（D）、Pielou均匀度指数（J）分布

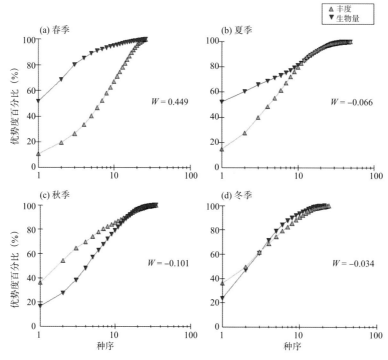

图4.72 檀头山岛海域秋季大型底栖动物丰度/生物量比较曲线

第五节 大型藻类

大型海藻是我国沿海常见的海洋植物群落，具有重要的经济、社会与生态价值。伴随着全球气候变化、温室效应与滨海资源开发等活动，海洋环境在恶化，海洋资源也遭受到了极大地破坏，位于潮间带的大型海藻等资源，首当其冲。大型海藻群落在海洋生态系统起着重要的作用，宁波东部沿海大型海藻群落在我国的海洋生态系统中又具有典型性和示范性，目前宁波东部海域的海藻资源不甚明确。在我国海藻区系的调查中，东海区、浙江近海的调查工作开展较迟而且次数较少。20世纪70年代中期以前，海藻调查多集中于浙江北部的舟山。1990年《全国海岛资源综合调查》首次记录了浙江近海大型海藻78种，近年来，在宁波沿海的海区也开展了部分海藻资源调查。本文对宁波东部沿海的海藻资源进行调查，以期筛选适宜于增养殖的大型藻类种类及其栽培的区域，从而提高经济海藻资源保有量、拓展海洋牧场中的藻场建设。

一、调查海域与方法

（一）调查海域

宁波市东部沿海的典型岛屿，分别在韭山列岛海域、乱礁洋海域（红生礁到红岩一带）、檀头山岛海域和渔山列岛海域布设调查监测点，另外在韭山列岛和渔山列岛分别设置2条潮间带调查断面，开展海藻自然种群的调查研究。

（二）调查时间与方法

按照GB/T 12763—2007（第6部分）《海洋调查规范（海洋生物调查）》要求实施。

1. 调查时间

调查分4次，分别在2013年1月、4月、7月、10月大潮汛期间进行，分别代表冬季、春季、夏季和秋季。

2. 调查方法

依据海藻的自然分布特征及历史资料，确定站点，实现定点调查。将潮间带分成高、中、低3个潮区。每条断面在高潮区设1个站位、中潮区设2个站位、低潮区设2个站位，共设5个站位，分别进行定性和定量调查。

定量样品按海洋调查规范第6部分：海洋生物调查（GB/T 12763.6—2007）的要求进行采集和数据处理，每个站位用30 cm×30 cm的定量框随机取样方，对样方内的所有海藻进行种类鉴定并拍照记录。各站采用条带取样法，重复取样2次，同时在调查点附近进行定性采集和生态观察。所得全部样品浸泡于中性福尔马林溶液中，用吸水纸吸干表面水渍，称出鲜重以计算其生物量。对于部分不确定藻种，采集样本并密封于黑色塑料袋中（依种类确定是否需要液浸），带回实验室内镜检确定其种类。

二、调查结果与分析

（一）渔山列岛的代表性海藻

渔山列岛海域共调查发现海藻85种，分属4门55属，其中：蓝藻1属1种、绿藻8属16种、褐藻12属17种、红藻属34属51种。其中有经济价值的大型海藻46种，分属4门29属，其中：蓝藻1属1种、绿藻4属7种、褐藻7属10种、红藻属17属28种。渔山列岛大部分藻类主要分布于低潮区和潮下带，在高、中潮区藻类分布较少，高、中潮区也有少数几种优势的经济海藻，如紫菜、海萝等。

渔山列岛的经济海藻区系分布明显：绿藻门的肠浒苔、砺菜及石莼等数量较多，褐藻以马尾藻属种类最多，红藻种类中，坛紫菜、海萝、石花菜、大石花菜、蜈蚣藻等数量较多，它们均是暖温性的种类。茎刺藻、小石花菜、拟鸡毛菜、椭圆蜈蚣藻、小珊瑚藻是亚热带性种类，冷温性种类有条斑紫菜、角叉菜、日本对丝藻等，是少见种，因此渔山列岛海藻区系的温度性质具有暖水带性向亚热带性过渡的特点。

1. 渔山列岛的经济藻类

①昆布（*Ecklonia kurome Okamura*）俗称吐血菜、鹅掌菜（见图4.73），是渔山列岛的特有种，分布在潮下带12 m左右的海域，如果解决其种苗的来源将可以作为海藻床建立的关键性种类。昆布生长周期长，在浅海基本上没有敌害生物破坏。我国的昆布是全球唯一的一个种类，其多酚具有显著的生物学活性，其含量明显高于巨昆布（*Ecklonia maxima*）等种类，在韩国已经开发为药物，而鹅掌菜是生物学活性最高的一种。生长盛期为6—11月，是一种暖温带性的海藻，但是繁殖生物学的研究需要深入与突破，以达到人工完成种群的繁殖，实现人工增殖与育苗。

图4.73 渔山采集的昆布样本

②裙带菜［*Undaria pinnatifida (Harvey)* Suringar］也是重要的大型经济海藻，具有很高的食疗价值。裙带菜干品粗蛋白含量为11.2%，粗脂肪含量为0.3%，碳水化合物含量约为37.8%，灰分18.9%，还含有多种维生素。具有丰富的营养成分和降血压、软化血管等功能。裙带菜在日、韩和朝鲜有着悠久的育苗与增养殖历史，而在我国则是一个较新的养殖种类，但是发展很快，现已成为北方沿海大规模栽培生产的重要大型海藻，产量位居海藻的第四位。

图4.74　渔山列岛的裙带菜

　　自然分布的裙带菜有北方型和南方型，而渔山列岛的裙带菜，作为我国现存的面积与密度最大的南端分布区（见附图），将在资源高效利用保存等领域具有不可或缺的价值，一旦能够在南方海域养殖，渔山列岛的裙带菜将发挥重要的作用。

　　③坛紫菜（*Pyropia haitanensis*）是渔山列岛传统的经济海藻，野生菜价格高，达到600元／千克，生物量大，临近的渔民均认可渔山野生坛紫菜，采集后经过简单的清洗晒干，深受欢迎。20年前，项目组从野生的渔山坛紫菜分离得到自由丝状体纯系，经过多年的栽培验证，获得了新品种坛紫菜"浙东1"号，具有生长速度快，抗高温、抗胁迫的能力强，产量高的特点，已经申报了国家级新品种坛紫菜"浙东1"号（GS-01-013—2014）。本文测定了2012年到2013年渔山列岛坛紫菜的生物量变化，见表4.21。

表4.21　渔山列岛的紫菜的生物量变化

测定时间	长度（cm）	鲜重（g）	干重（g）	鲜干比
2012年11月25日	1.49±0.31	−	−	−
2012年12月10日	3.35±0.83	−	−	−
2012年12月28日	7.24±1.21	0.062±0.011	0.009	6.89
2013年1月20日	11.58±1.59	0.143±0.052	0.022±0.006	6.50
2013年2月10日	16.55±2.84	0.268±0.094	0.042±0.009	6.38
2013年3月1日	17.28±1.56	0.392±0.066	0.067±0.008	5.85
2013年3月20日	16.57±2.84	0.441±0.058	0.078±0.013	5.65

图4.75　渔山列岛坛紫菜的生物量

④石花菜（*Gelidium. sp*）在渔山列岛的分布广、生物量大，是当地渔民传统采捕的种类（见下图4.76），经过晒干水洗，在市场上价格达到600元/千克以上，作为夏日销售冻粉或者其他饮料的原料，也是制备琼胶的最好原料。

图4.76　石花菜（*Gelidium*）及采集

2. 渔山列岛海藻的空间分布

渔山列岛潮间带底栖海藻水平分布具有一定的规律。在采样获得的85种底栖海藻中，半球鞘丝藻（*Lyngbya semiplena*）、小石花菜（*Gelidium divaricatum*）、孔石莼（*Ulva pertusa*）、鼠尾藻（*Sargassum thunbergii*）、羊栖菜（*Hizikia fusiformis*）、珊瑚藻（*Corallina officinalis*）、舌状蜈蚣藻（*Grateloupia livida*）、蜈蚣藻（*G.filicina*）、繁枝蜈蚣藻（*G.ramosissima*）、细枝软骨藻（*Chondria tenissima*）、粗枝软骨藻（*C. crassicaulis*）、海萝（*Gloiopeltis furcata*）、多管藻（*Polysiphonia seuticulosa*）等属于典型的广布种，各调查岛礁多有分布。含钙质的珊瑚藻、叉珊藻、叉节藻、粗珊藻等属的种类分布面积大，一年四季均有见到，为优势种。而局限分布种包括扁浒苔（*Ulva compressa*）、铜藻（*Sargassum horneri*）、中间软刺藻（*Chondracanthus intermedia*）、椭圆蜈蚣藻（*Grateloupia sisellitica*）、刺松藻（*Codiumfragile*）等，在局部成为优势种，在其他站位则未出现。其中刺松藻多出现在风浪相对较小的海域岩礁、水质相对比较肥沃的地方，特别是在漂浮物上分布的生物量大。囊藻（*Colpomenia sinuosa*）、真江蓠（*Gracilaria verrucosa*）等对环境要求很高，属于选择性分布种。

表4.22　渔山列岛的海藻生物量变化

单位：g/m^2

	春季	夏季	秋季	冬季	平均
H1	87.6±12.1	2.9±1.3	29.7±2.5	61.4±7.3	45.4
M1	116.2±17.5	23.4±7.5	51.1±7.3	84.3±14.2	68.8
M2	194.1±22.3	107.4±12.4	134.3±12.6	154.1±14.8	147.5
L1	308.7±28.7	177.9±18.6	248.2±19.7	296.5±27.9	257.8
L2	358.2±23.6	214.7±19.2	259.6±22.4	270.7±24.6	275.8
L3	387.4±38.1	237.2±18.9	393.0±27.8	328.5±28.7	336.5
平均	242.0	127.3	186.0	199.3	188.6

3. 小结

大型海藻群落内的生物种类较为丰富、生物量也较多、群落变化较小，是研究大型海藻群落演替的良好素材。渔山列岛的大型海藻群落多数处于自然状态，除了紫菜、石花菜等少数被当地渔民所熟悉的海藻外，其余的基本上没有受到人为采收的干扰。由于渔山列岛的自然环境条件较为优越，而且紫菜、石花菜等大型海藻的生长速度也较快，又靠近岩礁被人为破坏的机会少，因此这些藻类个体长度长、干重大、鲜干比大。

渔山列岛潮间带底栖海藻的相似性指数较大，本文分析了海域潮间带底栖海藻在各岛礁的种数及其百分比分布情况（将4个门类底栖海藻种数百分比之和视为100%）。从单个门类的种类分布来看，红藻门的出现种类数和出现比例在不同断面均占绝对优势，其范围在50.1% ~ 68.8%，平均值为60.0%；绿藻门种类出现比例范围在15.8% ~ 27.7%，平均值为18.8%，相对来说，变化的幅度小；褐藻门种类在各岛礁的出现比例占总种类的范围在11.3% ~ 28.6%，平均值为20.0%，变化范围较大，说明靠本岛的资源量及种类少。大型底栖海藻在五虎礁调查断面的分布较多，采集的种类占所有调查岛礁断面的90%以上，分析原因可能是不同的环境特点对海藻影响较大，特别是位于外海，采样点受人类活动的干扰相对较小有关。

总体调查结果发现，渔山列岛钙质的珊瑚藻属、叉珊藻属等种类的覆盖度上升，成为海藻群落建群的重要物种，而其他海藻种类和生物量在减少，总的覆盖度也在减少；海藻多样性下降现象在北渔山岛呈现加剧的趋势。

（二）韭山列岛的代表性海藻

韭山列岛调查海域的共获得底栖海藻56种（其中经济海藻28种），分属4门34属。其中：蓝藻1属1种、绿藻7属12种、褐藻9属13种、红藻18属30种，主要有舌状蜈蚣藻、孔石莼、鼠尾藻等。

1. 海藻的空间分布

韭山列岛潮间带底栖海藻的空间分布较为明显：半球鞘丝藻、小石花菜、扁浒苔、孔石莼、砺菜、鼠尾藻、羊栖菜、珊瑚藻、舌状蜈蚣藻、蜈蚣藻、繁枝蜈蚣藻、细枝软骨藻、粗枝软骨藻、海萝、多管藻等属于典型的广布种，各调查岛礁多有分布；与珊瑚藻相似的种类，其分布面积也较大，周年均能采到，为绝对优势种；而局限分布种包括坛紫菜、刺松藻、瓦氏马尾藻；其中刺松藻多出现在风浪相对较小的海域岩礁，水质相对比较肥沃的地方；此外，调查发现诸如网箱、废旧养殖设施等漂浮物上海藻的分布和生物量均较大。比较4个门类海藻在不同岛礁百分比的相对方差显示，蓝藻门最少，绿藻门次之，褐藻门最大，而绿藻门种类在该海域的总体水平分布基本呈均匀分布状态，覆盖度最大。

海藻的潮区分布也较为明显。韭山列岛低潮带种类数最多，为33种，占整个潮间带调查种类的62.3%；中潮带种类数次之，为23种，占整个潮间带调查种类的43.8%；而高潮带的种类较少，仅有砺菜、紫菜、小石花菜、茎刺藻等9种，占整个潮间带调查种类的17.0%；尽管潮间带高、中、低潮带均有各自不同的大型海藻优势种，但就同一种类海藻而言，其分布有时也会从其占优势的潮带一直延伸至其他潮带，这也是形成潮间带大型海藻垂直分布特征的重要原因。中、低潮带之间共有种有 17 种，两潮带相似性值为 0.298；高、中潮带共有种有 6 种，两潮带相似性值为 0.105；高、低潮带没有共有种，两潮带相似性值仅为 0。可以看出，中、低潮带的种类组成相似性明显高于高、中潮带及高、低潮带，造成这种差异的原因推测是由于该海域潮间带坡度较陡，潮汐涨落过程中的海水混合作用使得中、低潮带的生境趋同效果大于高、中及高、低潮带所致。

2. 海藻的季节变化

海藻种类垂直分布的季节性变化略有差异，表现为：春、夏、冬季由高到低依次为低潮带、中潮带、高潮带；秋季由高到低依次为中潮带、低潮带、高潮带。但是不管哪个季节，高潮带海藻种类都最少，种类数远少于中潮带和低潮带。

韭山列岛海域已经开展了多年的大围网大黄鱼养殖，调查养殖设施后发现，渔业养殖设施等漂浮物上附着有不同的海藻，其中带形蜈蚣藻较为引人关注。值得注意的是在每年的 5—7 月，漂浮铜藻的生物量丰富，自然生长迅速，易在海区形成广泛的分布。韭山列岛海域的海带养殖也有非常好的经济效益，但是由于远离大陆，人工及管理的成本高，特别的开敞性的海域，海带的生长与湾内有一定的差异，脆而易断，如果要在此海域开展藻类的养殖，需要在种质的筛选、养成技术等方面需要进一步研究。为取得预期的效果，建议将大围网养殖与藻类养殖二者结合起来，形成空间的组合，实现共赢。

本文在韭山列岛海域开展了立面浮体藻床，放养紫菜的实验，结果如表 4.23 所示。

表4.23　立面浮体藻床养殖紫菜的生长情况

	第50天		第72天		第92天		第120天	
	密度(株/cm)	长度(cm)	密度(株/cm)	长度(cm)	密度(株/cm)	长度(cm)	密度(株/cm)	长度(cm)
立面浮体藻床	40.3±6.92	13.3±1.51	38.7±1.80	19.3±2.47	27.9±2.45	24.4±1.06	19.3±0.88	25.5±2.38
紫菜养殖筏架	63.2±8.04	17.6±1.89	58.1±7.32	24.0±5.06	53.5±2.17	37.6±3.86	12.2±1.54	31.6±5.26

结果表明，立面浮体藻床由于一直固定在特定的水层，平均水层低于紫菜养殖筏架，藻床上的藻类生长速度较缓，但藻床上紫菜密度减少的速度也较慢。总体表明立面浮体藻床具有少掉苗、需光少的特点，而紫菜养殖筏架位于水面，风浪的冲击大，掉苗严重。因此，针对不同的海区条件，应该选择不同的培育方式。

3. 生物量的变化

调查是在海藻生长旺盛的冬春季开展，采样点的海藻生物量为 231.8 g/m²，其中褐藻生物量 135.3 g/m²，居第一位。断面的海藻生物量为 33.9 g/m²，其中绿藻生物量为 27.2 g/m²，居第一位。各类型潮间带海藻生物量的垂直分布由高到低呈现低潮区、中潮区、高潮区的规律。

按照生物量 Q 的指标，檀头山岛的年平均生物量 73.2 g/m²；乱礁岛礁 22.9 g/m²。近岸的生物量以绿藻类为主，小石花菜和茎刺藻、钙质的红藻占据另外的重要部分。

（三）宁波东部海域大型海藻

调查期间，宁波东部海域共采集的大型海藻 92 种，分属 4 门 55 属，其中：蓝藻 1 属 1 种、绿藻 8 属 17 种、褐藻 15 属 19 种、红藻属 36 属 55 种。

海藻生物量的变化

敞开型、外海型的渔山列岛潮间带类型是岩礁性的，其年平均生物量高达 847.2 g/m²，以褐藻类为主；近岸海域的韭山列岛岩礁相潮间带的年平均生物量为 126.1 g/m²，其他近岸海域的大型海藻年平均生物量为 26.3 g/m²，总体来看，外海型的岩礁海藻的多样性和生物量明显高于近岸海域。

采集到的 92 种大型海藻中有 52 种具有一定经济价值，分别属于 28 属。其中小石花菜，茎刺藻，作为经济红藻，含有丰富的琼胶，其自然分布广，而且是多年生的种类。它们可以与海葵等海洋生物形成较为稳定的群落，在栖息地形成较为特殊的自然海滨景观，而且它们在海洋生态修复中具有一定的生态价值和经济价值。

另外一种周年都有见到的经济海藻是鼠尾藻 [*S.thunbergii* (Mertens) O'Kuntze]。按照生物量 Q 的指标，鼠尾藻在渔山列岛潮间带的年平均生物量 105.3 g/m²，是海藻资源的重要组成部分。鼠尾藻目前已经进入了生产性育苗养殖的领域，对于其自然资源的维护，特别是类似于野生状态的培育、利用，种质资源的保护，海洋牧场的构建与藻床重建等海洋生态修复工作具有极大的现实意义。

调查期间（5—6 月），研究者经常能够在码头、岸边、海区的浮子等漂浮物上发现悬浮的铜藻，这些漂浮的铜藻在海区中也大量存在，生物量较高。漂浮铜藻经常会进入渔民捕捞的网具中，给网具造成损坏，当地渔民不胜其烦。但是浙江海域中漂浮铜藻的存在时间较短，它们在海区的发展趋势尚不明确，值得进一步深入研究。另外，铜藻生长速度快、个体大，是进行海藻床建设以及开展海洋生态修复工作的重要物种之一，得到了各方的普遍关注。但其资源的开发涉及多个过程，需要进行全产业链和生态链的探索，方能确定其资源的可利用性。尤其对铜藻资源的开发利用形式的研究，需要从产业化开发方面进行深入探讨，从而实现铜藻的生态效益、环境效益与经济价值的共赢。

三、结论与建议

（一）大型海藻的种类与分布

据资料记载，浙江海域大型海藻共 97 属 208 种，其中：蓝藻门 5 属 5 种、红藻门 60 属 134 种、褐藻门 21 属 38 种、绿藻门 11 属 31 种。本次调查在宁波东部海域共调查发现大型海藻仅 92 种，分属 4 门 55 属，其中：蓝藻 1 属 1 种、绿藻 8 属 17 种、褐藻 15 属 19 种、红藻属 36 属 55 种。从种类数上来看，与历史记录资料对比，下降了近一半以上。在获得的 92 种海藻中，仅有 52 种是具有一定经济价值的海藻种类。

渔山列岛的海藻种类变化较为明显。经对比和观察发现：每年立冬前软丝藻、红毛菜及半球鞘丝藻等丝状藻类在峭壁高潮带密集生长成绒毛状，其下限紧相连有皱紫菜及坛紫菜，形成蓝、绿、红藻丝状体叶状体混生生态景观，但这种混生生态景观在 2008 年后消失，现仅有坛紫菜和半球鞘丝藻。据当地的渔民反映，20 世纪 90 年代经常有昆布被潮水打到岩礁上，本项目研究人员在 2006 年也曾采集到昆布的活体标本，但近几年来均未再发现。这种昆布等代表性种类的消失，说明海藻的大型群落结构在发生变化，因此，海藻资源的调查与保护工作亟须开展。

（二）大型海藻的数量

不同海域内大型海藻的生物量存在较大的差异。经调查发现，外海岛礁、近海岛礁大型海藻的生物量分别为 847.2 g/m² 和 126.1 g/m²，外海岛礁的年平均生物量最高。进一步分析发现，外海岛礁中的大型藻类以褐藻类为主，海藻的多样性和生物量远高于近海、近岸。通过走访调查、实地采集发现，在近 10 年内，近岸岩礁的生物量急剧下降，有些物种已消失、绝迹，出现大范围岩礁"寻无藻迹"现象。亚热带性、暖温带性种类比例上升，冷温带性比例下降，群落演替激烈，石灰质的珊瑚藻、叉珊藻类成为绝对优势种类。相反的如马尾藻属，该属种类繁多、藻体高大，大部分的种类既是优势建群种，又具有较高的经济价值，羊栖菜和鼠尾藻曾是优势建群种，目前该种群在缩小，优势度下降，几乎丧失建群能力，半叶马尾藻、铜藻、瓦氏马尾藻种群趋向稀少，仅在渔山保持一定的优势。

（三）藻类减少的原因分析

1. 大气环境恶化

大气环境恶化是导致藻类大量减少的重要因素，尤其是酸雨长期累积效应，严重影响了大型海藻的繁衍和生长，是导致种类、生物量大幅下降的首要原因。大气环境在持续恶化，霾（雾）年天数呈上升趋势。沿海各市县均处于中、重度酸雨区，酸雨率高居不下，pH 值波动范围大。由于潮间带海藻暴露在空气中时间长于潮下带，酸雨和霾（雾）天气条件对其影响更为严重。

2. 海藻生境遭到人为破坏

随着经济发展，大量海洋工程的实施，围填海等人为的活动，导致自然岸线被改变，大片岩礁消失，取而代之的是混凝土堤坝。严重破坏了海藻的自然生态环境，这种现象在近岸区域随处可见，加上对环境生态保护、修复、重建的意识不强和技术手段滞后，是海藻种类、生物量大幅下降的主要原因之一。

3. 陆源污染源

陆源污染源入海剧增，是导致近海环境质量急剧下降的重要因素。陆源污染物导致了海水富营养化水平升高，重金属污染加重，造成海区中的赤潮频发，且发生时段均在春季，对大部分处于孢子期或幼苗期的藻类，造成较大伤害。但大型海藻耐肥，在生长期能大量吸收、储存、转移氮、磷和碳，其在海洋环境保护与生态环境修复中作用已得到充分肯定，环境质量因素对其影响不大。这也是外海岛礁、近海岛礁差异大的主要原因。

（四）建议

从本次调查的结果看，对生境修复及海滨景观再造的功能性藻类选择、繁育，并开展相

关技术标准和操作规程的制定，是非常迫切的。

（1）近岸海域受陆上径流淡水影响，自然生态系统脆弱，海水比重普遍较低，N、P营养盐增加，以绿藻居多，软丝藻、砺菜较为常见。调查发现，红藻门的小石花菜、茎刺藻在大部分采集点上都有分布，建议将它们作为近岸海域生境修复及滨海景观再造的首选物种。同时，可结合海葵、固着贝类及耐盐性植物等共同营造海滨景观。

（2）选择优势建群种，通过人工干预，在近海、外海岩礁上以营造海藻场模式进行生境修复。在调查中发现，鼠尾藻是一种周年都有见到、广分布的经济海藻，是海藻资源的重要组成部分。按照生物量 Q 的指标测算，鼠尾藻在渔山列岛年平均生物量达到 75.6g/m²。目前，鼠尾藻生产性育苗养殖技术已经突破。我们能够利用人工繁育的方法，采用野生的种源，开展增殖，进行野生状态的培育、利用，对自然资源的维护、种质资源保护、海洋牧场的构建与海藻场重建、海藻生境修复等提供可靠的技术支撑，建议作为近海、外海岩礁生境修复的主要物种。同时，可考虑坛紫菜、石花菜、蜈蚣藻、裙带菜、其他马尾藻等优势种作为共生物种，共同营造海藻场。

（3）浙江海域拥有自然生长的铜藻，特别在浙江北部海域。而在5—6月，岩礁上没有发现铜藻。在调查期间的5—6月，经常能够发现在海区上漂浮的和码头、岸边、海区的浮子等漂浮物上生有铜藻，而且生长状态良好，具有一定的生物量。有时也会进入渔民捕捞的网具中。这二者是否有必然的联系，以及漂浮铜藻在海区的发展趋势如何，值得进一步研究。

第五章 海洋牧场（人工鱼礁）适宜性评价

海洋牧场是指通过人为干涉，逐步改善或改造海洋局部环境条件，在为海洋经济生物的生长发育营造良好环境的同时，将人工培育的生产对象幼体投放到自然海域中，在局部海域形成自然种群，从而提高自然海域生产力的生产方式。

海洋牧场的重要特征是通过人为干预的手段构建海洋生物栖息的场所，其中构建人工鱼礁是其重要手段之一。本章在海洋环境与生态环境调查的基础上，对宁波东部海域投放人工鱼礁的适宜性进行综合评价，以期为海洋牧场的建设提供科学的依据。

第一节 评价范围和方法

一、评价范围

宁波东部海域海洋牧场适宜性调查区域主要为象山县东部海域，面积约 1 000 km²，北至东屿山、东至韭山列岛以西、南至檀头山岛、西至大陆近岸，29°30′30″—29°36′N，122°0′—122°10′E，详细调查站位和调查区域见第一章的表1.5和图1.2、图1.3。

根据实测数据的分布疏密情况，在调查海域中选取3个海区，来开展适宜性分析工作。三个海区分别为乱礁洋海域（29°29′30″—29°36′N，122°0′—122°5′E）、韭山列岛海域（29°22′30″—29°29′N，122°5′—122°10′E）和檀头山岛海域（29°10′—29°22′N，121°59′—122°13′E）。海洋牧场适应性评价备选海区位置示意如图5.1。

二、评价方法

利用层次分析方法，通过对海洋功能区划、可接近性、水深、水流、水质、坡度、底质、初级生产力、渔业资源等评价因子进行适宜性分析。在宁波东部海域生态环境和生物资源本底调查的基础上，构建影响海洋牧场选址（以人工鱼礁为例）的定性和定量分析模型，建立海洋牧场选址评价指标体系，确定影响海洋牧场选址各因素的权重分配，研究海域的环境特征与种类适应性，并选择特定的海域进行研究试验，综合评价宁波东部海域海洋牧场的适宜性情况。

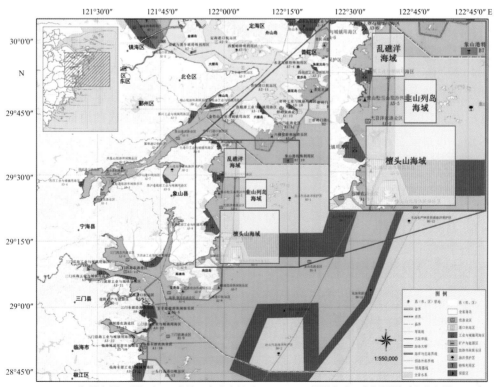

资料来源：浙江省908成果；大地坐标系：WGS84；投影方式：高斯投影（中央经线123°E）
制作单位：浙江省发展规划研究院；制作时间：2012年9月

图5.1 海洋牧场适应性评价备选海区位置示意图

第二节 海洋牧场（人工鱼礁）适宜性分析方法

由于海洋牧场建设是一个系统性工程，其选址环节受到诸多因素的影响，结合海洋牧场的概念和特点，综合前人对海洋牧场选址的研究，将影响海洋牧场建设的因素总结为社会经济环境、海洋物理环境和海洋生物环境三个方面的因素。海洋牧场选址一般需要考虑的因素如图5.2所示。

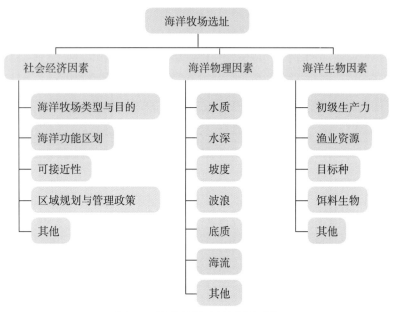

图5.2 海洋牧场选址因素组图

本次评价采取历史资料、实测观测资料、专家调查问卷、海洋水动力数值模拟等方式，结合层次分析法建立海洋牧场选址评价体系，得出海洋牧场适应性结论，利用GIS系统进行数据入库和图件后期处理。评价流程分为以下几个关键步骤：海洋水动力数值模拟提供评价分析的水深、坡度、流速等数据；历史资料、实测观测资料、专家调查问卷提供评价分析的其他相关评价因子数据；层次分析法对数据进行分析，建立评价指标体系，得出结论；GIS对分析所得出的结果进行数据库构建和图件制作。

一、水动力数值模拟

（一）水动力数值模型的建立

考虑到宁波市海域以及周围海域众多的岛屿和复杂的水下地形，本文采用MIKE21软件建立涵盖象山港以及三门湾北部海域的三维水动力模型。MIKE模型是广泛应用于海洋、水资源和城市等领域的水环境管理系列软件，可模拟具有自由表面的一维到三维流动系统，包括对流弥散、水质、重金属、富营养化和沉积作用过程模块。主要解决包括潮汐交换及水流、分层流、海洋流循环、热与盐的再循环、富营养化、重金属、黏性沉积物的腐蚀、传输和沉降、预报、海洋冰山模拟等与水力学相关的现象。MIKE21FM已在全球70多个国家得到应用，计算结果可靠，为国际所公认。参考宁波海洋牧场拟投放的人工鱼礁种类对水深、水流的基本需求，应用当地海域水深和水动力数值模型的潮流结果对人工鱼礁选址进行适应性分析。

1. 连续性方程

$$\frac{\partial u}{\partial x} + \frac{\partial v}{\partial y} + \frac{\partial w}{\partial z} = S_c$$

x、y 向水平动量方程组：

$$\frac{\partial u}{\partial t} + \frac{\partial v^2}{\partial x} + \frac{\partial vu}{\partial y} + \frac{\partial wu}{\partial z} = fv - g\frac{\partial \eta}{\partial x} - \frac{1}{\rho_0}\frac{\partial p_a}{\partial x} - \frac{g}{\rho_0}\int_z^\eta \frac{\partial \rho}{\partial x}dz - \frac{1}{\rho_0 h}\left(\frac{\partial s_{xx}}{\partial x} + \frac{\partial s_{xy}}{\partial y}\right) + F_u + \frac{\partial}{\partial z}\left(v_t\frac{\partial u}{\partial z}\right) + u_s S$$

$$\frac{\partial v}{\partial t} + \frac{\partial v^2}{\partial y} + \frac{\partial uv}{\partial x} + \frac{\partial wv}{\partial z} = fu - g\frac{\partial \eta}{\partial y} - \frac{1}{\rho_0}\frac{\partial p_a}{\partial y} - \frac{g}{\rho_0}\int_z^\eta \frac{\partial \rho}{\partial y}dz - \frac{1}{\rho_0 h}\left(\frac{\partial s_{yx}}{\partial x} + \frac{\partial s_{yy}}{\partial y}\right) + F_v + \frac{\partial}{\partial z}\left(v_t\frac{\partial v}{\partial z}\right) + v_s S$$

式中，t 为时间；x、y、z 为笛卡尔坐标轴；η 为水位；d 为静水深；$h = \eta + d$ 为总水深；u、v、w 为 x、y、z 方向的速度分量；$f = 2\Omega \sin\phi$ 为科氏力系数；g 为重力加速度；ρ 为水的密度；S_{xx}、S_{xy}、S_{yx}、S_{yy} 为辐射应力张量要素；V_t 为垂直方向涡粘系数；P_a 为空气大气压；ρ_0 为水的参考密度；S 为源（汇）流量；u_s、v_s 为源（汇）流向外界的流速分量；F_u、F_v 为水平应力量，采用流速梯度—应力关系，可简化为：

$$F_u = \frac{\partial}{\partial x}\left(2A\frac{\partial v}{\partial y}\right) + \frac{\partial}{\partial y}\left[A\left(\frac{\partial u}{\partial y} + \frac{\partial v}{\partial x}\right)\right]$$

$$F_v = \frac{\partial}{\partial x}\left[A\left(\frac{\partial u}{\partial y} + \frac{\partial v}{\partial x}\right)\right] + + \frac{\partial}{\partial y}\left(2A\frac{\partial v}{\partial y}\right)$$

其中，A 为水平涡黏系数。

2. 定解条件

初始条件：冷启动。

边界条件：开边界采用全球潮汐预报系统数据。闭边界采用自由滑动移边界条件，与闭边界垂直方向流速为零。

3. 计算方法

采用标准 Galerkin 有限元法进行水平空间离散，在时间上，采用显式迎风差分格式，空间上采用 ADI 离散动量方程与连续方程。

4. 网格

网格水平剖分采用非结构三角网格，三角网格能较好地拟合陆边界，网格设计灵活且可随意控制网格疏密；通过网格生成水平方向模块，垂向则分为 6 层，各层厚度分别为总水深的 10%、20%、20%、20%、20%、10%，计算时间步长取 30 s，数值模拟的范围和网格的具体分布见图 5.3，水深示意图见图 5.4。

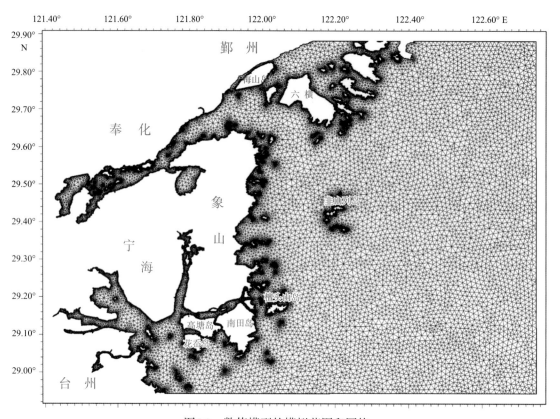

图5.3 数值模型的模拟范围和网格

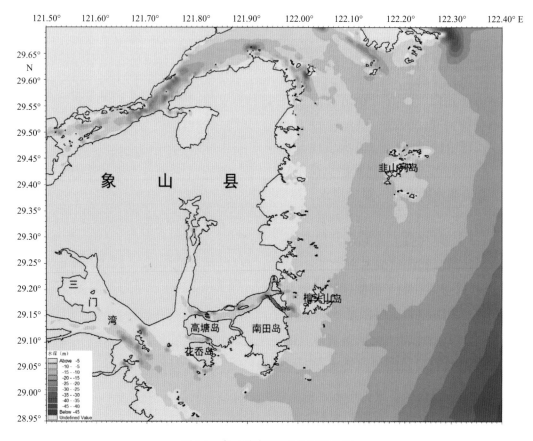

图5.4 象山东部海域水深示意图

（二）水动力数值模型的验证

选取象山爵溪海洋站的实测潮位数据（2011 年 12 月 11—25 日）进行潮位验证；选取乱礁洋海域的 27 h 连续观测数据（观测站位：31 ~ 34 号站位， 观测时间：2011 年 12 月 11—12 日）和韭山列岛海域的 27 h 时连续观测数据（观测站位 35 ~ 38 号，观测时间：2011 年 12 月 12—13 日）作为验证资料进行流速和流向验证。潮流、潮位验证点坐标位置见表 1.5 和图 1.3。

验证结果表明：流向的模拟值与实测数据能较好地吻合，误差控制在 10% 以内；涨、落潮历时的模拟值与计算值基本一致；涨、落潮流的主峰和流速变化趋势模拟地较为准确，流速绝对误差均在 0.2 m/s 以内，相对误差在 20% 以内。因此，本模型具有较高的准确度，能够用于模拟 3 个评价海域的潮流情况。

二、建立海洋牧场适应性评价指标体系

根据宁波东部海域本身的特点，结合当地渔业资源环境状况和调查资料，从数据的可靠性、经济性、适用性等角度进行比对筛选，最终选取海洋功能区划、可接近性、水深、水流、水质、坡度、底质、初级生产力、渔业资源等 9 个因子作为本次适应性评价的评价因子，建立宁波东部海域海洋牧场的 AHP 结构模型（图 5.5）。

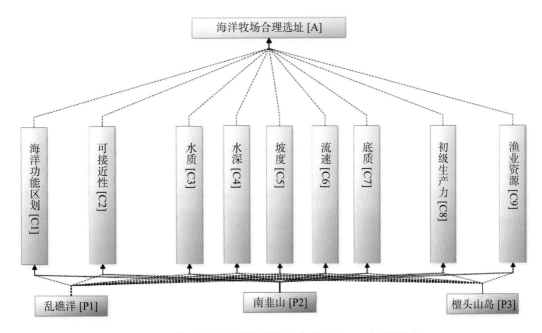

图5.5 宁波东部海域海洋牧场合理选址AHP结构模型

评价因子对海洋牧场选址的影响

海洋功能区划：海洋的使用功能众多，海洋功能区划是海域开发利用与管理的综合体现。海洋牧场是长期以来渔业发展的产物，是海洋使用功能的重要内容之一。目前，我国海洋功能区划中没有针对海洋牧场单独划分的海洋功能类型，但作为渔业综合开发利用与管理的新型渔业方式，可以将其功能定位于渔业发展的区划。如海洋捕捞区、浅海养殖区、深水网箱

养殖区、定置拖网区、增殖放流区等，尤其是一些已具备人工鱼礁、增殖放流和海水生态养殖基础的海域，均可列为海洋牧场的建设备选区。针对一些具有排他性的功能区，如航道、军事训练、海底管线等功能区，在进行海洋牧场建设选址时，应特别注意与这类海域保持一定的距离，避免海洋功能使用上的冲突。

可接近性：该要素是描述海洋牧场区域到岸线之间的距离，以及海洋牧场距离特定渔港、码头的距离，表征了海洋牧场可接近的程度。海洋牧场区域距离海岸或特定渔港、码头的距离较近，容易受到人类活动的影响，距离较远一方面不利于建设实施，另一方面也不利于人类达到牧场区域从事渔业生产活动，因此适宜的距离是较为重要的考虑因素。

水质：海洋牧场建设包括基本的栖息地改造、资源增殖放流、生态养殖、休闲渔业等要素，属于典型的海洋生态类建设，有别于一般的海洋工业类项目，海洋牧场要求较好的海洋水环境质量以确保牧场内水生生物环境的生存基础。这些水质要素进一步的包括：适宜的水色、盐度、溶解氧、透明度、悬浮物、氮磷含量、重金属含量以及油类污染物等。

水深：人工鱼礁投放海域的水深不宜过深，否则会影响附着生物的光合作用效果，削弱人工渔礁增殖效果。Fast 等（1974）认为人工渔礁投放水深小于 20 m 为宜；Nakamura（1982）认为人工渔礁可投放的水深范围为 10 ~ 100 m 不等；邵广昭等（1988）表示 20 ~ 30 m 为最佳投放水深；张怀慧等（2001）认为最适投放水深应根据实际情况确定，主要依据是生物的地理分布；徐汉祥等（2006）认为人工渔礁投放的适宜水深应该由渔礁自身的特征结合海域的物理环境和生物环境确定，一般不能小于 15 m，否则人工渔礁投放后容易影响船舶航行，以及受到风暴潮的影响。此外，投礁水深的另外一个重要判断依据是渔礁单体的高度，研究表明，投礁水深的最适水深一般为礁体高度的 4 ~ 10 倍。综上所述，人工鱼礁一般选取适宜海洋浮游生物可以进行光合作用的浅水区，我国多以 20 ~ 40 m 等深线作为投放人工渔礁的重要参考依据。

流速：流速是影响海洋牧场功能发挥的又一重要物理因素。流速大小影响着人工渔礁的安全性与稳定性，人工渔礁投放后也会对流场产生反作用，改变礁区内的海流速度和方向，从而造成营养物质的重新分配。研究表明，流速过小容易造成渔礁掩埋，渔礁上的附着生物容易因泥沙固着而窒息；流速过大容易造成渔礁投放后底部被冲淤和洗掘，影响渔礁的稳定性，具体表现为移位、倾覆等。通常认为渔礁投放海域的流速以小于 0.8 m/s 为佳，从养殖的角度出发，海区需要一定的流速，以利于养殖自身污染的消散、改善水质、提高养殖种类的品质等；但流速不能过大，流速太大会损害养殖设施、减少有效养殖水体、损伤养殖种类、影响养殖生产等，故一般要求流速小于 1.1 m/s。

坡度：坡度是指海底地形的起伏程度，是影响渔礁投放后安全性与稳定性的重要因素。海底坡度较多，地形较陡，则不利于渔礁的稳定性，容易导致渔礁在海流和波浪的作用下倾覆和漂移，从而失去相应的功能。研究表明，海底坡度在小于 5° 时能够较好地确保渔礁的稳定性。

底质：底质也是影响人工渔礁工程安全性及有效性的重要因素。人工鱼礁建设区最好是硬质底质泥沙底，而且其表层泥沙的厚度不能太深，以免礁体投放后由于底质太软而沉入海底。研究还表明，人工鱼礁的位置与现存的硬质底土层的关系是影响生物多样性和生物密度的重要因素，对于人工渔礁区的选址工作，应事先对拟选址海区做好详细的底质调查，以便验证其可行性。

初级生产力：海洋牧场是以目标生物的产出为主体目标，要求海区有较高水平的生产能力以满足目标生物的摄食。初级生产力也是标志海域生物资源水平的重要指标，是关系海洋牧场能否正常运转的关键因素之一。

渔业资源：渔业资源是指具有开发利用价值的鱼、虾、蟹、贝、藻等经济动植物的总体，渔业资源水平一定程度上反映了海区的生态环境综合水平，资源水平较高的海域其生态健康程度一般较高，因此，通过对渔业资源水平的判断能够有效地查明海区是否适宜通过海洋牧场建设来实现生态环境的保护和水生生物资源养护与增殖的目的。此外，对海区渔业资源水平的考察也能够帮助分析海区与目标种生活史阶段的匹配程度，有利于针对性地开展选址工作。例如，调查发现某海区目标种仔稚鱼资源量较高，则可初步判断该区域可能为目标种的繁育场所或索饵场所，可以在该区域开展资源养护型的海洋牧场建设。

三、层次分析法

层次分析法（AHP）是由美国匹兹堡大学运筹学家萨蒂教授于 20 世纪 70 年代初提出的，是一种定量与定性相结合的、系统化、层次化的分析方法，其特点是将决策者的经验判断予以量化，在目标结构复杂且相对缺乏数据的时候较为实用。这种方法可以将复杂的问题层次化、简易化、数学化，方便分析和计算。在具体运用时也要注意层次分析法的一些缺陷，例如：涉及的九分法的合理性缺乏论证，指标的层次性和数量会严重影响权重赋值等。但是，从理论发展和应用实践来看，层次分析法是当前实用最多，效果较好的一种多属性决策分析方法。

（一）层次分析法简介

1.明确问题，建立层次结构模型

在明确问题时将问题抽象化、概念化，包括明确属性，分解因素并将这些因素归并为不同层次以形成层次结构，明确目标层、子目标、方案层之间的上下衔接关系。一般分为3个层次，分别为目标层A、准则层C、方案层P，有时候准则层又会细分为多个层次（当准则层元素过多，例如多于9个时，应进一步分解出子准则层）。一般的层次结构模型见图5.6。

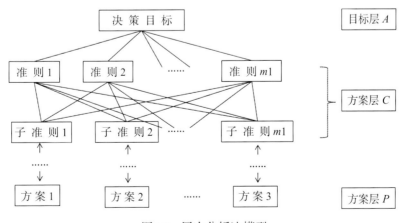

图5.6　层次分析法模型

2. 构建两两判断矩阵

通常采用专家调查问卷法，获得层次结构中各要素两两比较的值，两两因素之间进行的比较取 $1 \sim 9$ 尺度。用 a_{ij} 表示第 i 个因素相对于第 j 个因素的比较结果，则有 $a_{ij} = \dfrac{1}{a_{ij}}$，可得到两两判断矩阵：

$$A = \begin{pmatrix} a_{11} = \dfrac{W_1}{W_1} = 1 & a_{12} = \dfrac{W_1}{W_2} = 1 & \cdots & a_{1n} = \dfrac{W_1}{W_n} \\ a_{21} = \dfrac{W_2}{W_1} & a_{22} = \dfrac{W_2}{W_2} = 1 & \cdots & a_{2n} = \dfrac{W_2}{W_n} \\ \cdots & \cdots & a_{ij} = \dfrac{W_i}{W_j} & \cdots \\ a_{n1} = \dfrac{W_n}{W_1} & a_{n2} = \dfrac{W_n}{W_2} & \cdots & a_{nn} = \dfrac{W_n}{W_n} = 1 \end{pmatrix}$$

表5.1　两两比较法的标度与定义说明

标度 a_{ij}	定义
1	因素 i 与因素 j 相同重要
3	因素 i 比因素 j 稍重要
5	因素 i 比因素 j 较重要
7	因素 i 比因素 j 非常重要
9	因素 i 比因素 j 绝对重要
2，4，6，8	因素 i 与因素 j 的重要性比较值介于上述两个相邻等级之间
倒数1，1/2，1/3 …	因素 i 与因素 j 比较得到判断值为的互反数

3. 层次单排序及一致性检验

通过软件对判断矩阵进行计算，获得各要素的权重向量，得到层次单排序。采用一致性指标CI，随机一致性指标RI和一致性比率CR进行一致性检验。其中 $\mathrm{CR} = \dfrac{C \cdot I}{R \cdot I}$。若 $C \cdot R < 0.1$，或 $C \cdot I < 0.1$ 则一致性检验通过；若 $C \cdot R < 0.1$ 不成立，则需重新构造成对比较矩阵。

4. 层次总排序及其一致性检验

利用单层权向量的权值 $W = \begin{pmatrix} W_1 \\ \vdots \\ W_n \end{pmatrix} j = 1, 2, \cdots, m$ 构建组合权向量表，并计算其特征根和特征向量，然后进行一致性检验。

5. 结果分析

根据最终的层次分析排序结果，选择出最佳方案。

（二）方法应用

海洋牧场适宜性等级划分

统筹宁波东海海域 9 个要素的实际情况，并结合相关专家的意见，给出 3 个评价海域的等级评分表。以 5 为最优海域，条件相比有差别，则递减等级（表 5.2）。

表5.2 海洋牧场评价要素等级

等级	功能区划	可接近性	水质	水深	坡度	流速	底质	初级生产力	渔业资源
乱礁洋	3	5	3	3	4	4	4	5	3
南韭山	5	3	5	4	4	5	4	4	4
檀头山岛	4	5	4	3	4	5	4	4	4

四、GIS地理信息系统

利用 Mapinfo 软件读取宁波东部海域的海洋功能区划，并进行数字化，然后将其叠置在水深、水流的叠置重分类图上。利用该软件对本次评估海域的海洋功能区划进行筛选，将评估海域中工业用海、旅游休闲、航道、特殊利用（数据均来源《浙江省海洋功能区划图》）等与海洋牧场选址相冲突的区域排除。水深数据来源于海图数字化，由若干组水深点插值生成；坡度数据则由差值水深图得到；流速数据利用水动力数值模型计算得到。

用 GIS 地理信息系统生成单因子评估图层，并进行重分类；将不同因子的重分类图叠置分析，获得综合评价图，再次进行重分类；最后将 Mapinfo 软件制作的海洋功能区划叠加在综合评价重分类图之上，获得最终的海洋牧场选址分布图。

运用 ArcGIS 空间分析技术，从水深、水流等物理因素方面进行适宜性评价，其中，适宜区域综合指数在 2.0 ~ 3.0 之间，中度适宜区域综合指数在 1.0 ~ 2.0 之间，一般适宜区域的综合指数在 0.0 ~ 1.0 之间。由于水深和水流的适应性评价均为宁波东部海域的大区范围，该范围大于宁波东部海域海洋牧场的 3 个调查海区。为了评价方便以及给邻近海区以后延伸布设人工鱼礁带来方便，在此，根据水深和水流情况来评价海区人工鱼礁适应性范围远远大于本次调查海区范围。

五、海洋牧场类型初定

根据宁波市东部海域的环境特点以及传统养殖状况，文中海洋牧场的建设类型为人工渔礁。传统上，人工鱼礁主要有休闲生态鱼礁、资源增殖型人工鱼礁、人工鱼礁场 3 种类型。人工鱼礁对水深的要求与其功能以及投放的礁体有关：浅海养殖鱼礁投放在水深 2 ~ 9 m 的沿岸，主要是以养殖海珍品、休闲为主的小型鱼礁，如海藻礁、海胆礁、养蚝礁、鲍鱼礁、钓鱼礁等，礁体材料以天然石块、混凝土、废弃物等为主，礁体不高；近海增殖养护与渔获型鱼礁投放在水深 10 ~ 30 m 的近海，如增殖型、幼鱼保护型、渔获型鱼礁，礁体材料以混凝土、钢材、废弃物等为主；外海增殖与渔获型鱼礁投放在水深 40 ~ 99 m 外海水域，如增殖鱼礁、渔获鱼礁、浮式鱼礁等。总体来看，建设人工鱼礁一般要求在水深 20 ~ 30 m 之间，不超过 100 m，浅海海珍品增殖礁或者用于休闲渔业的游钓鱼礁一般设置在水深 10 m 左右，鱼类增殖礁一般设置在水深 20 m 左右，设置人工鱼礁至少要在海面最低潮面以下 5 m。

第三节　人工鱼礁适应性分析和评估

一、评价因子详析

海洋功能区划：参照《浙江省海洋功能区划（2011—2020年）》，本文对评价海区的海洋功能区划进行了综合分析与评述，经比对后发现：乱礁洋海域大部分位于象山农渔业区，该海域涉及的海洋功能区划还有外干门港口航运区、爵溪工业和城镇用海区、大目洋农渔业区、韭山列岛海洋保护区等，临近海洋功能区主要有大港口工业和城镇用海区、普陀港口航运区、松兰山旅游休闲娱乐区、普陀农渔业区等；韭山列岛海域位于韭山列岛海洋保护区内，邻近海洋功能区主要是北部、西部的象山农渔业区和大目洋农渔业区以及南部的韭山列岛保留区；檀头山岛海域涉及海洋功能区划较多，分别为檀头山岛旅游休闲娱乐区、檀头山岛特殊利用区（倾倒区"B7-3"）、象山农渔业区、石浦农渔业区、石浦旅游休闲娱乐区、韭山列岛保留区、韭山海洋保护区、象山东部工业和城镇用海区和鹤浦旅游休闲娱乐区等。

由于海洋功能区划是指导用海活动的规范性文件，是在综合考量海域自然属性、当地社会经济状况和各类用海需求的基础上形成的。在用海活动中，海洋功能区划具有广泛的约束性，所以本文在综合分析不同海域的功能区划后发现，单纯以海洋功能区划来看，在韭山海域内投放人工鱼礁最为适宜，因为韭山海域为海洋保护区，投放人工鱼礁一方面能提高目标渔业资源的生物量，另一方面也能对其海洋生物资源养护起到良好的保护作用；其次是檀头山岛海域，该海域主要是农渔业区和旅游休闲区，投放人工鱼礁符合农渔业区的规划目标，同时能对休闲旅游（特别是休闲垂钓）起到促进作用；乱礁洋海域内海洋功能区划出农渔业区外，还有大面积的工业用海和城镇建设用海区，人工鱼礁的建设与其主旨的功能不太符合，在利用过程中还会产生局部性的矛盾。

可接近性：主要考量的是作业的距离和范围。单纯从这个角度考虑，乱礁洋海域离陆地最近，檀头山岛次之，韭山列岛海域最远。经调查后发现，传统的渔业生产活动多集中在乱礁洋海域和檀头山岛海域，因为受到渔船、渔具等设施的限制，在此作业较为方面，而且渔获物的量也不低；而韭山列岛位于宁波东部海域的外围，经测算距象山县的主要交通枢纽的距离约16km，而且韭山列岛的诸岛均为无居民海岛，交通条件受限，而且生活设施几乎是空白，因此该海域的可接近性较差。

水质：根据《2011年宁波市海洋环境公报》显示：2011年全市所辖海域海洋环境质量状况与2010年基本持平，劣四类和四类海水水质的海域面积有所下降，三类和二类海水水质的海域面积有所增加。2011年宁波所辖海域海水主要受无机氮、活性磷酸盐影响。劣四类海水水质的海域主要分布在杭州湾南岸、甬江口、大榭至北仑港、象山港、三门湾等海域。本文中的调查海域均为劣四类海水水质（图5.7）。通过对评价海域的生态环境进行长期跟踪监测，我们发现：宁波海域的海洋环境整体呈现外海优于近岸，近岸优于港湾的特征，因此外海海域的水质污染程度较近岸海域稍轻，因为外海受陆源污染相对较轻，而且水体的交换速率也快，对污染物的输移扩散更为迅速。在此趋势下，考量水质指标，南韭山海域最为适宜，其次是檀头山岛海域，而乱礁洋海域最差，乱礁洋海域的水质一方面受陆源影响较严重，另一方面受象山港内海水的影响。

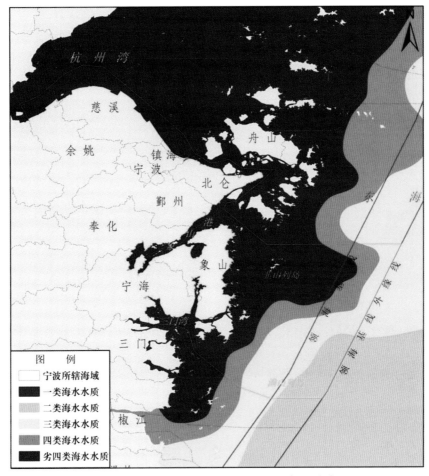

图5.7 宁波东部海域海水质量状况（2011年）

水深：根据数字化海图结合数模插值的结果，得出调查海域的水深地形图（图5.4）。如图5.4所示，宁波东部海域近岸水深主要分布范围在0～15 m不等，大部分水深在5～10 m之间。其中乱礁洋海区大部分水深在6～8 m，南韭山海区大部分水深在6～10 m，北韭山海区大部分水深在10 m以上，东部有部分水深在15 m以上；檀头山岛海区大部分水深在6.5～8 m。以人工鱼礁为主体的海洋牧场建设区的最佳水深在20～30 m之间，不能超过100 m。因此从水深条件看，韭山列岛海域的水深条件较为适宜，其次是檀头山岛海域，再次是乱礁洋海域。

流速：根据海洋水动力数值模拟结果得到研究海域大潮最大流速范围为0.4～1.7 m/s（图5.8），由图可知，以乱礁洋至韭山列岛中部分界线流速大约为1 m/s，向东远离大陆一侧距浅海流速范围为1～1.6 m/s，以1～1.2 m/s为主，向西靠近大陆沿岸一侧流速范围为0.4～1 m/s，且以0.8～1 m/s为主；流速较小的区域（0.4～0.8 m/s）分布在岛屿周边和大陆沿岸近侧。本次研究的韭山列岛海域的流速以0.7～1.0 m/s为主，檀头山岛海域的流速以0.8～1.1 m/s为主，乱礁洋海域的流速以0.8～1.3 m/s为主。通常认为渔礁投放海域的流速以小于1.1 m/s为宜。从流速角度看，韭山列岛海域最佳，檀头山岛海域次之，乱礁洋海域较不适宜。

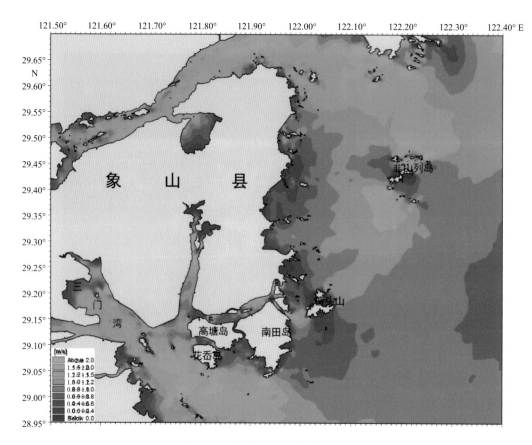

图5.8　大潮最大流速分布示意图

底质和承载力：根据《渤海、黄海、东海海洋图集地质地球物理》（1990年）的显示：浙江近岸底质类型差异不大，调查海区的表层底质类型均为黏土质粉砂，该海域的底质类型较为稳定，变化不大。虽然小尺度的海域内海洋底质类型没有差异，但不同种类的比例也不尽相同，项目分析时未考虑局部差异的影响。

通过调查评价海域的承载力，得到乱礁洋海域承载力为 50 ~ 55 kPa，檀头山岛海域承载力为 45 ~ 55 kPa，而韭山列岛海域承载力为 50 kPa。所以从投放人工鱼礁的角度来考量，在底质和承载力方面 3 个海域的差别不大。

坡度：宁波市海洋牧场建设重点考虑岛屿周边的海区，这些海域在相对人工鱼礁单体大小和底播贝类的范围内海底地形相对平缓。3 个海域均有较多岛屿，从坡度上讲的 3 个评价海域之间的差异较小。

初级生产力：初级生产力评价以叶绿素 a 来代表，根据现场调查结果表明：乱礁洋海域叶绿素 a 冬季的值为 0.89 mg/m³，春季的值为 5.36 mg/m³，夏季的值为 1.95 mg/m³，秋季的值为 4.89 mg/m³；韭山列岛海域冬季值为 1.72 mg/m³，春季值为 4.30 mg/m³，夏季值为 0.92 mg/m³，秋季值为 3.82 mg/m³。以平均值估算，可以得出乱礁洋海域的叶绿素 a 平均值为 3.27 mg/m³，韭山列岛海域为 2.69 mg/m³。

渔业资源：渔业资源量以底拖网数据来代表。2011 年冬季，乱礁洋海域渔业资源的密度为 91.84 g/Agt，韭山列岛海域渔业资源的密度为 131.17 g/Agt。2012 春季，韭山列岛海域的底栖生物平均量为 39.90 g/Agt，乱礁洋海域为 15.48 g/Agt。2012 年夏季，韭山列岛海域的底栖生物平均量为82.43 g/Agt，乱礁洋海域为40.76 g/Agt。2012年秋季：韭山列岛海域的底栖生物平均量为31.12 g/Agt，乱礁洋海域为5.42 g/Agt。

二、层次分析法应用结果

采用一般层次分析法，由专家依次对每层次中各个因子的重要性进行评分，最后对评分结果进行统计，得到目标层—准则层等10个判断矩阵。准则层（C）对目标层（A）建立的判断矩阵见表5.3，准则层（C）对目标层（A）构成的判断矩阵计算及检验见表5.4，方案层（P）对准则层（C）各平价准则建立的判断矩阵见表5.5，方案层（P）对准则层（C）各评价准则的判断矩阵计算及检验见表5.6，方案层（P）对准则层（A）建立的判断矩阵计算及检验见表5.7。其中，P1：乱礁洋海域；P2：韭山列岛海域；P3：檀头山岛海域；C1～C9：功能区划、可接近性、水质、水深、坡度、流速、底质、初级生产力、渔业资源。

表5.3 准则层（C）对目标层（A）建立的判断矩阵

A	C1	C2	C3	C4	C5	C6	C7	C8	C9
C1	1	5	7	2	4	3	2	6	8
C2	1/5	1	4	2	1/5	1/2	1/4	1/5	5
C3	1/7	1/4	1	1/4	1/2	1/3	1/4	1/2	4
C4	1/2	5	4	1	4	2	1	5	7
C5	1/4	2	2	1/4	1	1/3	1/4	2	5
C6	1/3	4	3	1/2	3	1	1/2	5	6
C7	1/2	5	4	1	4	2	1	4	8
C8	1/6	2	2	1/5	1/2	1/5	1/4	1	3
C9	1/8	1/5	1/4	1/7	1/5	1/6	1/8	1/3	1

表5.4 准则层（C）对目标层（A）构成的判断矩阵计算及检验

W_i	C1	C2	C3	C4	C5	C6	C7	C8	C9	CR
A	0.2731	0.0560	0.0390	0.1847	0.0671	0.1297	0.1825	0.0492	0.0187	0.0589

表5.5 方案层（P）对准则层（C）各评价准则的判断矩阵

C1	P1	P2	P3
P1	1	1/7	1/4
P2	7	1	4
P3	4	1/4	1

C2	P1	P2	P3
P1	1	8	2
P2	1/8	1	1/3
P3	1/2	3	1

C3	P1	P2	P3
P1	1	1/8	1/4
P2	8	1	3
P3	4	1/3	1

C4	P1	P2	P3
P1	1	1/4	1/3
P2	4	1	2
P3	3	1/2	1

C5	P1	P2	P3
P1	1	1	1
P2	1	1	1
P3	1	1	1

C6	P1	P2	P3
P1	1	1/3	1
P2	3	1	3
P3	1	1/3	1

续表5.5

C7	P1	P2	P3
P1	1	1/2	1/3
P2	2	1	1
P3	3	1	1

C8	P1	P2	P3
P1	1	6	3
P2	1/6	1	1/2
P3	1/3	2	1

C9	P1	P2	P3
P1	1	1/4	1/2
P2	4	1	2
P3	2	1/2	1

表5.6 方案层（P）对准则层（C）建立的判断矩阵计算及检验

W_i	C1	C2	C3	C4	C5	C6	C7	C8	C9
P1	0.0778	0.6274	0.0738	0.1226	0.3333	0.2000	0.1698	0.6667	0.1429
P2	0.6877	0.0868	0.6690	0.5571	0.3333	0.6000	0.3873	0.1111	0.5714
P3	0.2344	0.2859	0.2572	0.3202	0.3333	0.2000	0.4429	0.2222	0.2857
CR	0.0745	0.0089	0.0176	0.0176	0.0000	0.0000	0.0176	0.0000	0.0000

表5.7 方案层（P）对准则层（A）建立的判断矩阵计算及检验

W_i	P1	P2	P3
A	0.1967	0.5087	0.2946
排序	3	1	2

从方案层（P）对准则层（A）建立的判断矩阵计算结果可以看出，宁波东部海域海洋牧场调查的3个海域评价权重依次是韭山列岛海域、檀头山岛海域和乱礁洋海域。

在选取的9个海洋牧场选址因子中，宁波东部海域权重值较大的是海洋功能区划（0.2731）、水深（0.1847）、底质（0.1825）、流速（0.1297），从类别划分，海洋功能区划属于社会经济要素；水深、底质、流速属于物理海洋要素。这4个因子占权重为0.77。

根据不同鱼礁的用途与性质，对海域的水深、流速的等状况进行初步的预选。本文根据宁波市海域养殖的特点，结合历史资料与调查数据，形成了人工渔礁适宜性的调查问卷，在广泛征询专家意见后，确立了人工鱼礁建设的适宜性评价因子（表5.8），权重值由前面层次分析结果得出。

表5.8 人工鱼礁

种类	人工鱼礁				
评价因子	高度适宜	中度适宜	勉强适宜	不适宜	权重
水深（m）	10～25	8～10 25～35	5～8 35～50	＜5 ＞50	0.6
水流（m/s）	0.8～1.2	0.6～0.8 1.2～1.5	0.4～0.6 1.5～2	＜0.4 ＞2	0.4
分值	3	2	1	0	
底质	硬质泥沙	粉砂质黏土	软泥		

备注：分值0～3分别表示不适宜、勉强适宜、中度适宜、高度适宜。

三、GIS技术应用结果

从水深角度看，宁波东部适宜投放人工鱼礁的海域存在着明显的差异：由图5.9和图5.10可见，最适宜投放人工鱼礁的海域水深（10~25m）主要分布在离岸一定距离的海域以及韭山列岛以东的海域，大约宽在20km的海域。总体来看，象山东部海域的大部分海区均较为适宜。

在综合考虑水深和流速的因素后，利用GIS软件进行叠加，获得了调查海区人工鱼礁适宜布置的功能分区（图5.11和表5.9）。由图5.11可以看出，乱礁洋海域和韭山列岛海域没有出现不适宜海区，檀头山岛海域在岛礁附近的滩涂区域出现零星不适宜海区分布。由表5.9和图5.11可以看出，在未考虑海洋功能区划的限制时，①乱礁洋海域：高度适宜的海域面积为5.09km²，主要集中在大癞头岛东部海域和韭山列岛西部一小片海域；中度适宜海域面积为89.06km²；主要集中在乱礁洋至韭山列岛之间海域；而勉强适宜的面积约2.64km²。高度适宜和中度适宜建设人工鱼礁的海域面积约占该海域总面积的97.27%；②韭山列岛海域：高度适宜的海域面积为54.4km²，主要集中在南韭山列岛滩涂外至乱礁洋海域；中度适宜海域面积为42.7km²，约占海域总面积的43.97%，主要集中在乱礁洋至韭山列岛西部高度适宜外缘之间海域；没有勉强适宜和不适宜海域。高度适宜和中度适宜建设人工鱼礁的海域面积占该海域总面积的100%；③檀头山岛海域：高度适宜的海域面积为243.7km²，约占海域总面积的49.93%，主要集中在韭山列岛西部海域；中度适宜的海域面积为195.84，约占海域总面积的40.13%，主要集中在距离大陆一定距离至韭山列岛西部高度适宜边缘之间海域；而勉强适宜的面积约44.85km²，不适宜面积为3.68km²。高度适宜和中度适宜建设人工鱼礁的海域面积约占该海域总面积的90.06%。

海洋功能区划对海域的开发与利用具有较强的约束性，因此对在海洋功能区划中受限的海域进行了适当的剔除（表5.10），经再叠加后发现，研究海域对人工鱼礁建设的高度适宜面积为303.19km²，中度适宜面积为327.61km²，勉强适宜面为47.49km²，不适宜面积为3.68km²，其中：①乱礁洋海域：高度适宜的海域面积为4.74km²，中度适宜的海域面积约88.46km²，勉强适宜的海域面积为2.54km²，分别减少了0.36%、0.62%和0.11%，主要是因为高度适宜区内有外干门港口航运区，中度适宜区内有外干门港口航运区和爵溪工业和城镇用海区，勉强适宜区内有爵溪工业和城镇用海区；②韭山列岛海域：本海域均在韭山列岛海洋自然保护区内，没有受限制海域，因此，与海洋功能区划叠加前无变化；③檀头山岛海域：中高度适宜海域建设人工鱼礁海域大部分位于韭山列岛保留区、韭山海洋保护区、象山农渔业区内以及檀头山岛旅游休闲娱乐区内的零星分布，中度适宜和勉强适宜的海域大部分位于象山农渔业区、檀头山岛旅游休闲娱乐区、石浦旅游休闲娱乐区、石浦农渔业区内，不适宜海域则零星分布在檀头山岛旅游休闲娱乐区、石浦旅游休闲娱乐区，其中高度适宜海区的海洋功能区划与人工鱼礁的建设不存在冲突，而中度适宜和勉强适宜海区内的海洋功能区功能区与人工鱼礁的建设存在极轻微的冲突，但是不存在限制。

表5.9　人工鱼礁适宜范围在各个调查海域的分布情况

海域	高度适宜		中度适宜		勉强适宜		不适宜		备注
	面积(km²)	百分比(%)	面积(km²)	百分比(%)	面积(km²)	百分比(%)	面积(km²)	百分比(%)	
乱礁洋	5.09	5.26	89.06	92.01	2.64	2.73	0	0	
韭山	54.4	56.03	42.70	43.97	0	0	0	0	
檀头山岛	243.7	49.93	195.84	40.13	44.85	9.19	3.68	0.75	

表5.10　人工鱼礁适宜范围（除去不适宜投放的海洋功能区域）在各个调查海域的分布情况

海域	高度适宜		中度适宜		勉强适宜		不适宜		备注
	面积(km²)	百分比(%)	面积(km²)	百分比(%)	面积(km²)	百分比(%)	面积(km²)	百分比(%)	
乱礁洋	4.74	4.89	88.46	91.39	2.54	2.62	0	0	
韭山	54.4	56.03	42.70	43.97	0	0	0	0	
檀头山岛	243.7	49.93	195.84	4013	44.85	9.19	3.68	0.75	

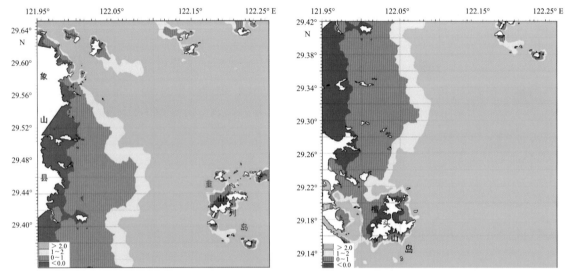

图5.9　水深权重分类图

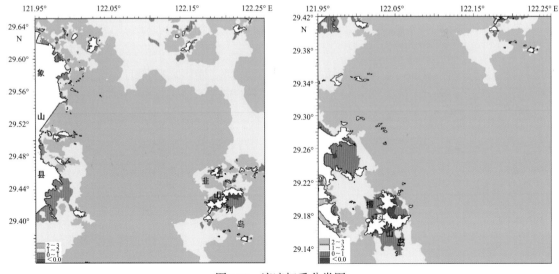

图5.10　流速权重分类图

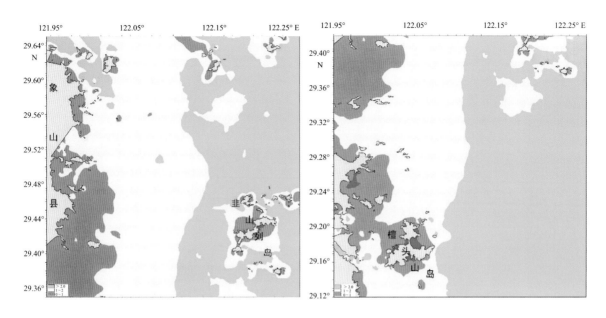

图5.11 人工鱼礁选址适宜性分布图（水深权重和水流权重叠加）

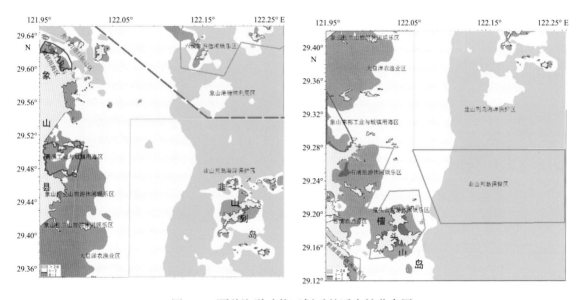

图5.12 覆盖海洋功能区划后的适宜性分布图

四、小 结

由于象山东部海域海洋环境特征、水深、地形和水流等因素存在的较大差异，而且人工鱼礁的建设又对海域的特征有一定的要求，故本文采用层次分析法，结合历史资料和现状调查的数据，分析了该海域内人工鱼礁建设的适宜性。经初步分析发现，本文选取的 3 个评价海区之间的适宜性不尽相同，其中韭山列岛西部海域的适宜性最高，其次是檀头山岛东北侧的海域，而乱礁洋附近海域的适宜性较差。作者认为上述分析结果基本可信，因为韭山列岛海域的水深条件较良好，海区的水深一般都超过 10 m，是人工鱼礁建设适合的水深区，而调查的檀头山岛海域水深条件也尚可，水流条件比较通畅，这些均适合构建人工鱼礁；乱礁洋海域虽然靠近陆地，从可接近性方面考虑，该区域的适宜性良好，但乱礁洋海域的岛屿众多，海底地形凹凸不平，海流也不稳定，整体海况较为复杂，这些均影响着人工鱼礁的布局，而且人工鱼礁投放后，更加剧了该海域内海况的复杂性，对航行安全和养护工作带来极大的考验，故其适宜性最低。

虽然上述 3 个海区构建人工鱼礁的适宜性存在较大差异，但如果仅考虑水深、流速等物理性因素，结合调查的潮流、潮位资料，根据海洋水动力数值模拟结果并拟合水深条件等，计算了上述 3 个海区的详细适宜性布局（图 5.13）。由图 5.13 可以看出，3 个调查海区内适宜性有差异，但在每个海区内均有部分的最适宜海域。其中乱礁洋的最适宜海域在大癞头东部海域小块海区，南韭山列岛的最适宜性海域在南韭山西部至乱礁洋海域的海区，檀头山岛海域的最适宜海域在檀头山岛东部外侧海区。

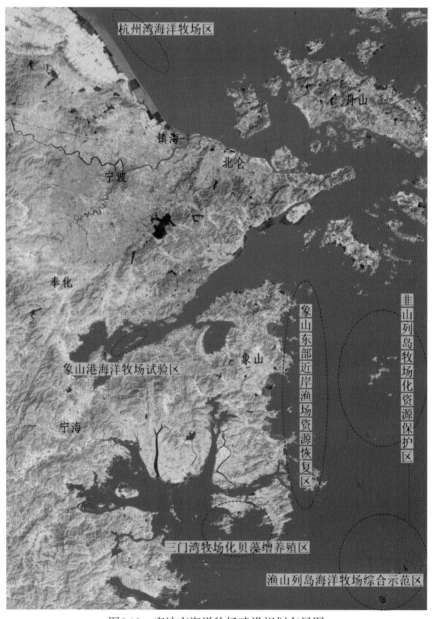

图5.13　宁波市海洋牧场建设规划布局图

以上结果通过与海洋功能区划结合，除去不适宜人工鱼礁投放的各功能区，研究海域适宜投放人工鱼礁的面积大约为 300 km²，主要分布在韭山列岛西部海域、檀头山岛东部海域。调查研究的 3 个海域情况分别均有分布，其中乱礁洋的最适宜海域在大癞头东部海域，韭山列岛最适宜海域在韭山西部至乱礁洋海域的海区，檀头山岛海域的最适宜海域在檀头山岛东部外侧海区。

无论是海洋牧场，还是人工鱼礁的建设均是系统性的工程，其决定的因素也是非常广泛，其适宜性评价并不能用几个简单的因子来涵盖。而且人工鱼礁投放或者研究的起步较晚，始于 20 世纪 70 年代，目前缺乏较为统一或科学的评价标准，这也是限制人工鱼礁选址建设科学评价的重要因素。在综合考量后，本文又结合了可接近性、水质、坡度、底质、初级生产力、渔业资源等因子，对上述 3 个海域的人工鱼礁建设适宜性进行了分析，综合分析表明：①最适宜鱼礁投放的区域位于韭山列岛海域，海洋功能区主要是韭山列岛海洋保护区、韭山列岛保留区和象山农渔业区，另外在附近还有大目洋农渔业区；韭山列岛海域底质为黏土质，初级生产力相对较高，水质优于其他海域，海域适合岛礁性鱼类、贝类栖息生长，渔业资源丰富，曾经是传统的捕捞区，因此无论从自然环境特征，还是从海洋生物栖息种类与数量，人工鱼礁建设标准、海洋生物资源的养护与保护等方面考虑，韭山列岛周边海域是建设人工鱼礁的最适宜海域；此外，该海域与宁波市已进行建设建设和规划的海洋牧场示范区的人工鱼礁投礁区域相距较近，未来可与已有鱼礁形成大规模稳定的生态人工鱼礁群，有效修复和构建水产生物的生活和栖息场所，优化海域生态环境。②较适宜开展休闲鱼礁投放的区域主要分布在檀头山岛东部海域，海洋功能区划为韭山列岛海洋保护区、韭山列岛保留区、象山农渔业区。该海域的海洋环境质量总体良好，初级生产力较高，生物多样性和饵料生物较丰富，是人工鱼礁建设的适宜地；附近为檀头山岛旅游休闲娱乐区，为此促进旅游区的休闲渔业的发展，可以在该海域内适当的发展休闲鱼礁，以鱼礁的建设带动休闲旅游的开发，引导部分旅游收入投入人工鱼礁的建设中，反哺渔业资源，形成旅游开发与休闲鱼礁和谐共赢的新局面。

第四节　人工鱼礁适应性分析和实际应用的对比分析

根据《宁波市海洋牧场规划（2011—2020 年）》（2010 年）、《宁波市人工鱼礁规划》（2004 年）以及当前宁波东部海域人工鱼礁建设情况来看，象山东部海域人工鱼礁建设主要集中在韭山列岛附近海域。

水产养殖业在我国海洋经济发展中占据重要的地位，特别海水养殖业更是沿海地区重要的支柱产业之一，但是由于海洋环境的恶化，海水养殖业也面临着重大的挑战，众多研究者一致认为：海洋牧场是未来海水养殖业发展的必然趋势。国务院发布的《中国水生生物资源养护行动纲要》为海洋牧场的建设指明了发展方向，农业部也相继开展了国家级海洋牧场示范区建设的工作与任务，其中将宁波的渔山列岛列为国家级首批海洋牧场示范区的试点。为了宁波市海洋牧场建设的有序、可持续发展，宁波市政府也在全域内开展了海洋牧场建设的详细规划（地理分布示意见图 5.13）。依据该规划，宁波计划建设 5 座海洋牧场，而在东部海域内主要有韭山列岛牧场化资源保护区和象山东部近岸渔场资源恢复区，其中韭山列岛牧场化资源保护区以海洋生态自然保护区建设为基础，加大资源增殖放流的力度，重点投放资源保护型人工鱼礁，促进保护区自然种群恢复，带动周边海域环境质量的改善和资源的恢复；韭山列岛牧场资源化保护区规划分为三期实施：一期位于南韭山东北侧（大青山—上竹山—中竹山—下竹山—南韭山）海域（计划投放人工鱼礁建礁规模10万～15万空立方，区域面积1200 hm²）、二期位于南韭山西侧（官船岙—南韭山—蚊虫山）海域（区域面积约1600 hm²）、三期位于南韭山南侧（蚊虫山—积谷山）海域（区域面积约1200 hm²），地理位置示意见图5.14。

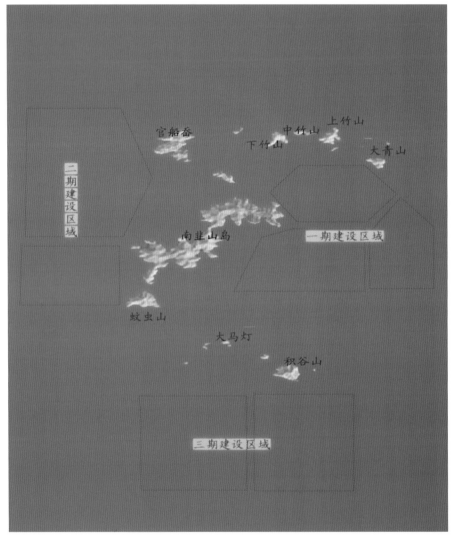

图5.14 韭山列岛人工鱼礁建设区域

根据《宁波市人工鱼礁规划》（2004年），宁波计划在渔山列岛和韭山列岛沿岸分别设置休闲生态型、资源保护型、资源增殖型3种人工鱼礁。韭山列岛是其中的第二期和第三期规划，具体地理位置示意图见图5.15。

由此可见，建设和规划的海洋牧场示范区大部分位于本文评价分析的适应性较高的海域。这说明了前期人工鱼礁选址工作是较为准确的，也从侧面反映出本文采用的层次分析方法和

GIS 对海洋牧场选址研究的正确性。

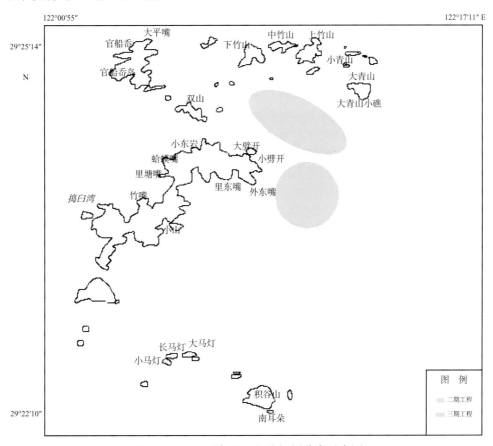

图5.15　韦山列岛人工鱼礁规划分布示意图

第五节　人工鱼礁适应性分析中的不足和建议

一、存在的不足

　　人工鱼礁建设适宜性评价是个系统性的工程，由于涉及多学科、多层次，而且其影响的因素又不固定，这给评价工作带来了一定的难度。本文由于能够获取的资料有限，特别对于人工鱼礁适宜性的科学评价指标体系尚不健全，对于适应性因子的代表性以及适用性等均是凭经验获取的，所以其局限性在所难免。本文是在 GIS 数据分析方法，利用水动力环境特征等基础上的数据整合与分析，具有一定的创新性，但其结果的可信性也有待科学的检验或评价。

　　另外，人工鱼礁本身的结构和类型也是多种多样的，既有资源养护型、也有休闲型，既有水泥质、也有综合材料质，既有框架式、也有组合式，既有大型、也有中小型，不一而足。不同鱼礁对海洋环境的要求又存在很大差异，没有任何鱼礁能够适应所有海况。在海区中进行人工鱼礁建设时，需要综合考虑人工鱼礁的使用类型，因为它们对水深和流速的要求是有差异的。再者，人工鱼礁养护的品种和方式也有一定的区别，如提供鱼类躲藏和觅食的生境改良型，提供贝类或海参等海珍品附着的栖息地构建型等，这些差异也是造成人工鱼礁类型差异的重要原因，需要从养护品种的需求来细化，针对不同养护品种开发不同的鱼礁，根据不同鱼礁筛选合适评价指标体系，根据评价指标的差异确定海域的适宜性。

将层次分析法运用到海洋牧场（人工鱼礁）选址的评价工作中具有较强的实用性，该方法结合定性分析和定量计算为一体，对提高海洋牧场选址评价的科学性、有效性、准确性具有较好的参考价值；使用层次分析法在构建判断矩阵时所采用的标度法，往往要求打分者是特定领域的专家方可使结果具有说服力，可即便如此，专家在使用标度法仍然较为主观，不同的专家可能给出差异较大的判断。这需要研究者充分考虑实际情况，利用专业知识进行判断，从而评判矩阵的科学性与准确性。

二、建 议

人工鱼礁建设作为当前较为热门的一种现代化渔业发展模式，正受到前所未有的关注。人工鱼礁的科学选址是确保其建设成功的重要前提。本文根据人工鱼礁投放对海洋环境、生态条件的基本要求，从海洋功能区划、海洋物理化学环境、海洋生物资源环境三方面选取指标，构建了人工鱼礁建设适宜性评价指标体系，设定了适宜性评价等级和标准，运用ArcGIS等技术手段对人工鱼礁投放进行了适宜性评价。评价结论中最适宜鱼礁投放的区域与宁波市目前已成功开展的人工鱼礁投礁区域相距较近，进一步验证了本文使用的方法具有一定的可行性和合理性，可为宁波市人工鱼礁建设提供技术支撑和参考依据，同时也可为我国人工鱼礁建设适宜性评价提供借鉴。此外，由于海洋环境复杂，影响人工鱼礁投放的因素众多，人工鱼礁选址适宜性分析尚处于探索阶段，有关评价方法和标准体系仍有待今后进一步实践和完善。具体建议有以下几点。

（1）加强后期跟踪调查，通过不同环境因子的跟踪调查来判断人工鱼礁区的适宜性。

（2）根据拟投放的人工鱼礁结构和类型对海洋物理环境（水深、水流、底质、坡度、波浪等）的要求，细化其评价体系。例如人工鱼礁可以划分为休闲生态鱼礁、资源增殖型鱼礁和人工鱼礁场等，根据不同鱼礁的性质和特点，在评价时，需要逐步细化、分别建立适应性评价指标体系。

（3）根据人工鱼礁的用途，结合增殖品种，细化其对海洋生态环境适宜性评价的指标体系，来预测增殖品种在海域的适应性。

（4）基于传统AHP发展起来的模糊AHP、变权综合AHP以及综合分析法得到了较快的发展，已成为科学的决策手段之一，在许多领域得到了广泛的应用。将该方法应用于海洋牧场（人工鱼礁）适宜性选址的评价，是该方法的创新性应用之一，具有一定的科学性。同时在进行人工鱼礁适应性评价中也可以尝试其他新的评价方法，从而科学论证。

第六章 海洋牧场（贝类底播增殖放流）适宜性评价

海洋牧场建设一是为了提高某些经济品种的产量或整个海域的渔获量，以确保水产资源稳定和持续的增长；二是保护海洋生态系统，实现可持续生态渔业（张国胜等，2003；都晓岩等，2015）。本章选取宁波海域较为典型的3个底栖贝类品种进行增殖放流适宜性评价，以期为海洋牧场的建设提供科学的资料支撑。

第一节　评价的方法和品种

评价的范围与人工鱼礁的评价范围一致，也分为3个海区：乱礁洋附近海域、韭山列岛附近海域和檀头山岛附近海域。依据第五章介绍的方法对水深、水流、水温、盐度、溶解氧、底质等评价因子进行适宜性分析，构建影响底播贝类增殖选址的定性和定量分析模型，建立底播贝类选址评价指标体系，确定影响底播贝类选址各因素的权重分配，科学地进行底播贝类选址评价。

根据当地传统渔业的状况，选取毛蚶、栉江珧、管角螺作为本次评价的对象。在海域生态环境和海洋生物资源调查的基础上，研究海域环境与种类适宜性，并选择特定的海域进行研究试验，评价其适宜性，解决适宜种类及增殖区域等关键科学问题。

第二节　贝类底播适宜性分析的方法

贝类底播养殖是一个系统性工程，其选址环节受到诸多因素的影响。根据贝类生长环境的特点，影响贝类生长的主要物理因素有水深、水流、水温、底质、水色、透明度和水质等。根据象山东部海域的历史数据、水环境特点以及实测资料数据，选取本次研究的评价因子为水深、水流、水温、底质、盐度、溶解氧等6个物理化学因素。

评价采取历史资料、实测资料、专家调查问卷、海洋水动力数值模拟等方式，结合层次分析法建立贝类底播选址评价体系，得出贝类底播适宜性结论，利用GIS地理信息系统进行数据入库及后期图形处理。基本评价步骤与第五章一致。

一、层次分析法

（一）层次分析方法

详见第五章第二节相关内容。

（二）建立贝类适宜性评价指标体系

根据东部海域的特点，结合海域渔业概况以及调查资料、专家意见等，并从数据获取的可行性、经济性、适用性等角度出发，进行底播贝类适宜性评价。以选取的6个因素作为适宜性评价的因子，建立宁波东部海域底播贝类AHP结构模型，进行适宜性分析。宁波东部海域底播贝类AHP结构见图6.1。

本章经层次分析法的前期计算，得到目标层—准则层等7个判断矩阵。通过对判断矩阵的分析，对宁波东部海域海洋底播贝类适宜性进行评价。

二、海洋水动力数值模拟

海洋水动力数值模拟详见本书第五章第二节相关部分。

三、GIS地理信息系统

GIS地理信息系统拟详见本书第五章第二节相关部分。

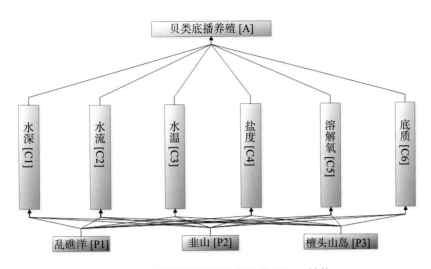

图6.1 底播贝类养殖适宜性分析AHP结构

四、评价的种类

本章根据浅海底栖贝类野生资源的分布状况、底质类型及历史资料，结合实测海洋环境参数以及当地养殖传统情况，选取毛蚶、栉江珧、管角螺3个种类作为评价的品种。为确保适宜性分析评价结果的科学性、有效性，在收集资料的基础上，也以专家综合性评分的方法来确定评价因子的赋值。经综合分析，本文中3个品种对海洋环境的具体要求如表6.1所示。

表6.1 3种底播贝类适宜性

种类	毛蚶				栉江珧				管角螺			
评价因子	高度适宜	中度适宜	勉强适宜	不适宜	高度适宜	中度适宜	勉强适宜	不适宜	高度适宜	中度适宜	勉强适宜	不适宜
水深(m)	3～5	1～3 5～10	<1 10～15	>15	3～5	1～3 5～10	<1 10～15	>15	5～10	3～5 10～15	<3 15～20	>20
水流(m/s)	0.8～1.2	0.5～0.8 1.2～1.4	0.1～0.5 1.4～1.5	<0.1 >1.5	0.5～0.8	0.3～0.5 0.8～1.5	0.1～0.3 1.5～2.0	<0.1 >2.0	0.5～0.8	0.3～0.5 0.8～1.2	0.1～0.3 1.2～1.5	<0.1 >1.5
水温(℃)	20～24	18～20	2～18 28～30	<2 >30	22～27	15～22 27～29	10～15 29～30	<8 >30	24～26	20～24 26～28	10～20 28～30	<10 >30
盐度	27～33	24～27 33～34	20～24	16～20	27～30	23～27 30～32	18～22 32～33	<18 >34	28～32	26～28 32～34	24～26 34～35	<24 >35
溶解氧	>7.5	7.0～7.5	6.0～7.0	<6.0	>7.5	7.0～7.5	6.0～7.0	<6.0	>7.5	7.0～7.5	6.0～7.0	<6.0
底质	黏土质粉砂	粉砂质黏土	软泥		黏土质粉砂不少于50%～80%	粉砂质黏土	软泥		泥砂	泥质	黏土质粉砂	
分值	3	2	1	0	3	2	1	0	3	2	1	0

注：在进行因素重分配时，以分值0～3分别代表不适宜、勉强适宜、中度适宜、高度适宜。其中，高度适宜指在该条件下摄食旺盛、活动力强，生物生理状态达到最佳，适宜性指数赋值为3；中度适宜即能够满足生物生长发育的摄食所需，维持正常生存活，生理活动相对正常，适宜性指数赋值为2；勉强适宜为在该条件下生物能够耐受环境压力，生物能够生存，适宜性指数赋值为1；不适宜为不能提供生物生存所必需的条件，生物无法存活，适宜性指数赋值为0。

（一）毛蚶

毛蚶（*Scapharca subcrenata*）隶属于软体动物门、双壳纲、蚶目、蚶科、毛蚶属。主要生活在软泥或含砂的泥质海底，大部分在低潮线以下至水深 7 m 的区域，尤以水深 4 ~ 5 m 最多，水深超过 15 m 的海域毛蚶分布十分稀少。分布密集区在沿岸浅水，随着水深的增加其数量递减，在成长过程中有逐渐向深水区移动的习性。自然状态下，用足丝附着在泥中的砂粒和碎贝壳等物体上。毛蚶的栖息地一般是少有淡水流入的内湾和平静的浅海，水流在 0.8 ~ 1.2 m/s 的环境中最适合。它们对温度的适宜性广，在水温 2 ~ 30℃ 的条件下均能生存，生长的适宜温度为 18 ~ 28℃。适宜比重范围为 1.016 ~ 1.022，成贝适宜盐度为 16 ~ 40，稚贝适宜盐度为 17 ~ 37，最适盐度为 27 ~ 33。

（二）栉江珧

栉江珧（*Pinna petinata*）隶属于软体动物门，双壳纲，翼形亚纲，贻贝目，江珧科，江珧属。在我国沿海均有分布，一般栖息于内湾和水深 50 m 以内浅海，小个体多分布在潮间带低潮区，大个体多在潮下带到浅海。栉江珧的适宜能力强，在软泥、泥砂、中砂及粗砂的底质中皆能栖息，但栖息的底质一般含砂量较高，喜生活于浮泥少、潮流缓、含砂率在 50% ~ 80% 的海区。底质成分以石粒居多，砂砾次之，黏土最少。自然状态下，以壳尖端直立插入沙泥滩中，有足丝附着在粗砂粒、碎壳和石砾上，仅以宽大的后部露在滩面。它是广盐、广温性种类，其适宜水温范围为 8 ~ 30℃，生长最适水温为 15.2 ~ 29℃，当水温降到 5℃ 左右时，即出现死亡；适宜的盐度范围为 13 ~ 34，较适宜盐度为 23.4 ~ 31.2；水流速在 0.6 ~ 1.0 m/s 的生态环境均能正常存活。

（三）管角螺

管角螺（*Hemifu sustuba*）俗称角螺、响螺，属腹足纲、新腹足目、盔螺科。管角螺是浅海较大型经济螺类，主要分布于浙江以南、广东、广西、福建和海南沿海，生活在潮下带 11 ~ 40 m 的软泥和泥砂质的海底。栖息的底质以泥砂质（黏土质）为最好，成活率可达 68%；泥质次之，成活率为 47%，砂质较差，成活率仅 29%。管角螺生长的适宜水温为 20 ~ 28℃，属于广盐性种类，对盐度具有强的适宜能力，生存盐度 13.0 ~ 39.0，适宜盐度 28.1 ~ 32.2；稚贝耐受低盐的下限为比重 1.010（盐度为 13.0），而最适海水比重应在 1.014 ~ 1.022（盐度为 18.3 ~ 28.3）。

第三节　贝类底播适宜性分析和评价

一、适宜性影响因子详析

水温：经调查，本章评价海域的水温呈现如下特征：2011 年冬季乱礁洋至韭山列岛西侧海域水温在 14.0 ~ 15.3℃ 之间，底层略高于表层；2012 年冬季韭山列岛海域水温在 11.7 ~ 15.2℃ 之间，底层也是略高于表层（韭山列岛底层水温等深线在 15.1 ~ 15.2℃ 之间），檀头山岛海域水温在 14.6 ~ 15.3℃ 之间，表层水温略高于底层，底层水温等深线在

14.6～15.2℃之间；2012年夏季调查海域水温在28.1～36.0℃之间，表层略高于底层（乱礁洋底层水温等深线在28.3～28.9℃之间，韭山列岛西侧底层水温等深线在28.2～29.3℃之间）；2013年夏季檀头山岛海域水温在27.1～28.9℃之间。从水平分布来看，表底层分布相对比较均匀，垂直分布来看，表层略高于底层，底层水温等深线在27.2～27.6℃之间。根据《渤海、黄海、东海海洋图集·水文》（1990年）所示，檀头山岛海域夏季8月底层水温在25℃等温线附近，乱礁洋海域底层水温在26℃等温线附近，南韭山海域底层水温在24℃等温线附近。

溶解氧：经调查，本章评价海域的溶解氧呈现如下特征：2011年冬季乱礁洋至韭山列岛西侧海域各站水体中溶解氧浓度在8.94～9.67 mg/L之间，均值为9.28mg/L，乱礁洋近岸海域溶解氧略高于远岸，总体上表层溶解氧略高于底层；2012年冬季韭山列岛海域的溶解氧浓度在8.07～8.57 mg/L之间，平均为8.26 mg/L，底层也略高于表层（底层溶解氧等深线在8.2～8.3 mg/L之间）；2012年夏季海域内溶解氧浓度在6.04～7.05 mg/L之间，平均为6.56 mg/L，分布相对均匀；2012年冬季檀头山岛海域溶解氧在8.20～8.59 mg/L之间，平均为8.40 mg/L，表、底层溶解氧浓度相差不大；2013年夏季檀头山岛海域溶解氧在6.6～6.98mg/L之间，平均为6.80 mg/L，表、底层溶解氧相差不大。调查海区溶解氧均符合《渔业水质》（GB11607-89）标准。

盐度：经调查，本章评价海域的盐度呈现如下特征：2011年冬季乱礁洋至韭山列岛西侧海域的盐度在23.37～27.70之间，平均为24.09，底层略高于表层；2012年冬季韭山列岛海域盐度在25.03～26.21之间，平均为25.66，底层略高于表层（韭山列岛底层盐度等深线在25.2～26.2之间）；2012年夏季海域的盐度在25.34～29.96之间，平均为27.2，乱礁洋北部的盐度略高且表层略高于底层外，其他海域盐度表层略低于底层；2012年冬季檀头山岛海域的盐度在25.29～25.69之间，平均为25.45，底层略高于表层；2013年夏季檀头山岛海域的盐度在32.11～32.90之间，平均为32.50，底层略高于表层。根据《渤海、黄海、东海海洋图集·水文》（1990年）所示，檀头山岛海域夏季8月底层盐度在32等盐度线附近，乱礁洋海域底层盐度在31.5等盐度线附近，韭山海域底层盐度在32.5等盐度线附近。

水深：宁波东部海域近岸水深主要分布范围为0～15 m不等，大部分水深在5～10 m之间。由于选取的3个物种生活习性不同，它们的水深适宜条件存在较大差异。根据调查资料，结合其生物学特性，毛蚶、栉江珧和管角螺在宁波东部海域的水深适宜分布结果如图6.2～图6.4所示。由图可以看出，以水深适宜性分析，毛蚶适宜增殖放流的区域主要在集中在近岸或者岛屿周边的浅水区域，海域范围主要在水深10 m以浅的区域，其中在南韭山列岛和檀头山岛周边海域均有适宜增殖区，在乱礁洋海域也有范围较广的适宜增殖区；栉江珧的适宜水深范围与毛蚶较为类似，因此当只考虑水深适宜性时，其适宜增殖放流的区域和范围与毛蚶一致；管角螺主要生活在潮下带11～40 m的软泥和泥沙质的海底，除沿岸和岛屿周边的浅水区外，其他大部分海域的水深条件均适宜其生存，故其适宜增殖的区域范围较广。

流速：流速分布特征如图5.8所示，宁波东部海域大潮期间的最大流速范围为0.4～1.7m/s，乱礁洋与韭山列岛之间的海域流速大约为1m/s，远离大陆一侧流速范围为1～1.6 m/s，以1～1.2 m/s为主，靠近大陆沿岸一侧流速范围为0.4～1m/s，以0.8～1m/s为主；流速较小的区域（0.4 ～ 0.8 m/s）分布在岛屿周边和大陆沿岸近侧； 本次研究的韭山列岛海域的流速以 0.7 ～ 1.0 m/s 为主，檀头山岛海域的流速以 0.8 ～ 1.1 m/s 为主，乱礁洋海域的流速以 0.8 ～ 1.3 m/s 为主。

不同种类对流速的适宜程度有差异，因此本文单考量水流的影响时，其适宜的区域与范围结果见图 6.5 ～图 6.7 所示。由图可以看出，宁波东部海域的大部分区域均适宜毛蚶的生存，仅在岛礁的周边或者大陆岸线的部分岬角内适宜性较差，另外在水流较大的海域也不适宜毛蚶生存；栉江珧是大型的底栖双壳类动物，其在宁波东部海域的范围内均适合生存，但高度适宜区域多在岛屿周边或者大陆岸线的附近海域，其余属于中度适宜海域；管角螺的高度适宜分布区与栉江珧的高度适宜分布区一致，中度适宜分布区范围与栉江珧相比更加小，在韭山列岛西南侧、北侧以及乱礁洋海域的东侧存在不适宜分布区。

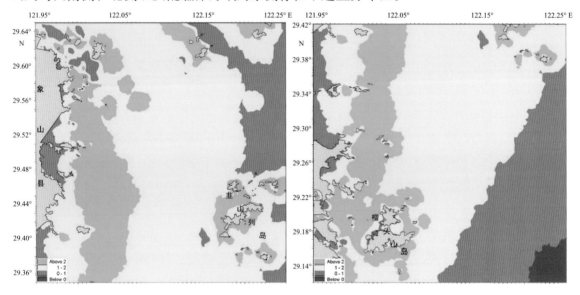

图6.2　毛蚶水深适宜度分布图

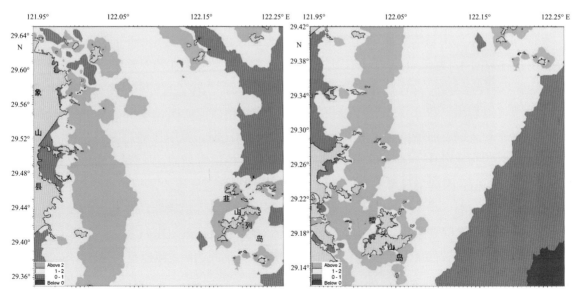

图6.3　栉江珧水深适宜度分布图

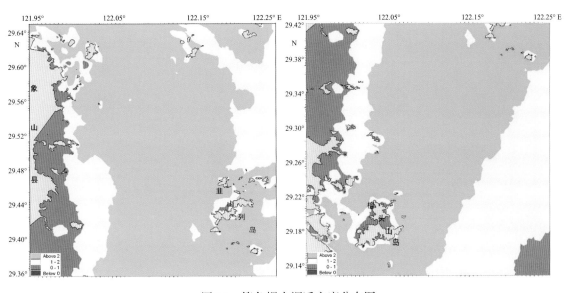

图6.4 管角螺水深适宜度分布图

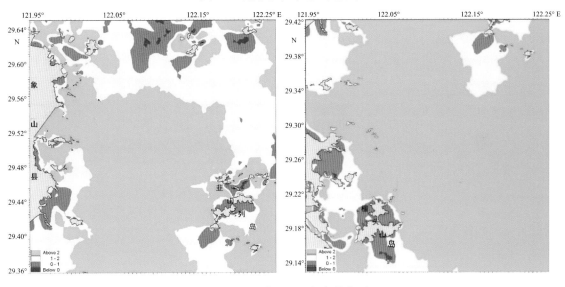

图6.5 毛蚶流速适宜度分布图

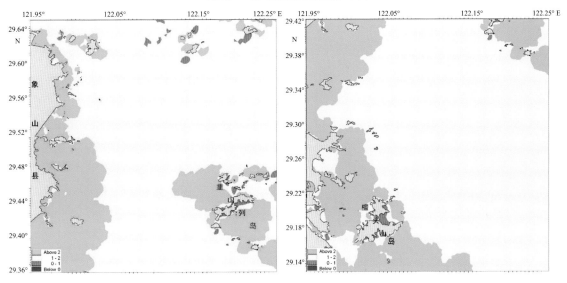

图6.6 栉江珧流速适宜度分布图

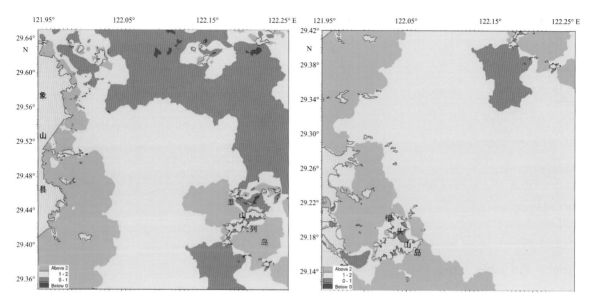

图6.7 管角螺流速适宜度分布图

底质：根据《渤海、黄海、东海海洋图集地质地球物理》（1990 年）的显示：浙江近岸底质类型差异不大，而本文中调查海区的表层底质类型均为黏土质粉砂，承载力一般，中度适宜。本文对调查海域的跟踪结果发现，上述海区的表层底质类型也为黏土质粉砂，由此说明该海域的底质类型较为稳定，变化不大。虽然小尺度的海域内海洋底质类型没有差异，但不同种类的比例也不尽相同，项目分析时未考虑局部差异的影响。

二、层次分析法应用结果

综合以上 6 大要素条件分析，给出 3 个调查海域的等级评分表，以 5 为最优海域，条件相比有差别，则递减等级。详细见下表 6.2。

表6.2 底播增殖评价要素等级

种类	海域	评价因子								
		水深	水流	水温（冬季）	盐度（冬季）	溶解氧（冬季）	底质	水温（夏季）	盐度（夏季）	溶解氧（夏季）
毛蚶	乱礁洋	4	5	3	3	5	4	3	5	3
	韭山列岛	4	5	3	3	5	4	3	5	3
	檀头山岛	4	4	3	4	4	4	3	5	3
栉江珧	乱礁洋	4	4	4	3	5	4	4	5	3
	韭山列岛	4	4	4	3	5	4	4	5	3
	檀头山岛	4	3	4	4	4	4	4	5	3
管角螺	乱礁洋	5	4	2	3	5	2	3	5	3
	韭山列岛	5	4	2	3	5	2	3	5	3

（一）准则层（C）对目标层（A）

采用一般层次分析法，得到目标层－准则层等 7 个判断矩阵。准则层（C）对目标层（A）

建立的判断矩阵见表6.3，准则层（C）对目标层（A）构成的判断矩阵计算及检验见表6.4。其中，P1：乱礁洋海域；P2：韭山列岛海域；P3：檀头山岛海域；C1～C9：水深、流速、水温、盐度、溶解氧、底质。

在选取的6个底播贝类评价因素中，其中权重值较大的分别是"水深（0.3257）"、"底质（0.3257）"和"水温（0.1665）"。在此可以看出水深和底质这两个相对稳定的物理环境因子是底播贝类投放的重要决定因子，而水温等因子则是影响生长的主要因素。

表6.3 准则层（C）对目标层（A）建立的判断矩阵

A	C1	C2	C3	C4	C5	C6
C1	1	6	2	4	7	1
C2	1/6	1	1/3	1	2	1/6
C3	1/2	3	1	2	4	1/2
C4	1/4	1	1/2	1	2	1/4
C5	1/7	1/2	1/4	1/2	1	1/7
C6	1	6	2	4	7	1

表6.4 准则层（C）对目标层（A）构成的判断矩阵计算及检验

W_i	C1	C2	C3	C4	C5	C6	CR
A	0.3257	0.0635	0.1665	0.0778	0.0407	0.3257	0.0058

（二）方案层（P）对准则层（C）、方案层（P）对目标层（A）

1. 毛蚶

方案层（P）对准则层（C）各平价准则建立的判断矩阵见表6.5和表6.6，方案层（P）对准则层（C）各评价准则的判断矩阵计算及检验见表6.7和表6.8。方案层（P）对目标层（A）建立的判断矩阵计算见表6.9和表6.10。

表6.5 方案层（P）对准则层（C）各评价准则的判断矩阵（冬季）

C1	P1	P2	P3
P1	1	1	1/3
P2	1	1	1/3
P3	3	3	1

C2	P1	P2	P3
P1	1	1	1/3
P2	1	1	1/3
P3	3	3	1

C3	P1	P2	P3
P1	1	1/2	1
P2	2	1	2
P3	1	2	1

C4	P1	P2	P3
P1	1	1	1/2
P2	1	1	1/2
P3	2	2	1

C5	P1	P2	P3
P1	1	1	1/4
P2	1	1	1/4
P3	4	4	1

C6	P1	P2	P3
P1	1	1/2	1/2
P2	2	1	1
P3	2	1	1

表6.6 方案层（P）对准则层（C）各评价准则的判断矩阵（夏季）

C1	P1	P2	P3
P1	1	1	1/3
P2	1	1	1/3
P3	3	3	1

C2	P1	P2	P3
P1	1	1	1/3
P2	1	1	1/3
P3	3	3	1

C3	P1	P2	P3
P1	1	3	2
P2	1/3	1	2/3
P3	1/2	2/3	1

C4	P1	P2	P3
P1	1	3	2
P2	1/3	1	2/3
P3	1/2	2/3	1

C5	P1	P2	P3
P1	1	1	1
P2	1	1	1
P3	1	1	1

C6	P1	P2	P3
P1	1	1/2	1/2
P2	2	1	1
P3	2	1	1

表6.7 方案层（P）对准则层（C）建立的判断矩阵计算及检验（冬季）

W_i	C1	C2	C3	C4	C5	C6
P1	0.2	0.2	0.25	0.25	0.1667	0.2
P2	0.2	0.2	0.5	0.25	0.1667	0.2
P3	0.6	0.6	0.25	0.5	0.6667	0.4
CR	0	0	0	0	0	0

表6.8 方案层（P）对准则层（C）建立的判断矩阵计算及检验（夏季）

W_i	C1	C2	C3	C4	C5	C6
P1	0.2	0.2	0.5455	0.5443	0.3333	0.2
P2	0.2	0.2	0.1818	0.2431	0.3333	0.4
P3	0.6	0.6	0.2727	0.2126	0.3333	0.4
CR	0	0	0	0.0710	0	01

表6.9 方案层（P）对准则层（A）建立的判断矩阵计算（冬季）

Wi	P1	P2	P3
A	0.2108	0.3174	0.4718
排序	3	2	1

表6.10 方案层（P）对准则层（A）建立的判断矩阵计算（夏季）

Wi	P1	P2	P3
A	0.2898	0.2708	0.4394
排序	2	3	1

　　从方案层（P）对目标层（A）建立的判断矩阵计算结果可以看出，毛蚶在宁波东部海域3个区块中的评价权重在不同季节有所差异：冬季顺序是檀头山岛海域、韭山列岛海域、乱礁洋海域；夏季的权重顺序是檀头山岛海域、乱礁洋海域、韭山列岛海域。

2. 栉江珧

方案层（P）对准则层（C）各平价准则建立的判断矩阵见表6.11和表6.12，方案层（P）对准则层（C）各评价准则的判断矩阵计算及检验见表6.13和表6.14。方案层（P）对准则层（A）各评价准则的判断矩阵计算见表6.15和表6.16。

表6.11 方案层（P）对准则层（C）各评价准则的判断矩阵（冬季）

C1	P1	P2	P3
P1	1	1	1/3
P2	1	1	1/3
P3	3	3	1

C2	P1	P2	P3
P1	1	1/2	1
P2	1	1	2
P3	1	2	1

C3	P1	P2	P3
P1	1	1/2	1
P2	1	1	1/2
P3	2	2	1

C4	P1	P2	P3
P1	1	1	1/2
P2	1	1	1/2
P3	2	2	1

C5	P1	P2	P3
P1	1	1	1/4
P2	1	1	1/4
P3	4	4	1

C6	P1	P2	P3
P1	1	1/2	1/2
P2	2	1	1
P3	2	1	1

表6.12 方案层（P）对准则层（C）各评价准则的判断矩阵（夏季）

C1	P1	P2	P3
P1	1	1	1/3
P2	1	1	1/3
P3	3	3	1

C2	P1	P2	P3
P1	1	1/2	1
P2	1	1	2
P3	1	2	1

C3	P1	P2	P3
P1	1	3	2
P2	1/3	1	1/2
P3	3	2	1

C4	P1	P2	P3
P1	1	3	2
P2	1/3	1	1/2
P3	3	2	1

C5	P1	P2	P3
P1	1	1	1
P2	1	1	1
P3	1	1	1

C6	P1	P2	P3
P1	1	1/2	1/2
P2	2	1	1
P3	2	1	1

表6.13 方案层（P）对准则层（C）建立的判断矩阵计算及检验（冬季）

W_i	C1	C2	C3	C4	C5	C6
P1	0.2	0.25	0.25	0.25	0.1667	0.2
P2	0.2	0.5	0.5	0.25	0.1667	0.4
P3	0.6	0.25	0.25	0.5	0.6667	0.4
CR	0	0	0	0	0	0

表6.14 方案层（P）对准则层（C）建立的判断矩阵计算及检验（夏季）

W_i	C1	C2	C3	C4	C5	C6
P1	0.2	0.25	0.539	0.539	0.3333	0.2
P2	0.2	0.5	0.1638	0.1638	0.3333	0.4
P3	0.6	0.25	0.2973	0.2973	0.3333	0.4
CR	0	0	0.0089	0.0089	0	0

表6.15 方案层（P）对准则层（A）建立的判断矩阵计算（冬季）

Wi	P1	P2	P3
A	0.2141	0.3368	0.4492
排序	3	2	1

表6.16 方案层（P）对准则层（A）建立的判断矩阵计算（夏季）

Wi	P1	P2	P3
A	0.2915	0.2810	0.4274
排序	2	3	1

从方案层（P）对目标层（A）建立的判断矩阵计算结果可以看出，栉江珧在宁波市东部海域3个区块中的评价权重在不同季节也有所差异：冬季的权重顺序是檀头山岛海域、韭山列岛海域、乱礁洋海域；夏季的权重顺序是檀头山岛海域、乱礁洋海域、韭山列岛海域。

3. 管角螺

方案层（P）对准则层（C）各平价准则建立的判断矩阵见表6.17和表6.18，方案层（P）对准则层（C）各评价准则的判断矩阵计算及检验见表6.19和表6.20。方案层（P）对准则层（A）各评价准则的判断矩阵计算见表6.21和表6.22。

从方案层（P）对目标层（A）建立的判断矩阵计算结果可以看出，在宁波市东部海域3个区块中的评价权重在不同季节也有所差异：冬季的权重顺序是檀头山岛海域、韭山列岛海域、乱礁洋海域；夏季的权重顺序是檀头山岛海域、乱礁洋海域、韭山列岛海域。

表6.17 方案层（P）对准则层（C）各评价准则的判断矩阵（冬季）

C1	P1	P2	P3
P1	1	1/2	1/2
P2	2	1	1
P3	2	1	1

C2	P1	P2	P3
P1	1	1/2	1/3
P2	2	1	2/3
P3	3	3/2	1

C3	P1	P2	P3
P1	1	1/2	1
P2	2	1	2
P3	1	1/2	1

C4	P1	P2	P3
P1	1	1	1/2
P2	1	1	1/2
P3	2	2	1

C5	P1	P2	P3
P1	1	1	1/4
P2	1	1	1/4
P3	4	4	1

C6	P1	P2	P3
P1	1	1	1
P2	1	1	1
P3	1	1	1

表6.18 方案层（P）对准则层（C）各评价准则的判断矩阵（夏季）

C1	P1	P2	P3
P1	1	1/2	1/2
P2	2	1	1
P3	2	1	1

C2	P1	P2	P3
P1	1	1/2	1/3
P2	2	1	1/2
P3	3	2	1

C3	P1	P2	P3
P1	1	3	2
P2	3	1	2/3
P3	2	3/2	1

续表6.18

C4	P1	P2	P3
P1	1	3	2
P2	1/3	1	1/2
P3	2	2	1

C5	P1	P2	P3
P1	1	1	1
P2	1	1	1
P3	1	1	1

C6	P1	P2	P3
P1	1	1	1
P2	1	1	1
P3	1	1	1

表6.19　方案层（P）对准则层（C）建立的判断矩阵计算及检验（冬季）

W_i	C1	C2	C3	C4	C5	C6
P1	0.2	0.1638	0.25	0.25	0.1667	0.3333
P2	0.4	0.2973	0.25	0.5	0.1667	0.3333
P3	0.4	0.5390	0.5	0.25	0.6667	0.3333
CR	0	0.0089	0	0	0	0

表6.20　方案层（P）对准则层（C）建立的判断矩阵计算及检验（夏季）

W_i	C1	C2	C3	C4	C5	C6
P1	0.2	0.1638	0.5455	0.5390	0.3333	0.3333
P2	0.4	0.2973	0.1818	0.1638	0.3333	0.3333
P3	0.4	0.5390	0.2727	0.2973	0.3333	0.3333
CR	0	0.0089	0	0.0089	0	0

表6.21　方案层（P）对准则层（A）建立的判断矩阵计算及检验（冬季）

Wi	P1	P2	P3
A	0.2518	0.3670	0.3812
排序	3	2	1

表6.22　方案层（P）对准则层（A）建立的判断矩阵计算及检验（夏季）

Wi	P1	P2	P3
A	0.3304	0.3142	0.3554
排序	2	3	1

三、GIS技术应用结果

（一）空间分析

根据层次分析后的结果，利用作图工具分别获得底播贝类各品种水深、流速的重分类图（图 6.2～图 6.7）和各个因素权重叠加重分类图（图 6.8～图 6.10）。利用 Mapinfo 工具获取调查海域的海洋功能区划图 [《浙江省海洋功能区划》（2012 年）] 的区划，并进行数字化，然后将其叠置在水深、流速、水温、盐度、溶解氧、底质的叠置重分类图上，得到宁波东部海域底播贝类各品种适宜性分布与海洋功能区划之间的关系，详见图 6.11～图 6.13。

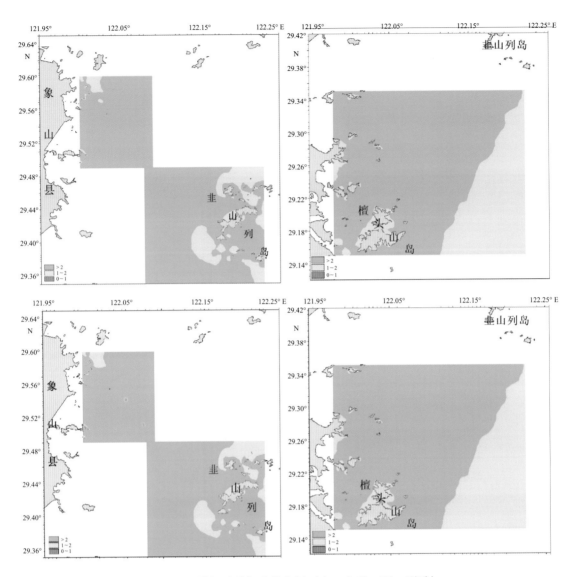

图6.8　毛蚶权重叠加重分布图（上：冬季；下：夏季）

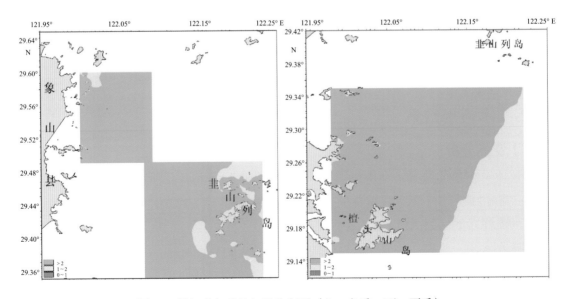

图6.9　栉江珧权重叠加重分布图（上：冬季；下：夏季）

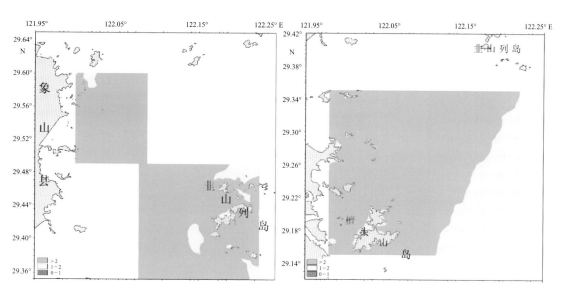

图6.9　栉江珧权重叠加重分布图（上：冬季；下：夏季）（续）

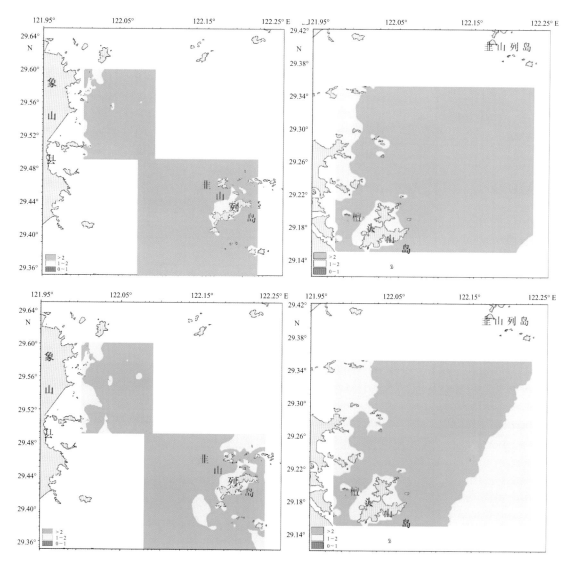

图6.10　管角螺权重叠加重分布图（上：冬季；下：夏季）

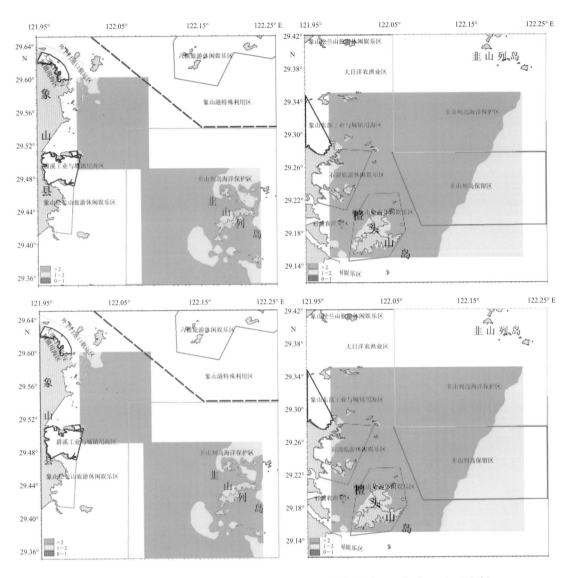

图6.11 毛蚶覆盖海洋功能区划后的最优选址海域图（上：冬季；下：夏季）

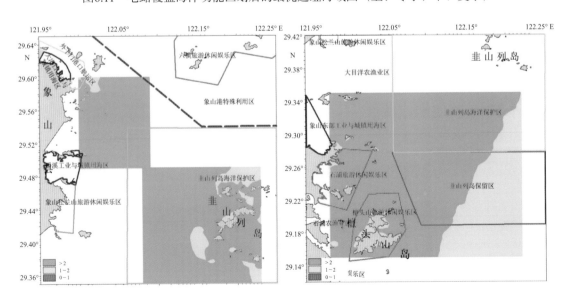

图6.12 栉江珧覆盖海洋功能区划后的最优选址海域图（上：冬季；下：夏季）

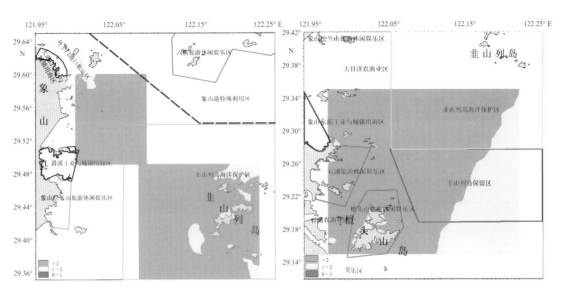

图6.12 栅江珧覆盖海洋功能区划后的最优选址海域图（上：冬季；下：夏季）（续）

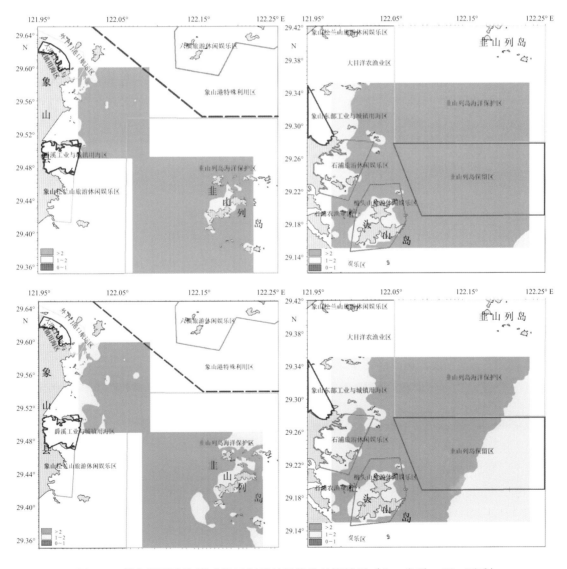

图6.13 管角螺覆盖海洋功能区划后的最优选址海域图（上：冬季；下：夏季）

（二）结果与分析

1. 适宜区域的差异

综合分析毛蚶、栉江珧和管角螺的生物学特性后，筛选出 3 个物理因素作为评价的因子，再基于数值模拟结果开展其适宜性评价。3 个调查海区中，无论冬季还是夏季，3 个种类均未出现勉强适宜和不适宜的海区。

以毛蚶为评价对象（图 6.8），大部分海域均为高度适宜，仅在韭山列岛北部、西南部和檀头山岛海域东部是中度适宜海域；毛蚶在不同季节之间的适宜性差异不大。栉江珧的适宜性增殖的海域范围（图 6.9）与毛蚶的适宜性范围基本一致。在 3 个调查海区中，管角螺的适宜海区（图 6.10）的面积占优，而中度适宜性海区主要分布在岸线或者岛屿的岬角中；种类增殖适宜性的季节性差异在檀头山岛海域较为明显，特别在檀头山岛外部海域，在夏季出现较大范围的中度适宜性海域，岸边的中度适宜性范围也有所扩大。

宁波东部海域的 3 个调查海区，不同季节间 3 个品种均未出现勉强适宜和不适宜增殖的海域。其中，冬季管角螺在海区的适宜性最强，栉江珧次之，毛蚶较差；夏季，则是栉江珧在海区的适宜性最强，毛蚶次之，管角螺较差；冬夏两季综合分析则是栉江珧在海区的适宜性最强，毛蚶次之，管角螺较差。3 种贝类相对最佳适宜海域主要位于象山陆域岛链以东大约 3km 宽的浅海、檀头山岛附近海域等。它们的适宜性在冬季和夏季的分布范围相差不大，其中毛蚶在冬季的适宜性略强于夏季，栉江珧则是夏季的适宜性略强于冬季，管角螺在冬季的适宜性强于夏季。针对不同贝类品种的适宜范围，3 个调查海域评价权重分别为：冬季檀头山岛海域、南韭山列岛海域、乱礁洋海域；夏季檀头山岛海域、乱礁洋海域、南韭山列岛海域；综合第五章人工鱼礁的相关内容（3 个海域评价权重依次是南韭山列岛海域、檀头山岛海域、乱礁洋海域），本章确定的海域权重次序依次为：南韭山列岛海域、檀头山岛海域、乱礁洋海域。

2. 适宜面积的差异

海洋功能区划是指导科学用海的主要依据，在分析物理因子的影响后，叠加海洋功能区划可形成了更为科学的评价结论。3 种底播贝类适宜性范围在不同海域的分布情况详见表 6.23 ～表 6.25，在剔除海洋功能区划的限制后，不同贝类适宜性分布的详细情况见表 6.26 ～表 6.28。

表6.23　毛蚶适宜范围在各个调查海域的分布情况

季节	海域	高度适宜		中度适宜		勉强适宜	
		面积(km²)	百分比(%)	面积(km²)	百分比(%)	面积(km²)	百分比(%)
冬季	乱礁洋	100.53	95.73	4.49	4.27	0	0
	南韭山列岛	182.71	81.80	40.66	18.20	0	0
	檀头山岛	372.17	71.72	146.76	28.28	0	0
夏季	乱礁洋	99.73	94.96	5.29	5.04	0	0
	南韭山列岛	189.62	84.89	33.76	15.11	0	0
	檀头山岛	382.13	73.64	136.80	26.36	0	0

表6.24 栉江珧适宜范围在各个调查海域的分布情况

季节	海域	高度适宜		中度适宜		勉强适宜	
		面积(km²)	百分比(%)	面积(km²)	百分比(%)	面积(km²)	百分比(%)
冬季	乱礁洋	101.79	96.92	3.23	3.03	0	0
	南韭山列岛	196.47	87.96	26.90	12.04	0	0
	檀头山岛	382.14	73.64	136.80	26.36	0	0
夏季	乱礁洋	102.39	97.50	2.63	2.50	0	0
	南韭山列岛	202.59	90.69	20.79	9.31	0	0
	檀头山岛	387.95	74.76	130.99	25.24	0	0

表6.25 管角螺适宜范围在各个调查海域的分布情况

季节	海域	高度适宜		中度适宜		勉强适宜	
		面积(km²)	百分比(%)	面积(km²)	百分比(%)	面积(km²)	百分比(%)
冬季	乱礁洋	98.27	93.58	6.74	6.42	0	0
	南韭山列岛	214.30	95.94	9.08	4.06	0	0
	檀头山岛	457.89	88.24	61.05	11.76	0	0
夏季	乱礁洋	87.29	83.12	17.72	16.88	0	0
	南韭山列岛	189.89	85.01	33.48	14.99	0	0
	檀头山岛	326.36	62.89	192.57	37.11	0	0

表6.26 毛蚶适宜范围（除去不适宜投放的海洋功能区域）

季节	海域	高度适宜		中度适宜		勉强适宜	
		面积(km²)	百分比(%)	面积(km²)	百分比(%)	面积(km²)	百分比(%)
冬季	乱礁洋	99.58	95.90	4.26	4.10	0	0
	南韭山列岛	182.71	81.80	40.66	18.20	0	0
	檀头山岛	372.17	71.73	146.67	28.27	0	0
夏季	乱礁洋	98.84	95.12	5.07	4.88	0	0
	南韭山列岛	189.62	84.89	33.76	15.11	0	0
	檀头山岛	382.13	73.65	136.71	26.35	0	0

表6.27 栉江珧适宜范围（除去不适宜投放的海洋功能区域）

季节	海域	高度适宜		中度适宜		勉强适宜	
		面积(km²)	百分比(%)	面积(km²)	百分比(%)	面积(km²)	百分比(%)
冬季	乱礁洋	100.94	97.05	3.07	2.95	0	0
	南韭山列岛	196.47	87.96	26.90	12.04	0	0
	檀头山岛	382.14	73.66	136.69	26.34	0	0
夏季	乱礁洋	101.41	97.51	2.59	2.49	0	0
	南韭山列岛	202.59	90.69	20.79	9.31	0	0
	檀头山岛	387.95	74.76	130.99	25.24	0	0

表6.28　管角螺适宜范围（除去不适宜投放的海洋功能区域）

季节	海域	高度适宜		中度适宜		勉强适宜	
		面积(km²)	百分比(%)	面积(km²)	百分比(%)	面积(km²)	百分比(%)
冬季	乱礁洋	97.42	93.87	6.36	6.13	0	0
	南韭山列岛	214.30	95.94	9.08	4.06	0	0
	檀头山岛	457.89	88.26	60.93	11.74	0	0
夏季	乱礁洋	86.74	83.42	17.24	16.58	0	0
	南韭山列岛	189.89	85.01	33.48	14.99	0	0
	檀头山岛	326.36	62.91	192.45	37.09	0	0

1）毛蚶

（1）仅考虑物理化学指标的影响，未考虑海洋功能区划的限制时，利用GIS软件进行叠加，获得了调查海区毛蚶适宜布置的功能分区（图6.8和表6.23）。

冬季：高度适宜海域面积为655.41 km²，中度适宜的海域面积为191.91 km²，其中①乱礁洋海域的高度适宜范围100.53 km²，约占该海域总面积的95.73%，主要集中在乱礁洋海域至韭山列岛的大片海域；中度适宜的海域面积为4.49 km²，主要集中在大小癞头岛东部的小片海域；②韭山列岛海域的高度适宜范围182.71 km²，约占该海域总面积的81.80%，主要集中在乱礁洋海域至韭山列岛之间的海域以及部分岛屿之间的开阔海域；中度适宜的海域面积为40.66 km²，主要集中在韭山列岛岛屿周围部分海域；③檀头山岛海域高度适宜建设的海域面积为372.17 km²，约占海域总面积的71.72%，主要集中在檀头山岛北部和东部外侧海域；中度适宜的海域面积为146.76 km²，主要集中在高度适宜海域东部外侧以及部分岛屿之间的狭小区块。

夏季高度适宜海域面积为671.48 km²，中度适宜的海域面积为175.85 km²，面积大小以及位置和冬季相差不大，高度适宜区为夏季比冬季乱礁洋海域面积略有减少，韭山海域和檀头山岛海域面积略有增加。其中①乱礁洋海域的高度适宜面积为99.73 km²，主要集中在乱礁洋海域至韭山列岛的大片海域；中度适宜的海域面积为5.29 km²，主要集中在大小癞头岛东部的小片海域；②韭山列岛海域的高度适宜面积为189.62 km²，约占该海域总面积的84.89%，主要集中在乱礁洋海域至韭山列岛之间的海域以及部分岛屿之间的海域；中度适宜的海域面积为33.76 km²，主要集中在韭山列岛岛屿周围部分海域；③檀头山岛海域高度适宜建设的海域面积为382.13 km²，约占海域总面积的73.64%，主要集中在檀头山岛北部和东部外侧海域；中度适宜的海域面积为136.80 km²，主要集中在高度适宜海域东部外侧以及部分岛屿周边的狭小区块。

综合冬夏季来看，①乱礁洋海域的高度适宜范围约90 km²，占该海域的85.70%，主要集中在乱礁洋海域至韭山列岛的大片海域；中度适宜的海域面积约4 km²，主要集中在大小癞头岛东部的小片海域；②南韭山海域的高度适宜范围约180 km²，占该海域的80.59%，主要集中在乱礁洋海域至韭山列岛的大片海域以及部分岛屿之间的海域；中度适宜的海域面积约30 km²，主要集中在韭山列岛岛屿周围部分海域；③檀头山岛海域高度适宜建设的海域面积

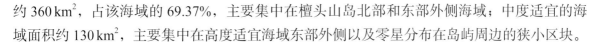

约 360 km^2，占该海域的 69.37%，主要集中在檀头山岛北部和东部外侧海域；中度适宜的海域面积约 130 km^2，主要集中在高度适宜海域东部外侧以及零星分布在岛屿周边的狭小区块。

（2）剔除海洋功能区划中受限的海域后（图 6.11 和表 6.26），冬季高度适宜面积为 654.46 km^2，中度适宜面积为 191.59 km^2，其中：①乱礁洋的高度适宜区面积为 99.58 km^2，中度适宜区面积约 4.26 km^2，分别减少了 0.95 km^2 和 0.23 km^2，主要是因为高度和中度适宜区内均有外干门港口航运区和爵溪工业和城镇用海区；②韭山列岛海域全部都在韭山列岛海洋自然保护区内；③檀头山岛海域中高度适宜海域大部分位于韭山列岛保留区、韭山海洋保护区、象山农渔业区、大目洋农渔业区以及部分位于檀头山岛旅游休闲娱乐区、石浦旅游休闲娱乐区、石浦农渔业区内，中度适宜海域面积为 146.67 km^2，大部分位于韭山列岛保留区、韭山海洋保护区、象山农渔业区以及零星分布在檀头山岛旅游休闲娱乐区、大目洋农渔业区、石浦旅游休闲娱乐区、石浦农渔业区、象山东部工业和城镇用海区，其中高度适宜海区大部分海域与所在海域的海洋功能区划不存在冲突，而中度适宜海区内大部分和有些海洋功能区功能区存在极轻微的冲突但是不存在限制，仅极小部分约 0.09 km^2 在象山东部工业和城镇用海区受到限制。

夏季高度适宜面积为 670.59 km^2，中度适宜面积为 175.54 km^2，其中：①乱礁洋的高度适宜区面积为 98.84 km^2，中度适宜区面积约 5.07 km^2，分别减少了 0.89 km^2、0.22 km^2，主要是因为高度和中度适宜区内均有外干门港口航运区和爵溪工业和城镇用海区，中度适宜区内有外干门港口航运区；②韭山列岛海区全部都在韭山列岛海洋自然保护区内，不存在冲突；③檀头山岛海域中高度适宜海域大部分位于韭山列岛保留区、韭山海洋保护区、象山农渔业区、大目洋农渔业区以及部分位于檀头山岛旅游休闲娱乐区、石浦旅游休闲娱乐区、石浦农渔业区内，中度适宜海域面积为 136.71 km^2，大部分位于大目洋农渔业区、檀头山岛旅游休闲娱乐区、石浦旅游休闲娱乐区、象山农渔业区、石浦农渔业区内以及零星约 0.09km^2 在象山东部工业和城镇用海区，其中高度适宜海区大部分海域与所在海域的海洋功能区划不存在冲突。

综合冬夏季来看，①乱礁洋海域的高度适宜范围约 89 km^2，占该海域的 84.75%，主要集中在乱礁洋海域至韭山列岛的大片海域；中度适宜的海域面积约 3.5 km^2，主要集中在大小癞头岛东部的小片海域；②韭山列岛海域的高度适宜范围约 180 km^2，占该海域的 80.59%，主要集中在乱礁洋海域至韭山列岛之间的海域以及部分岛屿之间的开阔海域；中度适宜的海域面积约 30 km^2，主要集中在韭山列岛岛屿周围部分海域；③檀头山岛海域高度适宜建设的海域面积约 360 km^2，占该海域的 69.37%，主要集中在檀头山岛北部和东部外侧海域；中度适宜的海域面积约 130 km^2，主要集中在高度适宜海域东部外侧以及部分岛屿之间的狭小区块。

2）栉江珧

(1) 仅考虑物理化学指标的影响，未考虑海洋功能区划的限制时，利用 GIS 软件进行叠加，获得了调查海区栉江珧适宜布置的功能分区（图 6.9 和表 6.24）。

冬季高度适宜海域面积为 680.4 km^2，中度适宜的海域面积为 163.7 km^2，其中：①乱礁洋海域的高度适宜面积为 101.79 km^2，约占该海域总面积的 96.97%，主要集中在乱礁洋海域至韭山列岛之间的海域；中度适宜的海域面积为 3.23 km²，主要集中在大小癞头岛东部的小片海域；②韭山列岛海域的高度适宜面积为 196.47 km²，约占该海域总面积的 87.96%，主要集中在乱礁洋海域至韭山列岛之间的海域以及部分岛屿之间的开阔海域；中度适宜的海域面积为 26.9 km²，主要集中在韭山列岛岛屿周围部分海域；③檀头山岛海域高度适宜建设的海域面积为 382.14 km²，约占海域总面积的 73.64%，主要集中在檀头山岛北部和东部外侧海域；中度适宜的海域面积为 136.8 km²，主要集中在高度适宜海域东部外侧以及部分岛屿之间的狭小区块。

夏季高度适宜海域面积为 692.93 km²，中度适宜的海域面积为 154.41 km²，面积大小以及位置与冬季相差不大。高度适宜区为夏季比冬季面积略有增加。其中：①乱礁洋海域的高度适宜面积为 102.39 km²，约占该海域总面积的 97.5%，主要集中在乱礁洋海域至韭山列岛之间的海域；中度适宜的海域面积为 2.63 km²，主要集中在大小癞头岛东部的小片海域；②韭山列岛海域的高度适宜面积为 202.59 km²，约占该海域总面积的 90.69%，主要集中在乱礁洋海域至韭山列岛之间的海域以及部分岛屿之间的开阔海域；中度适宜的海域面积为 20.79 km²，主要集中在韭山列岛岛屿周围部分海域；③檀头山岛海域高度适宜建设的海域面积为 387.95 km²，约占海域总面积的 74.76%，主要集中在檀头山岛北部和东部外侧海域；中度适宜的海域面积为 130.99 km²，主要集中在高度适宜海域东部外侧以及部分岛屿之间的狭小区块。

综合冬夏季来看，①乱礁洋海域的高度适宜范围约 95 km²，占该海域总面积的 90.46%，主要集中在乱礁洋海域至韭山列岛之间的海域；中度适宜的海域面积约 2.5 km²，主要集中在大小癞头岛东部的小片海域；②韭山列岛海域的高度适宜范围约 180 km²，占该海域的 85.06%，主要集中在乱礁洋海域至韭山列岛之间的海域以及部分岛屿之间的开阔海域；中度适宜的海域面积约 30 km²，主要集中在韭山列岛岛屿周围部分海域；③檀头山岛海域高度适宜建设的海域面积约 370 km²，占该海域总面积的 71.30%，主要集中在檀头山岛北部和东部外侧海域；中度适宜的海域面积约 120 km²，主要集中在高度适宜海域东部外侧以及部分岛屿之间的狭小区块。

（2）剔除海洋功能区划中受限的海域后（图 6.12 和表 6.27），冬季高度适宜面积为 679.55 km²，中度适宜面积为 166.66 km²，其中：①乱礁洋的高度适宜区面积为 100.94 km²，中度适宜区面积约 3.07 km²，分别减少了 0.85 km² 和 0.16 km²，主要是因为高度和中度适宜区均处在外干门港口航运区和爵溪工业和城镇用海区；②韭山列岛海区全部都在韭山列岛海洋自然保护区内；③檀头山岛海域中高度适宜海域大部分位于韭山海洋保护区、韭山列岛保留区、象山农渔业区、大目洋农渔业区，部分位于檀头山岛旅游休闲娱乐区、石浦旅游休闲娱乐区、石浦农渔业区内；中度适宜海域面积为 136.69 km²，大部分位于韭山列岛保留区、象山农渔业区、韭山海洋保护区，零星分布在檀头山岛旅游休闲娱乐区、大目洋农渔业区、石浦旅游休闲娱乐区、石浦农渔业区、象山东部工业和城镇用海区。高度适宜海区基本与所在海域的海洋功能区划不存在冲突，中度适宜海区与海洋功能区功能区存在轻微的冲突，但是不存在限制，仅极小部分（面积约 0.11 km²）在象山东部工业和城镇用海区受到限制。

夏季高度适宜面积为 691.95 km²，中度适宜面积为 154.37 km²，其中：①乱礁洋的高度适宜区面积为 101.41 km²，中度适宜区面积约 2.59 km²，分别减少了 0.98 km²、0.04 km²，主要是因为高度适宜区内有外干门港口航运区和爵溪工业和城镇用海区，而中度适宜区内有外干门港口航运区；②韭山列岛海域全部都在韭山列岛海洋自然保护区内，不存在冲突；③檀头山岛海域，高度适宜海域主要位于韭山列岛保留区、韭山海洋保护区、象山农渔业区、大目洋农渔业区，中度适宜海域大部分位于大目洋农渔业区、檀头山岛旅游休闲娱乐区、石浦旅游休闲娱乐区、象山农渔业区、石浦农渔业区内。其中高度适宜海区大部分海域与所在海域的海洋功能区划不存在冲突，而中度适宜海区与海洋功能区功能区存在轻微的冲突，但不存在限制。

综合冬夏季来看，①乱礁洋海域的高度适宜面积约 94 km²，占该海域面积的 89.51%，主要集中在乱礁洋海域至韭山列岛的大片海域；中度适宜的海域面积约 2.5 km²，主要集中在大小癞头岛东部的小片海域；②韭山海域的高度适宜面积约 180 km²，占该海域面积的 85.06%，主要集中在乱礁洋海域至韭山列岛之间的海域，部分位于岛屿之间的开阔海域；中度适宜的海域面积约 30 km²，主要集中在韭山列岛岛屿周围海域；③檀头山岛海域高度适宜建设的海域面积约 370 km²，占该海域面积的 71.30%，主要集中在檀头山岛北部和东部外侧海域；中度适宜的海域面积约 120 km²，主要集中在高度适宜海域东部外侧以及部分岛屿之间的狭小区块。

3）管角螺

（1）仅考虑物理化学指标的影响，未考虑海洋功能区划的限制时，利用 GIS 软件进行叠加，获得了调查海区管角螺适宜布置的功能分区（图 6.10 和表 6.25）。

冬季高度适宜海域面积为 770.46 km²，中度适宜的海域面积为 76.87 km²，其中：①乱礁洋海域的高度适宜面积为 98.27 km²，约占该海域总面积的 93.58%，主要集中在乱礁洋海域至韭山列岛之间的海域；中度适宜的海域面积为 6.74 km²，主要集中在距离大陆一定距离的细长海域；②韭山列岛海域的高度适宜面积为 214.30 km²，约占该海域总面积的 95.94%，主要集中在乱礁洋海域至韭山列岛之间的海域，部分位于岛屿之间的开阔海域；中度适宜的海域面积为 9.08 km²，主要集中在韭山列岛岛屿周边部分狭小区域；③檀头山岛海域高度适宜建设的海域面积为 457.89 km²，约占海域总面积的 88.24%，主要集中在檀头山岛北部和东部外侧海域；中度适宜的海域面积为 61.05 km²，主要集中在沿岸线狭长海域、高度适宜海域东部外侧以及部分岛屿附近的狭小区块。

夏季高度适宜海域面积为 603.54 km²，中度适宜的海域面积为 243.77 km²，面积大小以及位置与冬季有一定的差异。高度适宜区为夏季比冬季面积小。其中：①乱礁洋海域的高度适宜面积为 87.29 km²，约占该海域总面积的 83.12%，比冬季减少 10.98 km²，主要集中在乱礁洋海域至韭山列岛之间的海域；中度适宜的海域面积为 17.72 km²，主要集中在大小癞头岛东部的小片海域；②韭山列岛海域的高度适宜面积为 189.89 km²，约占该海域总面积的 85.01%，比冬季减少 24.41 km²，主要集中在乱礁洋海域至韭山列岛之间的海域，部分位于岛屿之间的开阔海域；中度适宜的海域面积为 33.48 km²，主要集中在韭山列岛岛屿周围部分海域；③檀头山岛海域高度适宜建设的海域面积为 326.36 km²，约占海域总面积的 62.89%，比冬季减少 131.53 km²，主要集中在檀头山岛北部和东部外侧海域；中度适宜的海域面积为 192.57 km²，主要集中在沿岸线狭长海域、高度适宜海域东部外侧以及部分岛屿附近的狭小区块。

综合冬夏季来看，①乱礁洋海域的高度适宜面积约 80 km²，占该海域面积的 76.18%，主要集中在乱礁洋海域至韭山列岛的大片海域；中度适宜的海域面积约 6 km²，主要集中在大小癞头岛东部的小片海域；②南韭山海域的高度适宜面积约 170 km²，占该海域面积的 76.10%，主要集中在乱礁洋海域至韭山列岛的大片海域以及部分岛屿之间的开阔海域；中度适宜的海域面积约 8 km²，主要集中在韭山列岛岛屿周围部分海域；③檀头山岛海域高度适宜建设的海域面积约 310 km²，占该海域面积的 59.74%，主要集中在檀头山岛北部和东部外侧海域；中度适宜的海域面积约 60 km²，主要集中在沿岸线狭长海域、高度适宜海域东部外侧以及部分岛屿附近的狭小区块。

（2）如前述，由于海洋功能区划对海域的开发与利用具有较强的约束性，因此本文也对在海洋功能区划中受限的海域进行了适当的剔除。经进一步叠加后（图 6.13 和表 6.28）表明：冬季高度适宜面积为 769.61 km²，中度适宜面积为 76.37 km²，其中：①乱礁洋的高度适宜区面积为 97.42 km²，中度适宜区面积约 6.36 km²，分别减少了 0.85 km²、0.38 km²，主要是因为高度和中度适宜区均处在外干门港口航运区和爵溪工业和城镇用海区；②南韭山列岛海区全部都在韭山列岛海洋自然保护区内；③檀头山岛海域中高度适宜海域（面积为 457.89 km²）大部分位于韭山列岛保留区、韭山海洋保护区、象山农渔业区、大目洋农渔业区以及部分位于檀头山岛旅游休闲娱乐区、石浦旅游休闲娱乐区、石浦农渔业区内，中度适宜海域（面积为 60.93 km²）大部分位于象山农渔业区、大目洋农渔业区以及零星分布在檀头山岛旅游休闲娱乐区、石浦旅游休闲娱乐区、石浦农渔业区、象山东部工业和城镇用海区，其中高度适宜海区大部分海域与所在海域的海洋功能区划不存在冲突，而中度适宜海区内大部分与有些海洋功能区存在极轻微的冲突但是不存在限制，仅极小部分约 0.12 km² 在象山东部工业和城镇用海区受到限制。

夏季高度适宜面积为 602.99 km²，中度适宜面积为 243.17 km²，其中：①乱礁洋的高度适宜区面积为 86.74 km²，中度适宜区面积约 17.24 km²，分别减少了 0.55 km²、0.48 km²，主要是因为高度适宜区处在外干门港口航运区，中度适宜区处在外干门港口航运区和爵溪工业和城镇用海区；②南韭山列岛海区全部都在韭山列岛海洋自然保护区内，不存在冲突；③檀头山岛海域中高度适宜海域大部分位于韭山列岛保留、韭山海洋保护区、象山农渔业区、大目洋农渔业区以及部分位于檀头山岛旅游休闲娱乐区、石浦旅游休闲娱乐区、石浦农渔业区内，中度适宜海域大部分位于韭山列岛保留区、韭山海洋保护区、象山农渔业区内以及零星在大目洋农渔业区、檀头山岛旅游休闲娱乐区、石浦旅游休闲娱乐区、石浦农渔业区、象山东部工业和城镇用海区，其中高度适宜海区大部分海域与所在海域的海洋功能区划不存在冲突，而中度适宜海区内大部分与有些海洋功能区存在极轻微的冲突但是不存在限制，仅极小部分约 0.12 km^2 在象山东部工业和城镇用海区受到限制。

综合冬夏季来看，①乱礁洋海域的高度适宜面积约 79 km^2，占该海域面积的 76.13%，主要集中在乱礁洋海域至韭山列岛之间的海域；中度适宜的海域面积约 5.5 km^2，主要集中在大小癞头岛东部的小片海域；②韭山列岛海域的高度适宜面积约 170 km^2，占该海域面积的 76.10%，主要集中在乱礁洋海域至韭山列岛之间的海域，小部分位于岛屿之间的开阔海域；中度适宜的海域面积约 8 km^2，主要集中在韭山列岛岛屿周围部分海域；③檀头山岛海域高度适宜建设的海域面积约 310 km^2，占该海域面积的 59.74%，主要集中在檀头山岛北部和东部外侧海域；中度适宜的海域面积约 60 km^2，主要集中在沿岸线狭长海域、高度适宜海域东部外侧以及部分岛屿附近的狭小区块。

3. 综合评价

以上结果通过与海洋功能区划结合后，在符合海洋功能区划定位的基础上，除去不适宜底播养殖的各海洋功能区（比如）航道、军事训练、海底管线、工业与城镇用海区等海区洋功能区以及限制型海洋功能区外，再从物理、化学等环境角度分析以及结合前面一章海洋牧场相关内容（可接近性、水质、坡度、底质、初级生产力、渔业资源等因子），可以得出如下评价结果。

1）毛蚶

宁波东部海域最适宜毛蚶投放的区域为：区域一集中在韭山列岛海域，位于韭山列岛海洋保护区内，面积约为 180 km^2；区域二集中在檀头山岛东部海域，大部分在韭山列岛海洋保护区、韭山列岛保留区、象山农渔业区内，面积约为 360 km^2；区域三集中在乱礁洋海域，面积约 89 km^2。

2）栉江珧

宁波东部海域最适宜栉江珧投放的区域为：区域一集中在韭山列岛海域，位于韭山列岛海洋保护区内，面积约为 180 km^2；区域二集中在檀头山岛东部海域，大部分在韭山列岛海洋保护区、韭山列岛保留区、象山农渔业区内，面积约为 370 km^2；区域三集中在乱礁洋海域，面积约 94 km^2。

3）管角螺

宁波东部海域最适宜管角螺投放的区域为：区域一集中在韭山列岛海域，位于韭山列岛海洋保护区内，面积约为 170 km^2；区域二集中在檀头山岛东部海域，大部分位于在韭山列岛海洋保护区、韭山列岛保留区、象山农渔业区内，面积约为 310 km^2；区域三集中在乱礁洋海域，面积约 79 km^2。

第四节　贝类底播增殖适宜性分析对比

从放流前宁波东部海域大型底栖生物的调查资料来看：放流前海域中毛蚶、管角螺并未捕获到或捕获量极少，自然海区中贝类资源匮乏。放流后，回捕情况分析：在该海域经增殖放流之后，贝类资源量均有所提升。在此进行毛蚶和管角螺 2 个品种的对比。

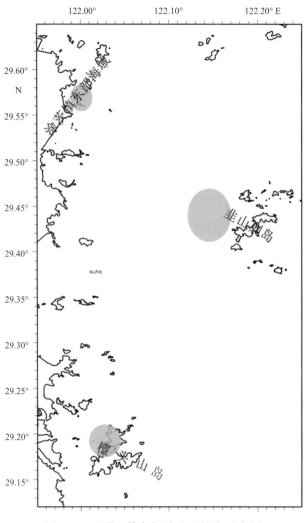

图6.14　毛蚶、管角螺放流回捕点示意图

一、毛　蚶

　　根据 2012 年、2013 年的毛蚶放流跟踪调查显示：在韭山列岛海域放流区域利用底拖网中采捕到 45 颗（活体 35 颗，空壳 10 颗），成活率 77.8%，放流后，经过 5 个月的生长，35 颗活体毛蚶的平均壳长 2.10 cm，壳高 1.49 cm，单个总重量 2.67 g，其中，壳长增长率 123%，体重增长率 1235%。根据 2013 年上半年毛蚶回捕调查结果：檀头山岛海域回捕毛蚶经过 1 个月的生长，壳长增长率 42%，体重增长率 211%，经过 2 个月的生长，壳长增长率 72%，体重增长率 491%；涂茨镇海域（乱礁洋海域）回捕毛蚶经过 1 个月的生长，壳长增长率 30%，体重增长率 154%，经过 2 个月的生长，壳长增长率 37%，体重增长率 211%。综合来看，檀头山岛海域毛蚶生长情况优于涂茨镇东部海域。

　　毛蚶增殖放流回捕调查结果和本章的层次分析结果相差不大。

二、管角螺

　　2012 年 9 月 10 日，组织了管角螺人工放流。在象山县涂茨镇东部海域的四角山、大捕山小岛周边海域，放流管角螺苗种约 30 kg，其中大苗（平均壳长 1.401 cm，平均体重 0.164 g）约 12.7 万粒，小苗（平均壳长 0.997 cm，平均体重 0.0425 g）约 21.2 万粒。

根据 2012 年 12 月 11 日对象山县涂茨镇毛湾村东部海域大捕山附近海域管角螺回捕调查结果显示：管角螺放流点底拖网得到少量锥螺，未发现管角螺。其原因有可能是因为管角螺为肉食性贝类，喜食双壳类，尤其是薄壳的无足丝种类，投放地点食物来源不是很丰富，没有栖居大量的双壳贝类如蛤类、蚶类和蛏类；而且管角螺喜欢藏匿于砾石间，不易捕捞。

三、小 结

从跟踪回捕的情况分析：毛蚶放流后生长情况较好，在毛蚶放流的 3 个海域均有较好的成活率和较快的生长速度；在管角螺放流的海域放流效果不佳。

总体情况看来：毛蚶的适宜性强于管角螺。这与本章节的层次分析结果一致。

第五节　贝类底播适宜性分析的不足和建议

一、存在的不足

（1）本研究中对生活环境适宜性评价是分季节进行的，鉴于评价种类最适生存环境数据的缺乏，本模型所选取的评价指标没有考虑评价对象的适宜因子在生长过程中的差异，因此，也制约了评价结果的精确性。

（2）贝类底播适宜性因子中的评价因子赋值范围均为专家打分获得，其评价的客观性受人为因素的影响较大。

（3）层次分析法的标度法，也是根据专家评分获得。专家评分虽然具有一定的说服力，但在打分过程中，也难以避免专家主观因素的影响，不同专家给出的评分可能存在较大差异。这也使得该模型并不完善，具有一定的局限性。

（4）鉴于数据的可获得性，本模型没有对疾病、捕食竞争、生态养殖环境以及其他的自然因素和人为干扰进行检测和评价。如果这些影响因素变成可利用的因子，那么对评价物种的适宜性分析会更加的完善，分析精度也会进一步提高。

二、建议和讨论

随着人类对渔业资源需求的日益增长，物种生物多样性受到严重威胁，对其进行种群修复已成为全球关注的焦点。据联合国粮食与农业组织（FAO, 2007）统计年鉴显示，全球已有 94 个国家实施种群增殖修复项目，专家们也明确指出确定增殖物种的修复区域是决定修复成效的关键因素，但仍有许多海洋生物资源的增殖修复并未达到预期效果。值得注意的是，在实证分析中许多分析模型往往将年度调查数据的均值作为模型的输入变量，忽略了生境因子季节差异性等因素的影响。然而，在同一区域内，部分生境因子（如底质类型）可以认为是恒定的，而其他生境因子（如盐度、溶解氧、水温）则呈现出显著的季节差异。综上，季节尺度的生境适宜性分析缺失可能是导致预期修复效果难以确保的重要因素之一（唐柳青等，

2017）。本研究以宁波象山东部海域为研究区域，分别对 3 种底播贝类的生境适宜性进行了冬夏探讨，通过对比分析分别选划出 3 个研究物种的适宜放流区域，以期为确定更加有效的生境修复方案奠定基础。

现阶段由于食品安全越来越受到大众的重视，海水贝类的安全生产也是人们关注的重点，安全生产的环境也成为安全生产中的一个重要环节。了解贝类的生长环境，划定适宜贝类底播的安全生产养殖区域也是本项目关注的一个重点。可以在前面研究基础之上纳入安全生产环境的因子，完善本模型，得出底播贝类安全生产的适宜性范围。

参考文献

陈丹琴，叶然，魏永杰，等．2017.三门湾浮游植物群落结构与环境因子的关系研究 [J]. 海洋环境科学，36(1):70-75.

陈富荣．2009.巢湖沉积物镉等重金属地球化学分布、赋存特征及危害性研究 [J]. 安徽地质，19(3):200-203.

陈静生，王忠，刘玉机，等．1989.水体金属污染潜在危害：应用沉积学方法评价 [J]. 环境科技，(1):16-19.

陈倩，黄大吉，章本照．2003.浙江近海潮汐潮流的数值模拟 [J]. 海洋学报，25(5):9-20.

陈舜，李扬，李欢，等．2009.南麂列岛海域浮游植物的群落结构研究 [J]. 海洋环境科学，28(2):170-175.

陈秀忠．2011.打造宁波的海洋牧场 [J]. 宁波经济：财经视点，(2):13-15.

陈悦，刘晶晶，高月鑫，等．2017.三门湾网采浮游植物季节变化及影响因素 [J]. 海洋与湖沼，(1):101-112.

程祥圣，刘汉奇，张昊飞，等．2006.黄浦江沉积物污染及潜在生态风险评价初步研究 [J]. 生态环境，15(4):682-686.

戴晓爱，仲凤呈，兰燕，等．2009.GIS 与层次分析法结合的超市选址研究与实现 [J]，测绘科学，34(1):184-186.

董存有．1993.栉江珧生态学的初步观察 [J]. 四川动物，(4):33-35.

都晓岩，吴晓青，高猛，等．2015.我国海洋牧场开发的相关问题探讨 [J]. 河北渔业，(2):53-57.

范文宏，张博，张融，等．2008.锦州湾沉积物中重金属形态特征及其潜在生态风险 [J]. 海洋环境科学，27(1),54-56.

方国洪，王骥，陈宗镛，等．1986.潮汐和潮流的分析与预报 [M]. 北京：海洋出版社．

冯吉南，王云新．2002.渔礁和生物环境—渔礁渔场的鱼群分布和活动 [J]. 水产科技，(1):22-24.

郭卫东，章小明，杨逸萍，等．1998.中国近岸海域潜在性富营养化程度的评价 [J]. 台湾海峡，17(1):64-70.

国家环境保护局．1990.渔业水质标准 [R].

海洋图集编委会．1990.渤海黄海东海海洋图集 [M]. 北京：海洋出版社．

何云峰，朱广伟，陈英旭，等．2002.运河（杭州段）沉积物中重金属的潜在生态风险研究 [J]. 浙江大学学报（农业与生命科学版），28(6):669-674.

江志兵，陈全震，寿鹿，等．2012.象山港人工鱼礁区的网采浮游植物群落组成及其与环境因子的关系 [J]. 生态学报，32(18):5813-5824.

江志兵，朱旭宇，高瑜，等．2013.象山港春季网采浮游植物的分布特征及其影响因素 [J]. 生态学报，33(11):3340-3350.

蒋宏雷，施洋元，刘伟健．2006.毛蚶人工育苗技术的初步研究 [J]. 现代渔业信息，21(8):21-23.

金海卫，徐汉祥，王伟定，等．2012.2003—2004 年浙江沿岸海域浮游植物的分布特征及其与环境因子的关系 [J]. 海洋学研究，30(1):51-58.

金海卫，徐汉祥，姚海富，等．2005.浙江沿岸夏季浮游植物分布特征 [J]. 浙江海洋学院学报（自然科学版），24(3):231-235.

金海卫，徐汉祥，王伟定，等．2009.浙江沿岸海域浮游动物的分布特征 [J]. 海洋学研究，27(4):55-62.

兰继斌，徐扬，霍良安，等 . 2006. 模糊层次分析法权重研究 [J]. 系统工程理论与实践，26(9):107-112.

李杰，祁士华，王向琴，等 . 2008. 海南小海沉积物中的重金属分布特征及潜在生态风险评价 [J]. 安全与环境工程，15(2):18-21.

李培良，左军成，吴德星，等 . 2005. 渤、黄、东海同化 TOPEX/POSEIDON 高度计资料的半日分潮数值模拟 [J]. 海洋与湖沼，36(1):24-30.

李铁军，郭远明，贾怡然，等 . 2011. 三门海域环境现状评价与分析 [J]. 海洋湖沼通报，(3):123-128.

李文涛，张秀梅 . 2003. 关于人工鱼礁礁址选择的探讨 [J]. 渔业信息与战略，18(5):3-6.

李扬，李欢，吕颂辉，等 . 2010. 南麂列岛海洋自然保护区浮游植物的种类多样性及其生态分布 [J]. 水生生物学报，34(3):618-628.

林军，吴辉，章守宇 . 2009. 非结构网格海洋模式在洞头人工渔礁区选址中的应用 [J]. 浙江海洋学院学报（自然科学版），28(1).

林军，章守宇 . 2006. 人工渔礁物理稳定性及其生态效应的研究进展 [J], 海洋渔业，28(3)：257-262.

刘长东，万荣，于晴，等 . 2011. 基于 GIS 的人工鱼礁选址研究 [C]. 中国水产学会学术年会 .

刘成，王兆印，何耘，等 . 2002. 环渤海湾诸河口潜在生态风险评价 [J]. 环境科学研究，15(5):33-37.

刘红英，齐凤生，王岳鸿，等 . 2010. 毛蚶保活技术研究 [J]. 安徽农业科学，38(26):14449-14450.

刘惠飞 . 2002. 日本人工鱼礁研究开发的最新动向 [J]. 渔业现代化，(1):25-27.

刘梦侠，王其翔，刘名，等 . 2011. 山东省近海底层生物增养殖适宜性研究 [M]. 北京：海洋出版社 .

刘世禄 . 2005. 中国主要海产贝类健康养殖技术——水产健康养殖新技术丛书 [M]. 北京：海洋出版社 .

刘文新，栾兆坤，汤鸿霄，等 . 1999. 乐安江沉积物中金属污染的潜在生态风险评价 [J]. 生态学报，19(2):206-210.

刘新铭 . 2005. 丹河流域水环境模糊评价与容量研究 [D]. 南京理工大学 .

刘镇盛，王春生，杨俊毅，等 . 2004. 象山港冬季浮游动物的分布 [J]. 东海海洋 . 22(1):34-42.

刘子琳，宁修仁，蔡昱明，等 . 1997. 浙江海岛邻近海域叶绿素a和初级生产力的分布 [J]. 海洋学研究，(3):24-29.

柳丽华，左涛，陈瑞盛，等 . 2007. 2004 年秋季长江口海域浮游植物的群落结构和多样性 [J]. 渔业科学进展，28(3):112-119.

陆斗定，张志道 . 1996. 浙江马鞍列岛附近海域浮游植物与赤潮生物研究 [J]. 海洋学研究，(1):44-51.

陆珠润，蒋霞敏，段雪梅，等 . 2009. 不同温度、底质和饵料对管角螺孵化和稚、幼螺生长的影响 [J]. 南方水产科学，5(3):10-14.

罗杰，曹伏君，刘楚吾，等 . 2014. 我国管角螺的研究现状 [J]. 海洋渔业，36(3):282-288.

罗杰，刘楚吾，黄翔鹄 . 2007. 盐度对管角螺胚胎发育的影响 [J]. 广东海洋大学学报，27(3):24-28.

罗杰，刘楚吾，唐洪超，等 . 2008. 温度对管角螺 Hemifusus tuba(Gelin) 耗氧率和排氨率的影响 [J]. 广东海洋大学学报，28(1):85-88.

宁波市海洋与渔业局 . 2012. 宁波市海洋环境公报（2011）[R].

宁波市海洋与渔业局 . 2010. 宁波市海洋牧场建设规划（2011—2020）[R].

宁波市海洋与渔业局 . 2004. 宁波市人工鱼礁规划 [R].

潘灵芝，林军，章守宇 . 2005. 铅直二维定常流中人工鱼礁流场效应的数值实验 [J]. 上海海洋大学学报，14(4):406-412.

潘英，陈锋华，庞有萍，等 . 2008. 管角螺的生物学特性及养殖 [J]. 水产科学，27(1):24-26.

潘英，庞有萍，罗福广，等 . 2008. 管角螺的繁殖生物学 [J]. 水产学报，32(2):217–222.

任建峰，杨爱国 . 2005. 栉江珧研究现状及开发利用前景 [J]. 海洋与水产研究，26(4):84–88.

山东海洋学院 . 1985. 海水养殖手册 [M]. 上海：上海科学技术出版社 .

邵广昭 . 1988. 北部海域设置人工鱼礁之规划研究 [z]. 中央研究院动物所专刊，(12):1–122.

沈伟良，尤仲杰，施祥元 . 2009,. 温度与盐度对毛蚶受精卵孵化及幼虫生长的影响 [J]. 海洋科学，33(10): 5–8.

施祥元，尤仲杰，沈伟良，等 . 2007. 盐度对毛蚶稚贝生长和存活的影响 [J]. 水产科学，26(10):554–556.

石建高，王鲁民，徐君卓，等 . 2008. 深水网箱选址初步研究 [J]. 渔业信息与战略，23(2):9–12.

史宝，徐涛，马甡 . 2008. 盐度对毛蚶呼吸与代谢的影响 [J]. 海洋湖沼通报，(1):104–108.

孙文心，刘桂梅，雷坤，等 . 2001. 黄、东海环流的数值研究 II 潮及潮致环流数值模拟 [J]. 中国海洋大学学报自然科学版，31(3):297–304.

唐锋，蒋霞敏，王癹，等 . 2013. 舟山典型海区浮游植物的动态变化 [J]. 海洋环境科学，(1):67–72.

唐柳青，王其翔，刘洪军，等 . 2017. 小黑山岛海域刺参、魁蚶和紫贻贝生境适宜性分析 [J]. 生态学报，37(2).

唐银健 . 2008. Hakanson 指数法评价水体沉积物重金属生态风险的应用进展 [J]. 环境科学导刊，27(3): 66–68.

万振文，乔方利 . 1998. 渤，黄，东海三维潮波运动数值模拟 [J]. 海洋与湖沼，29(6):611–616.

王飞，张硕，丁天明 . 2008. 舟山海域人工鱼礁选址基于 AHP 的权重因子评价 [J]. 海洋学研究，26(1): 65–71.

王凯，方国洪，冯士 . 1999. 渤海、黄海、东海 M_2 潮汐潮流的三维数值模拟 [J]. 海洋学报，21(4):1–13.

王如才，王昭萍，张建中 . 2008. 海水贝类养殖学 [M]. 北京：海洋出版社 .

王癹 . 2013. 宁波—舟山港海域浮游植物群落结构及季节变化 [D]. 宁波大学 .

王云新，冯吉南 . 2002. 鱼礁与聚鱼 [J]. 江西水产科技，(2):30–31.

吴祥庆，黎小正，兰柳春，等 . 2010. 广西合浦儒艮国家级自然保护区表层沉积物重金属污染及其潜在生态危害评价 [J]. 广东农业科学，(5):153–155.

谢忠明 . 2003. 海水经济贝类养殖技术 [M]. 北京：中国农业出版社 .

徐汉祥，王伟定，金海卫，等 . 2006. 浙江沿岸休闲生态型人工鱼礁初选点的环境适宜性分析 [J]. 海洋渔业，28(4):278–284.

徐晓群，曾江宁，陈全震，等 . 2012. 乐清湾海域浮游动物群落分布的季节变化特征及其环境影响因子 [J]. 海洋学研究，30(1):34–40.

徐争启，倪师军，庹先国，等 . 2008. 潜在生态危害指数法评价中重金属毒性系数计算 [J]. 环境与科学技术，31(2):112–116.

许强，刘舜斌，许敏，等 . 2011. 海洋牧场建设选址的初步研究——以舟山为例 [J]. 渔业现代化，38(2): 27–31.

许强，章守宇 . 2013. 基于层次分析法的舟山市海洋牧场选址评价 [J]. 上海海洋大学学报，22(1):128–133.

许强 . 2012. 海洋牧场选址问题的研究——以舟山市为例 [D]. 上海海洋大学 .

阳丹 . 2013. 中街山列岛邻近海域浮游植物群落特征研究 [D]. 浙江海洋学院 .

杨纶标，高英仪 . 2001. 模糊数学原理及应用（第三版）. 广州：华南理工大学出版社，139–146.

杨耀芳，曹维，朱志清，等 . 2013. 杭州湾海域表层沉积物中重金属污染物的累积及其潜在生态风险评价

[J]. 海洋开发与管理 , (1):51-58.

叶然 , 魏永杰 , 沈继平 , 等 . 2014. 2012 年夏季韭山列岛附近海域初级生产力估算及其与环境因子的关系 [J]. 浙江海洋学院学报 (自然科学版), (2):120-124.

叶属峰 , 黄秀清 . 2003. 东海赤潮及其监视监测 [J]. 海洋环境科学 , 22(2):10-14.

张国胜 , 陈勇 , 张沛东 , 等 . 2003. 中国海域建设海洋牧场的意义及可行性 [J]. 大连海洋大学学报 , 18(2):141-144.

张红云 . 2010. 栉江珧繁殖生物学及人工苗种繁育技术研究 [D]. 集美大学 .

张怀慧 , 孙龙 . 2001. 利用人工鱼礁工程增殖海洋水产资源的研究 [J]. 资源科学 , 23(5):6-10.

张吉军 . 2000. 模糊层次分析法 (FAHP)[J]. 模糊系统与数学 , 14(2):80-88.

张丽旭 , 蒋晓山 , 蔡燕红 , 等 . 2008. 象山港海水中营养盐分布与富营养化特征分析 [J]. 海洋环境科学 , (5):52-56.

张丽旭 , 蒋晓山 , 赵敏 , 等 . 2007. 珠江口表层沉积物有害重金属分布及评价 [J]. 生态环境 , l6(2): 389-393.

张淑娜 , 刘伟 , 王德龙 . 2008. 海河干流（市区段）表层沉积物重金属污染及变化趋势分析 [J]. 干旱环境监测 , 23(3):129-133.

张中昱 . 2006. 基于 BP 神经网络和模糊综合评价的环境分析评价系统 [D]. 天津大学 .

赵海涛 , 张亦飞 , 郝春玲 , 等 . 2006. 人工鱼礁的投放区选址和礁体设计 [J]. 海洋学研究 , 24(4):69-76.

赵文 . 2005. 水生生物学 [M]. 北京 : 中国农业出版社 .

赵中堂 . 1995. 我国沿海海上人工鱼礁参礁的现状及其管理问题 [J]. 海洋通报 , (4):79-84.

浙江省海洋与渔业局 . 2012. 浙江省海洋功能区划 [R].

浙江省海洋与渔业局 . 2004. 浙江省人工鱼礁建设操作技术规程 [R].

郑云龙 , 朱红文 , 罗益华 , 等 . 2000. 象山港海域水质状况评价 [J]. 海洋环境科学 , (1):56-59.

周科勤 , 杨和福 . 2005. 宁波水产志 [M]. 北京 : 海洋出版社 .

朱艺峰 , 黄简易 , 林霞 , 等 . 2013. 象山港国华电厂强增温海域浮游动物群落结构和多样性的时空特征 [J]. 环境科学 34(4):1498-1509.

Fujita T, Kitagawa D, Okuyama Y, et al. 1996. Comparison of fish assemblages among an artificial reef, a natural reef and a sandy-mud bottom site on the shelf off Iwate, northern Japan[J]. Environmental Biology of Fishes, 46(4):351-364.

Lee C S, Wen C G. 1996. River assimilative capacity analysis via fuzzy linear programming[J]. Fuzzy Sets & Systems, 79(2):191-201.

Li Z Y, Zhang H J, Deng X M. 1994. A new assessment method of nutrophication of lake basedon AHP-PCA. China Environmental Science, 5(1):37-42.

Schulz J, Möllmann C, Hirche H. 2007. Vertical zonation of the zooplankton community in the Central Baltic Sea in relation to hydrographic stratification as revealed by multivariate discriminant function and canonical analysis[J]. Journal of Marine Systems, 67(1):47-58.

Tribble G W, Sansone F J, Buddemeier R W, et al. 1992. Hydraulic exchange between a coral reef and surface sea water[J]. Geological Society of America Bulletin, 104(10):1280-1291.

附　录

附录1　宁波东部海域浮游植物名录

种类	海区			季节			
	乱礁洋海区	南韭山附近海区	檀头山岛附近海区	春季	夏季	秋季	冬季
硅藻门 BACILLARIOPHYTA							
高圆筛藻 *Coscinodiscus nobilis*	−	+	−	−	+	−	−
孔圆筛藻 *Coscinodiscus perforatus*	+	+	−	+	−	−	−
巨圆筛藻 *Coscinodiscus gigas*	−	+	−	+	+	+	+
琼氏圆筛藻 *Coscinodiscus jonesianus*	+	+	−	+	+	+	+
威氏圆筛藻 *Coscinodiscus wailesii*	+	+	−	+	+	+	+
星脐圆筛藻 *Coscinodiscus asteromphalus*	+	+	+	+	+	+	+
辐射圆筛藻 *Coscinodiscus radiatus*	+	+	+	+	+	+	+
虹彩圆筛藻 *Coscinodiscus oculus-iridis*	+	+	−	+	+	+	+
细弱圆筛藻 *Coscinodiscus subtilis*	−	+	+	+	+	+	+
中心圆筛藻 *Coscinodiscus centralis*	−	+	+	+	+	−	+
格氏圆筛藻 *Coscinodiscus granii*	−	+	+	+	+	+	+
蛇目圆筛藻 *Coscinodiscus argus*	−	+	−	+	+	+	+
明壁圆筛藻 *Coscinodiscus debilis*	−	+	−	−	+	+	−
弓束圆筛藻 *Coscinodiscus curvatulus*	−	+	−	−	+	+	+
佛氏圆筛藻 *Chaetoceros castracanei*	+	+	−	+	−	−	−
强氏圆筛藻 *Coscinodiscus janischii*	+	+	−	+	−	+	+
有翼圆筛藻 *Coscinodiscus bipartitu*	+	+	−	+	−	+	+
具边线圆筛 *Coscinodiscusmarginato-lineatus*	−	+	−	+	+	−	−
线形圆筛藻 *Coscinodiscus lineatus*	+	+	+	−	−	−	+
偏心圆筛藻 *Coscinodiscus excentricus*	−	−	+	−	+	−	−
短尖圆筛藻平顶变种 *Coscinodiscus apiculatus*	−	+	−	+	+	−	−
中肋骨条藻 *Skeletonema costatum*	+	+	+	+	+	+	+
掌状冠盖藻 *stephanopyxis palmeriana*	−	+	+	−	+	+	−
塔形冠盖藻 *stephanopyxis turris*	−	−	+	−	−	+	−
离心列海链藻 *Thalassiosira excentrica*	−	+	+	−	−	+	−
细弱海链藻 *Thalassiosira subtilis*	−	+	+	−	−	+	−
诺氏海链藻 *Thalassiosira nordenskioldi*	−	+	−	−	−	+	−
圆海链藻 *Thalassiosira rotula*	−	−	+	+	+	−	−
豪猪环毛藻 *Corethron hystrix*	−	+	−	−	+	+	−
透明辐杆藻 *Bacteriastrum hyalium*	−	+	+	−	+	+	−
优美辐杆藻 *Bacteriastrum delicatulum*	−	−	+	−	+	+	−
热带环刺藻 *Gossleriella tropica*	−	+	−	−	−	+	−
条纹小环藻 *Cyclotella striata*	−	+	+	−	+	+	+

种类	海区			季节			
	乱礁洋海区	南韭山附近海区	檀头山岛附近海区	春季	夏季	秋季	冬季
梅尼小环藻 *Cyclotella meneghiniana*	−	+	−	−	−	−	+
扭曲小环藻 *Cyclotella comta*	−	+	+	−	−	−	+
具翼漂流藻 *Coscinodiscus bipartitus*	−	+	−	−	−	+	+
太阳漂流藻 *Planktoniella sol*	−	+	+	−	+	+	−
棘冠藻 *Corethron hystrix*	−	+	−	−	−	+	−
颗粒直链藻 *Melosira granulate*	+	+	+	−	−	+	−
念珠直链藻 *Melosira moniliformis*	−	−	−	+	+	+	−
具槽直链藻 *Melosira sulcata*	+	+	+	+	+	+	+
变异直链藻 *Melosira varians*	−	−	+	+	+	+	+
丹麦细柱藻 *Leptocylindrus danicus*	+	+	+	+	+	+	+
柔弱几内亚藻 *Guinardia delicatula*	−	+	+	−	+	+	−
几内亚藻属1种 *Guinardia* sp.							
刚毛根管藻 *Rhizosolemia setigera*	−	+	+	−	+	+	−
厚刺根管藻 *Rhizosolemia crassispina*	−	+	−	−	−	+	−
距端根管藻 *Rhizosolemia calcar-avis*	−	+	−	−	+	+	−
斯托根管藻 *Rhizosolemia Stolterforthii*							
翼根管藻 *Rhizosolemia alata*	+	+	+	−	−	−	+
笔尖根管藻 *Rhizosolemia styliformis*	+	−	−	+	+	−	−
中华半管藻 *Hemiaulus sinensis*	−	−	+	+	+	−	−
霍氏半管藻 *Hemiaulus hauckii*	−	−	+	+	+	−	−
牛角状角毛藻 *Chaetoceros buceros*	−	+	−	−	−	−	−
牟氏角毛藻 *Chaetoceros muelleri*	+	+	+	−	+	+	−
柔弱角毛藻 *Chaetoceros debilis*							
洛氏角毛藻 *Chaetoceros lorenzianus*	+	+	+	+	+	−	+
旋链角毛藻 *Chaetoceros curvisetus*	−	+	−	−	+	−	−
拟旋链角毛藻 *Chaetoceros pseudocurvisetus*	−	+	−	−	−	−	+
卡氏角毛藻 *Chaetoceros castracanei*	+	+	−	+	+	−	−
短叉角毛藻 *Chaetoceros messanensis*	−	+	−	−	+	−	−
双胞角毛藻 *Chaetoceros didymus*	−	+	−	−	+	−	−
密连角毛藻 *Chaetoceros densus*							
垂缘角毛藻 *Chaetoceros laciniosus*	−	+	+	−	+	+	−
刺角毛藻 *Chaetoceros imbricatus*							
窄隙角毛藻 *Chaetoceros affinis*	−	+	−	−	−	−	+
深环沟角毛藻 *Chaetoceros constrictus*	−	+	−	−	+	+	−
丹麦角毛藻 *Chaetoceros danicus*	−	+	−	−	+	−	−
高盒形藻 *Biddulphia regia*	+	+	−	+	+	+	−
中华盒形藻 *Biddulphia sinensis*	+	+	+	+	+	+	+

种类	海区			季节			
	乱礁洋海区	南韭山附近海区	檀头山岛附近海区	春季	夏季	秋季	冬季
活动盒形藻 *Biddulphia mobilkiensis*	+	+	+	+	+	−	+
布氏双尾藻 *Ditylum brightwellii*	+	+	+	+	+	+	+
太阳双尾藻 *Ditylum sol*	−	−	+	+	+	+	+
方形三角藻 *Triceratium revale*	−	−	+	+	+	−	−
蜂窝三角藻 *Triceratium favus*	−	−	+	+	+	−	−
半管藻 *Hemiaulus* sp.	−	+	−	−	+	+	+
长角弯角藻 *Eucampia cornuta*	−	+	−	−	+	+	−
普通等片藻 *Diatoma vulggare*	−	+	+	−	−	+	−
冬季等片藻 *Diatoma hiemale*	−	−	+	−	−	−	+
楔形藻属1种 *Licmophora* sp.	−	+	−	−	−	+	−
日本星杆藻 *Asterionella japonica*	−	+	+	−	−	+	−
美丽星杆藻 *Asterionella Formosa*	−	+	+	−	+	+	−
尖针杆藻 *Synedra acus*	−	+	+	−	+	+	−
近缘针杆藻 *Synedra affinis*	+	+	+	−	−	+	+
肘状针杆藻 *Synedra ulna*	−	+	+	+	+	+	+
丹麦尺骨针杆藻 *Synedra ulna* var. *danica*	−	+	−	−	−	+	−
尺骨针杆藻 *Synedra ulna*	−	+	−	−	−	+	−
岛脆杆藻 *Fragilaria islandica*	−	+	+	+	+	+	+
钝脆杆藻 *Fragilaria capucina*	−	−	+	+	+	+	+
腹脆杆藻 *Fragilaria construens*	−	−	+	−	+	+	+
海洋斑条藻 *Grammatophora marina*	−	−	+	−	+	+	−
蛇形斑条藻 *Grammatophora serpentina*	−	−	+	−	+	+	+
窗格平板藻 *Tabellaria feneatrata*	−	−	+	−	−	+	−
佛氏海毛藻 *Thalassiothrix frauenfeldii*	+	+	+	+	+	+	+
长海毛藻 *Thalassiothrix longissima*	+	+	+	+	+	+	+
菱形海线藻 *Thalassionema nitzschioides*	+	+	+	−	+	+	+
盾形卵形藻 *Cocconeis scutellum*	−	+	+	−	−	+	−
有柄卵形藻 *Cocconeis pediculus*	−	+	+	−	−	+	−
透明卵形藻 *Cocconeis pellucida*	−	−	+	−	+	−	−
线形曲壳藻 *Achnanthes linearis*	−	+	+	−	−	+	−
短柄曲壳藻 *Achnanthes brevipes*	−	+	−	−	−	+	+
长柄曲壳藻 *Achnanthe slongipes*	−	−	+	−	−	+	−
优美曲壳藻 *Achnanthes delicatula*	−	−	+	−	+	−	−
柯氏曲壳藻 *Achnanthes clevei*	−	+	−	−	−	+	−
蜂腰双臂藻 *Diploneis bombus*	−	+	+	−	−	+	−
翼状茧形藻 *Amphiprora alata*	−	+	+	−	−	+	−
美丽曲舟藻 *Pleurosigmaformosum*	+	+	+	+	+	+	+

种类	海区			季节			
	乱礁洋海区	南韭山附近海区	檀头山岛附近海区	春季	夏季	秋季	冬季
端尖曲舟藻 *Pleurosigma acutum*	−	+	−	+	+	−	−
相似曲舟藻 *Pleurosigma affine*	−	+	+	−	−	−	−
海洋曲舟藻 *Pleurosigma pelagicum*	+	+	−	−	−	+	+
尖布纹藻 *Gyrosigma acuminatum*	+	+	−	+	+	+	−
波罗的海布纹藻 *Gyrosigma balticum*	−	+	+	−	−	−	−
细布纹藻 *Gyrosigma kutzingii*	−	−	+	−	−	+	+
扁圆舟形藻 *Navicula placentula*	−	+	−	−	−	+	−
喙头舟形藻 *Navicula rhtnchocephala*	−	+	−	−	−	+	+
缘花舟形藻 *Navicula radiosa*	−	+	+	+	+	−	+
隐头舟形藻 *Navicula cryptocephala*	−	−	+	+	+	+	−
膜状舟形藻 *Navicula membranacea*	−	−	+	+	+	+	+
绿舟形藻 *Navicula viridula*	−	+	−	−	−	+	+
大羽纹藻属1种 *Pinnularia* sp.	−	+	−	−	−	+	−
披针形桥弯藻 *Cymbella lanceolata*	−	+	−	−	−	+	−
浮动弯角藻 *Eucampia zoodiacus*	−	−	+	+	−	−	−
月形藻属1种 *Amphora* sp.	−	−	−	−	−	+	−
长菱形藻 *Nitzschia longissima*	−	+	−	−	+	+	−
角菱形藻 *Nitzschia angustata*	−	+	+	−	−	+	−
铲状菱形藻 *Nitzschia paleacea*	−	+	−	−	−	+	−
缝合菱形藻 *Nitzschia ricta*	−	+	−	−	−	−	+
卡氏双菱藻 *Surirella capronii*	−	+	+	−	−	+	−
琴氏菱形藻 *Nitzschia panduriformis*	−	+	−	−	−	+	−
粗壮双菱藻 *Surirella robusta*	−	+	−	−	−	+	−
卵形双菱藻 *Surirella ovata*	−	−	+	−	+	−	−
洛氏菱形藻 *Nitzschia lorenziana*	+	−	−	+	−	−	−
帽状菱形藻 *Nitzschia palea*	−	+	+	−	−	+	−
奇异菱形藻 *Nitzschia paradoxa*	+	+	−	+	+	+	−
针状菱形藻 *Nitzschia acicularis*	−	+	−	−	+	+	−
尖刺伪菱形藻 *Nitzschia pungens*	−	+	+	−	+	+	+
新月拟菱形藻 *Nitzschiella closterium*	−	+	+	−	+	+	−
拟螺形菱形藻 *Nitzschia sigmoidea*	−	+	−	−	−	−	−
波纹藻属1种 *Cymatopleura* sp.	−	+	−	−	−	+	−
线形双菱藻 *Surirella linearis*	−	+	−	−	−	+	−
马鞍藻属1种 *Campylodiscus* sp.	−	+	−	−	−	+	−
黄藻门 XANTHOPHYTA							
黄管藻属1种 *Ophiocytium* sp.	−	+	−	−	+	−	−
海洋卡盾藻 *Chattnella marina*	−	+	−	−	−	+	−

种类	海区			季节			
	乱礁洋海区	南韭山附近海区	檀头山岛附近海区	春季	夏季	秋季	冬季
隐藻门 CRYPTOPHYTA							
隐藻属1种 *Cryptomonas* sp.	−	+	−	−	−	+	−
裸藻门 EUGLENOPHYTA							
绿裸藻 *Euglena virids*	−	+	−	−	−	+	−
尖尾裸藻 *Euglena axyuris*	−	+	−	−	−	+	−
扁裸藻属1种 *Phacus* sp.	−	+	−	−	−	+	−
陀螺藻属1种 *Strombomonas* sp.	−	+	−	−	−	+	−
密集囊裸藻 *Trachelomonas crebea*	−	+	+	+	+	+	−
甲藻门 PYRROPHYTA							
梭角藻 *Ceratium fusus*	+	+	+	+	+	+	−
三角角藻 *Ceratium tripos*	+	+	+	+	+	+	−
长角角藻 *Ceratium macroceros*	−	+	+	−	+	+	−
叉角藻 *Ceratium furca*	+	+	+	−	+	+	−
飞燕角藻 *Ceratium hirundinella*	−	−	−	+	+	+	+
海洋原甲藻 *Prorocentrum micans*	−	+	+	−	+	+	−
具尾翅甲藻 *Dinophysis caudate*	−	+	−	−	+	+	−
蓝色裸甲藻 *Gymnodinium coeruleum*	−	−	+	−	+	+	−
链状裸甲藻 *Gymnodinium catenatum*	−	−	+	−	+	+	−
尖翅甲藻 *Dinophysis acuta*	−	−	+	−	+	+	−
夜光藻 *Noctiluca scientillans*	+	+	+	+	+	−	+
裸甲藻属1种 *Gymnodinium* sp.	−	+	−	−	−	+	+
扁多甲藻 *Peridinium depressum*	−	−	+	−	+	−	−
锥多甲藻 *Peridinium conicum*	−	−	+	−	−	+	+
海洋多甲藻 *Peridinium oceanicum*	−	+	−	−	+	−	+
五边多甲藻 *Peridinium pentagonum*	−	+	−	−	+	−	−
塔玛亚历山大藻 *Alexandrium tamarence*	−	+	−	−	−	+	−
蓝藻门 CYANOPHYTA							
鞘丝藻属1种 *Lyngbya* sp.	−	−	+	+	+	+	+
聚球藻属1种 *Synechococcus* sp.	−	−	+	−	−	+	−
不定微囊藻 *Microcystis incerta*	−	−	+	−	−	+	−
束丝藻属1种 *Aphanizomenon* sp.	−	−	+	+	+	−	−
蓝纤维藻 *Dactylococcopsis* sp.	−	+	−	−	−	+	−
旋折平裂藻 *Merismopedia convolute*	−	+	−	−	−	+	−
色球藻属1种 *Chroococcus* sp.	−	+	−	−	−	+	−
微囊藻属1种 *Microcysitis* sp.	−	−	−	−	−	+	−
鱼腥藻属1种 *Anabaena* sp.	−	+	−	−	−	+	−
美丽颤藻 *Oscillatoria formosa*	−	+	+	−	+	+	+
小颤藻 *Oscillatoria tenuis*	−	−	−	−	+	−	−
螺旋鱼腥藻 *Anabaena spiroides*	−	−	+	−	−	+	−

种类	海区			季节			
	乱礁洋海区	南韭山附近海区	檀头山岛附近海区	春季	夏季	秋季	冬季
单细胞绿藻门 CHLOROPHYCOPHYTA							
双列栅藻 *Senedesmus bijugatus*	−	+	−	−	+	−	−
二形栅藻 *Senedesmus dimorphus*	−	+	−	−	+	−	−
四尾栅藻 *Senedesmus quadricauda*	−	+	−	−	+	−	+
尖细栅藻 *Senedesmus acuminatus*	−	+	−	−	−	+	−
斜生栅藻 *Senedesmus obliquus*	−	−	+	+	+	−	−
整齐盘星藻 *Pediastrum integrum*	+	+	−	−	+	+	−
二角盘星纤维变种 *Pediastrum duplex*	−	+	−	−	−	+	−
单脚盘星藻具孔变种 *Pediastrum simplex*	−	+	−	−	−	+	−
集星藻 *Actinastrum hantzschii*	−	+	+	−	+	−	−
绿球藻 *Chloroccum* sp.	−	+	−	−	−	+	+
近直小椿藻 *Characium substrictum*	−	+	−	−	−	+	−
普通小球藻 *Chlorealla vulgaris*	−	+	−	−	−	+	+
椭圆小球藻 *Chlorealla ellipsoidea*	−	+	−	−	−	+	−
肥壮蹄形藻 *Kirchneriella obesa*	−	+	−	−	−	+	−
波吉卵囊藻 *Oocystis borgei*	−	+	−	−	−	+	−
新月藻属1种 *Closterium* sp.	−	+	−	−	−	+	−
圆形鼓藻 *Cosmarium circulare*	+	+	−	−	−	+	−
大角星鼓藻 *Staurastrum grande*	−	+	−	−	−	+	−
模糊鼓藻 *Cosmarium obsoletum*	−	+	−	−	−	+	−
棒状鼓藻 *Gonatozygon De Bary*	−	+	−	−	−	+	−
球衣藻 *Chlamydomonas globosa*	−	−	+	+	−	−	−
异胶藻属1种 *Heterogloea* sp.	−	−	+	+	−	−	−
镰形纤维藻 *Ankistrodesmus falcatus*	−	−	+	−	−	+	−
针形纤维藻 *Ankistrodesmus acicularis*	−	−	+	−	−	+	−
微芒藻属1种 *Micractinium* sp.	−	−	+	+	+	+	−
角丝鼓藻属1种 *Desmidium* sp.	−	−	+	+	−	−	−
浒苔属1种 *Enteromorpha* sp.	−	−	+	−	−	+	−
空星藻 *Coelastrum sphaericum*	−	−	+	+	−	−	−
单角盘星藻 *Pediastrum simplex*	−	−	+	+	+	−	−
实球藻 *Pandorina morum*	−	−	+	−	−	+	−
空球藻 *Eudorina elegans*	−	−	+	+	−	−	−
四角十字藻 *Crucigenia quadrata*	−	−	+	−	−	+	+
华美十字藻 *Crucigenia lauterbornei*	−	−	+	−	−	+	+
金藻门 CHRYSOPHYTA							
延长鱼鳞藻 *Mallomonas elongata*	−	−	+	−	+	−	−
具尾鱼鳞藻 *Mallomonas candata*	−	−	+	+	+	−	−
四角网骨藻 *Distephanus fibula*	−	−	+	−	−	−	+

注："+"表示该底栖动物被捕获，"−"表示该底栖动物未被捕获。（后同）

附录2 宁波东部海域浮游动物名录

种类	海区			季节			
	乱礁洋海区	南韭山海区	檀头山岛海区	春季 Spring	夏季 Summer	秋季 Autumn	冬季 Winter
节肢动物门 ARTHROPODA							
中华哲水蚤 *Calanidae sinicus*	+	+	+	+	+	+	+
微刺哲水蚤 *Canthocalanus pauper*	+	+	−	−	−	+	+
小拟哲水蚤 *Paracalanus parvus*	+	+	+	+	+	+	−
强真哲水蚤 *Eucalanus crassus*	+	+	−	−	+	+	+
针刺拟哲水蚤 *Paracalanus aculeatus*	+	+	+	−	+	+	−
强额拟哲水蚤 *Paracalanus crassirostris*	+	+	−	+	+	+	−
亚强次真哲水蚤 *Subeucalanus subcrassus*	+	−	−	−	+	−	−
唇角哲水蚤属 1 种 *Labidocera* sp.	+	−	−	−	+	−	−
安氏隆哲水蚤 *Acrocalanus andersoni*	+	+	−	−	+	−	−
日唇角水蚤 *Labidocera japonica*	+	−	−	−	−	+	−
圆唇角水蚤 *Labidocera rotunda*	+	−	−	−	+	−	−
科氏唇角水蚤 *Labidocera kroyeri*	+	−	−	−	+	−	−
真刺唇角水蚤 *Labidocera euchaeta*	+	+	+	−	+	+	−
太平洋纺锤水蚤 *Acartia pacifica*	+	−	−	−	−	−	+
克氏纺锤水蚤 *Acartia clausi*	+	+	−	−	+	+	−
刺尾纺锤水蚤 *Acartia spinicauda*	−	+	+	−	+	+	−
华哲水蚤属 1 种 *Sinocalanus* sp.	+	−	+	+	+	−	−
精致真刺哲水蚤 *Euchaeta concinna*	+	+	+	+	+	+	+
背针胸刺哲水蚤 *Centropages dorsispinatus*	+	−	−	−	+	−	−
瘦尾胸刺水蚤 *Centropages tenuiremis*	−	+	+	−	+	−	−
帽形次真哲水蚤 *Subeucalanus pileatus*	+	−	−	−	−	+	−
普通波水蚤 *Undinula vulgaris*	+	+	−	+	+	+	−
小型小厚壳水蚤 *Scolecithricella minor*	+	−	−	−	+	−	−
隆水蚤属 1 种 *Oncaea* sp.	+	−	+	−	+	−	−
前角水蚤 *Pontella princeps*	+	−	−	−	+	−	−
梭水蚤属 1 种 *Lubbockia* sp.	+	−	−	−	+	−	−
面真亮羽水蚤 *Euaugaptilus facilis*	+	−	−	−	+	−	−
大光水蚤 *Lucicutia magna*	+	−	−	−	+	−	−
卵形光水蚤 *Lucicutia ovalis*	+	−	−	−	+	−	−
武装小鹰嘴水蚤 *Aetideopsis armatus*	+	−	−	−	+	−	−
尖鹰嘴水蚤 *Aetideus acutus*	+	−	−	−	+	−	−
锥形宽水蚤 *Temora turbinata*	+	−	−	−	+	−	−
瘦尾胸刺水蚤 *Centropages tenuiremis*	+	−	−	−	+	−	−
异尾歪水蚤 *Tortanus discaudatus*	+	−	−	−	+	−	−

种类	海区			季节			
	乱礁洋海区	南韭山海区	檀头山岛海区	春季 Spring	夏季 Summer	秋季 Autumn	冬季 Winter
捷氏歪水蚤 *Tortanus derjugini*	−	+	−	+	+	−	−
短平头水蚤 *Candacia curta*	+	−	−	−	−	+	−
伯氏头水蚤 *Candacia bradyi*	+	−	−	−	+	+	−
两棘平头水蚤 *Candacia bispinosa*	+	−	−	−	+	−	−
双刺平头水蚤 *Candacia bipinnata*	+	−	−	−	+	−	−
汤氏长足水蚤 *Calanopia thompsoni*	+	−	−	−	+	−	−
双齿许水蚤 *Schmackeria dubia*	+	−	−	+	−	−	−
火腿许水蚤 *Schmackeria poplesia*	−	+	−	−	−	+	−
小毛猛水蚤 *Microsetella norvegica*	+	+	−	+	+	+	+
分叉小猛水蚤 *Idya furcate*	−	−	−	−	−	+	−
挪威小星猛水蚤 *Microsetella norvegica*	−	+	+	−	−	−	−
大同长腹剑水蚤 *Oithona similis*	+	+	−	+	+	+	+
小长腹剑水蚤 *Oithona nana*	+	−	−	−	+	−	−
隐长腹剑水蚤 *Oithona decipiens*	+	−	−	−	+	−	−
短角长腹剑水蚤 *Oithona brevicornis*	+	−	−	−	+	−	−
伪长腹剑水蚤 *Oithona fallax*	+	−	−	−	+	−	−
简长腹剑水蚤 *Oithona simplex*	+	−	−	−	+	+	−
胃叶剑水蚤 *Sapphirina gastrica*	+	−	−	−	+	−	−
角突隆剑水蚤 *Triconia conifera*	+	−	−	−	−	+	−
近缘大眼剑水蚤 *Eucyclops serrulatus*	+	+	−	+	+	−	−
美丽大眼剑水蚤 *Corycaeus speciosus*	+	−	−	−	+	+	−
叉长叶剑水蚤 *Sapphirina darwinii*	+	−	−	+	−	−	−
广布中剑水蚤 *Mesocyclops leuckarti*	+	+	−	−	−	+	−
黄棒剑水蚤 *Ratania flava*	+	−	−	−	+	−	−
角突隆剑水蚤 *Oncaea conifera*	−	+	−	+	−	−	−
台湾温剑水蚤 *Thermocyclops taihokuensis*	−	+	+	−	−	−	−
磷虾 1 种 *Euphausia* sp.	+	−	+	+	−	−	−
糠虾 1 种 *Mysidacea* sp.	+	−	+	−	+	+	−
毛虾 1 种 *Acetes* sp.	−	−	+	−	+	+	+
对虾 1 种 *Penaeus* sp.	−	−	+	−	+	−	−
海萤科 1 种 *Cyprinoindae* sp.	+	−	−	+	+	−	−
浮萤科 1 种 *Conchoeciidae* sp.	+	−	−	−	+	−	−
原生动物门 PROTOZOA							
等辐骨虫 *Acanthometron*	+	−	−	−	−	−	+
有孔虫 *Foramini fera*	+	+	+	+	+	+	+
红拟抱球虫 *Globigerinoides ruber*	+	+	+	−	−	+	−
卡拉拟铃虫 *Tintinnopsis karajacensis*	+	−	−	−	−	−	+

种类	海区			季节			
	乱礁洋海区	南韭山海区	檀头山岛海区	春季 Spring	夏季 Summer	秋季 Autumn	冬季 Winter
中华拟铃虫 *Tintionnopsis Sinensis*	+	−	−	−	−	+	−
东方拟铃虫 *Tintinnopsis orientalis*	−	+	−	−	+	−	−
王氏拟铃虫 *Tintinnopsis wangi*	−	+	−	−	+	−	−
根状拟铃虫 *Tintinnopsis radix*	−	+	−	−	+	−	−
蜂巢鳞壳虫 *Euglypha alveolata*	−	+	−	−	+	−	−
钟状网纹虫 *Favella campanula*	−	+	−	−	+	−	−
赫氏石灰壳虫 *Pontosphaera haeckele*	+	−	−	−	+	+	−
三角铠甲虫 *Caratium tripos*	+	−	−	−	+	+	−
二角铠甲虫 *Caratium furca*	+	−	−	−	+	+	−
单角铠甲虫 *Caratium fusus*	+	−	−	+	+	−	−
夜光虫 *Noctiluca scientillans*	+	+	−	+	−	−	−
鼎形虫1种 *Peridinium* sp.	+	+	−	−	+	−	−
纤毛虫1种 *Ciliophora* sp.	+	−	−	+	−	+	−
胶体虫1种 *Collozoum* sp.	+	−	−	−	−	−	+
球虫1种 *Sphaerozoidae* sp.	+	−	−	−	−	−	+
累枝虫1种 *Epistylis* sp.	+	−	−	−	−	−	+
鳞壳虫1种 *Euglypha* sp.	+	−	−	+	−	−	−
腔肠动物门 COELENTERATA							
拟细浅室水母 *Lensia subtiloides*	+	+	−	−	+	−	−
球栉水母 *Pleurobranchia globosa*	+	+	−	+	+	+	−
双生水母1种 *Diphyes* sp.	+	+	−	−	+	+	−
五角水母 *Muggiaea atlantica*	+	+	−	−	+	−	−
刺胞水母 *Cytaeis tetrastyla*	−	+	−	−	+	−	−
双叉水螅水母 *Obelia dichotma*	−	+	−	−	+	−	−
嵊山酒杯水母 *Phialidium chengshanense*	−	+	−	−	+	−	−
束状高手水母 *Bougainvillia ramose*	−	+	−	−	+	−	−
缢八束水母 *Kollikerina constricta*	−	+	−	−	+	−	−
毛颚动物门 CHAETOGNATHA							
百陶箭虫 *Sagitta bedoti*	+	+	+	+	+	+	+
肥胖箭虫 *Sagitta enflata*	+	+	−	−	+	+	−
强壮箭虫 *Sagitta crassa*	+	+	−	−	−	−	−
脊索动物门 CHORDATA							
软拟海樽 *Doliolum gegenbauri*	+	+	−	+	−	+	−
长尾住囊虫 *Oikopleura longicauda*	+	+	−	−	+	+	+
异体住囊虫 *Oikopleura dioica*	+	+	−	−	−	−	−
环节动物门 ANNELIDA							
多毛类 *Polychaete*	+	+	−	+	+	−	−

种类	海区			季节			
	乱礁洋海区	南韭山海区	檀头山岛海区	春季 Spring	夏季 Summer	秋季 Autumn	冬季 Winter
轮虫动物门 ROTIFERA							
轮虫 *Rotifera*	+	+	−	+	−	−	+
裂颏蛮【虫戎】 *Lesirigonus schizogeneios*	+	−	−	−	+	−	+
浮游幼虫 LARVAE							
多毛类幼虫 Polychaeta larva	−	+	−	+	−	−	−
外肛类双壳幼虫 Cyphonautes larva	+	+	−	−	+	+	+
瓣鳃类壳顶幼虫 Umbo-veliger larva	+	+	−	−	+	−	+
担轮幼虫 Trochophora larva	+	+	−	+	−	−	−
长腕幼虫 Echinopluteus larva	+	+	−	−	−	+	−
舌贝幼虫 Lingula larva	+	+	−	−	+	−	−
疣足幼虫 Nectochaete larva	+	−	−	−	−	+	−
浮浪幼虫 Planula larva	+	+	−	−	−	+	−
大眼幼体 Megalopa larva	+	+	−	−	−	+	−
糠虾类节胸幼体 Calyptopis larva	+	+	−	−	−	+	−
瓷蟹蚤状幼虫 Zoea larva	+	+	−	−	−	+	−
腔肠动物碟状幼体 Ephyra larva	+	−	−	−	−	−	+
无节幼体 Copepodid larva	+	+	−	+	+	+	+
鱼卵 fish eggs	+	−	−	−	−	+	−
仔鱼 fish larva	+	−	+	−	+	−	−
轮虫休眠卵 *Rotifera* eggs	+	+	−	+	−	−	+

附录3　宁波东部海域大型底栖动物名录

种类	季节				海域		
	春	夏	秋	冬	乱礁洋	南韭山	檀头山岛
刺胞动物门 CNIDARIA							
拟毛状羽螅 *Plumularia setaceoides*	−	+	+	+	+	+	+
等指海葵 *Actinia equina*	−	+	−	−	−	−	−
绿侧花海葵 *Anthopleura midori*	−	+	−	+	−	−	+
太平洋侧花海葵 *Anthopleura nigrescens*	−	−	−	−	−	+	−
亚洲侧花海葵 *Anthopleura asiatica*	−	+	−	−	−	−	−
日本侧花海葵 *Anthopleura japonica*	−	+	−	−	−	−	−
桂山厚丛柳珊瑚 *Hicksonella princeps*	−	+	−	−	−	+	−
哈氏仙人掌 *Cavernularia habereri*	+	+	+	+	+	+	+
屠氏似海笔 *Stachyptilum doflemi*	+	+	−	−	+	−	+
栉板动物门 CTENOPHORA							
球型侧腕水母 *Pleurobranchia globosa*	+	+	+	+	+	+	+
扁形动物门 PLATYHELMINTHES							
今岛涡虫 *Stylochus ijimai*	−	−	−	+	−	−	−
环节动物门 ANNELIDA							
沙蚕属1种 *Nereis* sp.	+	+	+	+	+	+	+
软体动物门 MOLLUSCA							
棒锥螺 *Turritella bacillum*	+	−	+	−	−	+	+
扁玉螺 *Neverita didyma*	+	−	+	−	−	+	+
纵肋织纹螺 *Nassarius variciferus*	+	+	+	+	+	+	+
红带织纹螺 *Nassarius succinctus*	+	+	+	+	+	+	+
白龙骨乐飞螺 *Lophiotoma eucotropis*	+	−	+	−	−	+	+
爪哇拟塔螺 *Turricula javana*	+	+	+	−	−	+	+
黄短口螺 *Brachytoma flavidulus*	+	+	+	+	+	+	+
塔螺属1种 *Pyramidella* sp.	+	−	−	−	+	−	−
白带三角口螺 *Trigonaphera bocageana*	−	−	+	−	−	−	+
假奈拟塔螺 *Turricula nelliae spuriou*	−	+	+	−	−	−	+
假主棒螺 *Crassispira pseudoprinciplis*	−	−	−	+	−	−	+
矮短梯螺 *Gradatiscala gradata pygmaea*	−	−	+	−	−	−	+
后鳃亚纲1种 *Opisthobranchia* sp.	−	+	−	−	−	−	+
毛蚶 *Scapharca subcrenata*	−	+	−	−	−	+	−
豆形胡桃蛤 *Nucula faba*	+	−	−	−	−	−	−
日本镜蛤 *Dosinina japonica*	−	+	−	−	−	+	−
薄片镜蛤 *Dosinina corrugata*	−	−	+	−	−	+	+
三角凸卵蛤 *Pelecyore trigona*	−	−	+	−	−	−	+
彩虹明樱蛤 *Moerella iridescens*	−	−	−	+	−	−	+

种类	季节				海域		
	春	夏	秋	冬	乱礁洋	南韭山	檀头山岛
薄云母蛤 *Yoldia similis*	−	+	−	−	−	−	+
小刀蛏 *Cultellus attenuates*	+	+	+	−	−	+	+
小荚蛏 *Siliqua minima*	+	+	+	+	+	+	+
乌贼属1种 *Sepiella* sp.	−	+	−	−	−	−	+
长蛸 *Octopus vulgaris*	−	−	+	−	−	−	+
节肢动物门 ARTHROPODA							
口虾蛄 *Oratosquilla oratoria*	+	+	+	+	+	+	+
腔齿海底水虱 *Dynoides dentisinus*	−	+	−	−	−	−	+
对虾属1种 *Penaeus* sp.	−	+	−	−	+	−	−
细巧仿对虾 *Parapenaeopsis tenella*	+	+	+	+	+	+	+
哈氏仿对虾 *Parapenaeopsis hardwickii*	+	+	+	+	+	+	+
刀额仿对虾 *Parapenaeopsis cultrirostris*	−	−	−	+	+	+	+
仿对虾属1种 *Parapenaeopsis* sp.	+	−	−	−	+	−	+
中华管鞭虾 *Solenocera crassicornis*	+	+	+	+	+	+	+
中国毛虾 *Acetes chinensis*	+	+	+	+	+	+	+
日本毛虾 *Acetes japonicus*	−	+	−	−	−	−	+
细螯虾 *Leptochela gracilis*	+	+	+	+	+	+	+
鲜明鼓虾 *Alpheus ditinguendus*	+	+	−	−	+	−	−
日本鼓虾 *Alpheus japonicas*	+	+	+	+	+	+	+
脊尾白虾 *Exopalamon carincauda*	+	+	+	+	+	+	+
安氏白虾 *Exopalamon annandalei*	−	+	+	−	+	+	+
秀丽白虾 *Exopalamon modestus*	−	+	+	−	+	+	+
葛氏长臂虾 *Palaemon gravieri*	+	+	+	+	+	+	+
鞭腕虾 *Hippolysmata vittata*	−	−	−	−	−	−	−
隆线强蟹 *Eucrate crenatade*	+	+	−	+	+	−	+
绒毛细足蟹 *Raphidopus ciliates*	−	+	−	−	+	−	+
红星梭子蟹 *Portunus sanguinolentus*	−	+	−	−	−	−	−
三疣梭子蟹 *Portunus trituberculatus*	+	+	+	+	+	+	+
纤手梭子蟹 *Portunus gracilimanus*	−	+	−	−	−	−	−
肉球近方蟹 *Hemigrapsus sanguineus*	−	+	−	−	−	−	+
日本蟳 *Charybdis japonica*	+	+	+	+	+	+	+
锈斑蟳 *Charybdis feriatus*	−	+	−	−	−	−	−
棘皮动物门 ECHINODERMATA							
金氏真蛇尾 *Ophiura kinbergi*	+	−	+	−	−	+	−
滩栖阳燧足 *Amphiura vadicola*	+	−	−	−	+	−	+
模式辐瓜参 *Actinocucumis chinensis*	−	−	−	+	+	−	−
可疑翼手参 *Colochirus anceps*	+	−	−	−	+	−	−
棘刺锚参 *Protankyra bidenata*	+	+	+	+	+	+	+

种类	季节				海域		
	春	夏	秋	冬	乱礁洋	南韭山	檀头山岛
海地瓜 *Acaudina molpadioides*	+	+	+	−	+	+	−
脊索动物门 CHORDATA							
小齿海樽 *Doliolum denticulatum*	+	−	−	−	−	+	−
柄海鞘 *Styela clava*	−	−	−	+	+	−	−
龙头鱼 *Harpodon nehereus*	−	+	+	−	+	+	+
中国花鲈 *Lateolabrax maculatus*	+	−	−	−	+	−	−
棘头梅童鱼 *Collichthys lucidus*	+	+	+	−	+	+	+
黑鳃梅童鱼 *Collichthys niveatus*	−	+	−	−	−	−	+
六指马鲅 *Polydactylus sextarius*	−	+	−	−	−	−	+
中华青鳞鱼 *Harengula nymphaea*	−	+	−	−	−	−	+
蓝圆鲹 *Decapterus maruadsi*	−	+	−	−	−	−	+
黄姑鱼 *Nibea albiflora*	−	+	+	+	−	−	+
小黄鱼 *Pseudosciaena polyactis*	−	+	+	−	+	+	+
细拟隆头鱼 *Pseudolabrus gracilis*	+	−	−	−	−	+	−
斑尾复虾虎鱼 *Acanthogobius ommaturus*	−	+	+	−	+	+	+
多须拟矛尾虾虎鱼 *Parachaeturichthys polynema*	+	+	−	+	+	+	+
孔虾虎鱼 *Trypauchen vagina*	−	+	+	+	+	−	+
红狼牙虾虎鱼 *Odontamblyopus rubicundus*	+	+	+	+	+	+	+
带鱼 *Trichiurus haumela*	−	+	+	−	−	+	−
刺鲳 *Psenopsis anomala*	−	+	−	−	−	−	+
海鳗 *Muraenesox cinereus*	−	+	−	−	−	−	+
粗吻海龙 *Trachyrhamphus serratus*	−	+	−	−	−	−	+
暗纹东方鲀 *Takifugu obscurus*	−	+	−	−	−	−	+
半滑舌鳎 *Cynoglossus semilaevis*	+	+	+	+	+	+	+
双线舌鳎 *Cynoglossus bilineatus*	−	−	−	+	−	−	−

附录4 宁波东部海域大型海藻名录

种类	经济海藻
蓝藻门 CYANOPHYTA	
半球鞘丝藻*Lyngbya semiplena* (C .Ag.) J.Agard	*
红藻门 RHODOPHYTA	
红毛菜*Bangia fusco-purpurea* (Dillw.) Lyngbye	*
皱紫菜*Pyropia crispata* Kjellman	*
坛紫菜*P.haitanensis* Chang et Zheng	*
铁钉紫菜*P.ishigecola* Miura	*
圆紫菜*P.suborbiculata* Kjellm.	*
条斑紫菜*P.yezoensis* Ueda	*
清澜鲜奈藻*Scinaia tsinglanensis* Tseng.	
石花菜*Gelidium amansii* Lamouroux	*
细毛石花菜*G.crinale* (Turner) Gaillon.	*
小石花菜*G.divaricatum* Martens	*
大石花菜*G.pacificum* Okam	*
密集石花菜*G.yamadae* Fan.	*
拟鸡毛菜*Pterocladiella capillacea* (Gmelin) Santelices et Hommersand	*
亮管藻*Hyalosiphonia caespitosa* Okamure	
海萝*G.furcata* (Post. et Rupr.) J.Agarg	*
厚膜藻*G.elliptica* Holmes	*
蜈蚣藻*G.filicina* (Lamouroux) C.Agardh	*
舌状蜈蚣藻*G..livida* (Harv.) Yamada	*
长枝蜈蚣藻*G.proleongata* J.Agardh	*
繁枝蜈蚣藻*G.ramosissima* Okamura	*
带形蜈蚣藻*G.turuturu* Yamada	*
附着美叶藻*Callophyllis adhaerens* Yamada	
珊瑚藻*Corallina officinalis* Lamouroux	
小珊瑚藻*C.pilulifera* Post.et Rupr.	
扁叉节藻*Amphiroa anceps* (Lamarck) Decaisne	
宽角叉珊藻*Jania adhaerens* Lamx.	
粗珊藻*Calliarthron yessoense* (Yendo) Manza	
茎刺藻*Caulacanthus usutulatus* (Turnre) Kuetzing	*
角叉菜*Chondrus ocellatus* Holm.	*
真江篱*Gracilaria vermiculophylla* (Ohmi) Papenfuss	*
龙须菜*G.lemaneiformis* (Bory) Weber-van Bosse	*
密毛沙菜*Hypnea boergesenii* Tanaka	*
长枝沙菜*H.charoides* Lamouroux	*
扇形拟伊藻*Ahnfeltiopsis flabelliformis* (Harv.) Masuda	*

种类	经济海藻
海头红*Plocamium telfairiae* Harvey	
细弱红翎菜*Solieria tenuis* Xia et Zhang	
蛙掌藻*Binghamia californica* J.Agardh	*
荧光环节藻*Champia bifida* Okamura	
链状节荚藻*Lomentaria catenata* Harvey	*
节荚藻*L.hakodatensis* Yendo	*
错综红皮藻*Rhodymenia intricate* (Okamura) Okamura	
日本对丝藻*Antithamnion nipponicum* Yamada et Inagaki	
钩凝菜*Campylaephora hypnaeiodes* J.Agradh	*
三叉仙菜*Ceramium kondoi* Yendo	
仙菜*C.nakamurae* Dawson	
日本凋毛藻*Griffithsia japonica* Okamura	
绒线藻*Dasya villosa* Harvey	
顶群藻*Acrosorium yendoi* Yamada	
橡叶藻*Phycodrys radicosa* (Okamura) Yamada et Inagaki	
粗枝软骨藻*Chondria crassicaulis* Harvey	
细枝软骨藻*C.tenuissima* (Withering) C. Agardh	
冈村凹顶藻*Laurencia okamurai* Yamada	*
多管藻*Polysiphonia seuticulosa* Harvey	
鸭毛藻*Symphyocladia latiuscula* (Harvey) Yamada	*
叉枝伊谷藻*Ahnfeltia furcellata* Okam.	*
褐藻门 PHAEOPHYTA	
水云*Ectocarpus confervoides* (Roth) Le Jolis	
疣状褐壳藻*Ralfsia verrucosa* (Areschoug) Areschoug	
宽叶网翼藻*Dictyopteris latiuscula* (Okamura) Okamura	
网地藻*Dictyota dichotoma* (Hudson) Lamouroux	
厚网藻*Pachydictyon coriaceum* (Holmes) Okamura	
铁钉菜*Ishige okamurae* Yendo	*
粘膜藻*Leathesia difformis* (Linnaeus) Areschoug	
囊藻*Colpomenia sinuosa* (Mertens ex Roth) Derbes et Solier	
鹅肠菜*Dilophus binghamiae* (J.Agardh) Vinogradove	*
萱藻*Scytosiphon lomentarius* (Lyngbye) Link	
裙带菜*Undaria pinnatifida* (Harvey) Suringar	*
昆布 *Ecklonia kurome* Okamura	*
海带*Saccharia japonica* Aresch	*
羊栖菜*Hizikia fusiformis* (Harv.) Okamura	*
海黍子*Sargassum muticum* (Yendo) Fensholt	*
鼠尾藻*S.thunbergii* (Mertens) O'Kuntze	*

种类	经济海藻
瓦氏马尾藻*S.vachellianum* Greville	*
铜藻*S.horneri* (Turn.)C. Agardh	*
半叶马尾藻*S.hemiphyllum* (Turn.) Agardh	*
绿藻门 CHLOROPHYTA	
软丝藻*Ulothrix flacca* (Dillwyn) Thuret	
礁膜*Monostroma nitidum* Wittrock	
扁浒苔*Ulva compressa* (Linnaeus) Nees	*
肠浒苔*U.intestinalis* (Linnaeus) Nees	*
缘管浒苔*U. linza* (Linnaeus) J.Agardh	*
砺菜*U.conglobata* Kjellm.	*
石莼*U.lactuca* Linnaeus	*
孔石莼*U.pertusa* Kjellman	*
螺旋硬毛藻*Chaetomorpha spiralis* Okamura	
中间硬毛藻*C.media* (Ag.) Kuetzing	
海绿色刚毛藻*Cladophora glaucescens* Harv.	
史氏刚毛藻*C.stimpsonii* Harvey	
错综根枝藻*Rhizoclonium implexum* (Dillwyn) Kuetzing	
刺松藻*Codium fragile* (Suringar) Hariot	*
藓羽藻*Bryopsis hypnoides* Lamxouroux	
羽状羽藻*B.pennata* Lamouroux	
羽藻*B.plumosa* (Huds.) C.Agardh	